21 世纪高等院校规划教材

Oracle 数据库
应用与开发案例教程

主　编　王　红

副主编　袁卫华　徐功文　孙彦燊　黄忠义

中国水利水电出版社
www.waterpub.com.cn

内 容 提 要

本书针对 Oracle 11g 编写，主要介绍了 Oracle 数据库应用和开发的知识，包括 Oracle 数据库体系结构、表空间和数据文件管理、控制文件管理和重做日志管理、表管理、SQL 语言、索引管理和视图管理、PL/SQL 编程、用户权限与安全管理、数据库备份与恢复、SQL 语句优化、Oracle 企业管理器 OEM 和软件开发综合实训等。

本书注重应用能力的培养，采取通俗易懂的编写风格，强调理论与实际相结合。全书所有例题都贯穿资产管理系统 ZCGL 来讲解，便于读者以 ZCGL 系统为线索，由浅入深、由抽象到具体、系统而全面地掌握 Oracle 的核心知识。

为了加深读者对 Oracle 系统的理解，提高读者的操作水平，又以学生选课系统 MYXKXT 为基础，编写了每章的实验指导。通过上机实验加深对基本理论和基本概念的理解，并能够编写具体 JSP+Oracle 应用程序，大幅提高学生综合理论水平和应用 Oracle 进行 Web 数据库研发的能力。

本书适合作为高等院校相关专业、高职高专计算机类专业和各种培训班的教材使用，也可供广大科技人员和感兴趣的读者参考。

本书提供电子教案和上机调试通过的全部例题程序，读者可到中国水利水电出版社和万水书苑下载，网址为：http://www.waterpub.com.cn/softdown/和http://www.wsbookshow.com。

图书在版编目（CIP）数据

Oracle数据库应用与开发案例教程 / 王红主编. --北京：中国水利水电出版社，2012.11
21世纪高等院校规划教材
ISBN 978-7-5170-0337-3

Ⅰ. ①O… Ⅱ. ①王… Ⅲ. ①关系数据库系统－数据库管理系统－高等学校－教材 Ⅳ. ①TP311.138

中国版本图书馆CIP数据核字(2012)第265475号

策划编辑：雷顺加　　责任编辑：李 炎　　封面设计：李 佳

书　名	21世纪高等院校规划教材 **Oracle 数据库应用与开发案例教程**
作　者	主　编　王　红 副主编　袁卫华　徐功文　孙彦燊　黄忠义
出版发行	中国水利水电出版社 （北京市海淀区玉渊潭南路1号D座　100038） 网址：www.waterpub.com.cn E-mail: mchannel@263.net（万水） 　　　　sales@waterpub.com.cn 电话：（010）68367658（发行部）、82562819（万水）
经　售	北京科水图书销售中心（零售） 电话：（010）88383994、63202643、68545874 全国各地新华书店和相关出版物销售网点
排　版	北京万水电子信息有限公司
印　刷	三河市铭浩彩色印装有限公司
规　格	184mm×260mm　16开本　23印张　565千字
版　次	2012年11月第1版　2012年11月第1次印刷
印　数	0001—3000册
定　价	40.00元

凡购买我社图书，如有缺页、倒页、脱页的，本社发行部负责调换

版权所有·侵权必究

前 言

Oracle 是 Oracle 公司的核心产品，是一种关系型数据库管理系统，具有安全性、完整性、可靠性和一致性等优点，是数据库领域最优秀的数据库之一，掌握 Oracle 数据库技术是众多程序开发人员的基本要求。Oracle 11g 是 Oracle 公司于 2007 年 7 月 12 日正式推出的最新数据库软件，在 Oracle 10g 的基础上对企业级网格计算进行了扩展，具有良好的体系结构，强大的数据处理能力、丰富实用的功能和许多创新特性。

目前市场上关于 Oracle 的书籍种类繁多，有的大而全，偏重理论介绍，使读者不知从何下手对 Oracle 进行操作；有些书籍对操作介绍较多，但理论介绍又不够全面不够深入，使读者不能完全理解 Oracle 的原理。因此，如何既能掌握 Oracle 数据库的精华知识又能快速入手对 Oracle 数据库进行操作，是本书要解决的主要问题。本书采取简单通俗易懂的编写风格，以统一案例以及实验指导的形式来介绍数据库的实际应用，旨在帮助读者掌握一定的应用技巧。

本书针对 Oracle 11g 编写，具有以完整案例为主线，面向应用，兼顾理论，概念准确，语言简练和示例丰富等特点。

特色一：主次分明、重点突出。教材编写时以 Oracle 开发中基本原理、常用技术、重要技术为主线，不面面俱到，果断地删繁就简，做到主次分明、重点突出。

特色二：强调实用性。本书以"实用"为目的组织内容，适当弱化基本原理部分，简略或者省略介绍 Oracle 中抽象难懂且实用性不强的知识点，加强技术应用。同时，选择企业的一些应用系统实例作为主线，对课材内容进行合理的设计和组织，增加实用性技术的讲授比例。

特色三：讲解明晰，易于理解掌握。全书所有例题都围绕一个案例——资产管理系统 ZCGL 来讲解，便于读者以 ZCGL 系统为线索，由浅入深、由抽象到具体、系统地掌握 Oracle 的核心知识。

特色四：精心设计实验案例，提供大量上机实习和指导。为了加深读者对 Oracle 系统的理解，提高读者的操作水平，本书还以学生选课系统 MYXKXT 为基础，编写了实验指导，详见每章实验部分。学生在实验时带有很强的目的性，有的放矢，激发学生自我学习能力。

特色五：精心设计项目开发实例，本书第十三章"软件开发综合实训"中基于 JSP 技术对选课系统进行了软件开发。这是一个很好的应用实例，是理论教学的引申和完善。通过开发实例全方位锻炼和培养学生对知识的理解与应用能力。

本书共分为 13 章，主要内容如下：

第一章：Oracle 数据库简介，主要介绍在 Windows 平台上安装 Oracle 11g 以及创建数据库的基本步骤，介绍两个常用的 Oracle 管理工具 SQL*Plus 和 Oracle Enterprise Manager 的使用方法，Oracle 实例的启动与关闭的方法，以及本书使用的教学案例和实验案例。

第二章：Oracle 数据库体系结构，本章详细介绍数据库的内存结构、进程结构、逻辑结构及物理结构；并简单介绍 Oracle 中的数据字典。

第三章：表空间和数据文件管理，本章主要介绍 Oracle 的基本表空间、临时表空间、大文件表空间、非标准数据库表空间和撤销表空间等表空间的创建和管理。

第四章：控制文件管理和重做日志管理，本章主要介绍如何管理控制文件和重做日志文件。

第五章：表管理，本章对方案、表的管理以及表的完整性约束、序列和同义词等知识进行了详细介绍。

第六章：SQL 语言，本章首先对 SQL 语言进行简单介绍，然后介绍查询、插入、修改和删除等 SQL 语句的用法，并对数据库事务提交、回退及各种常用函数的用法进行介绍。

第七章：索引管理和视图管理，本章主要介绍索引和视图的创建和维护方法。

第八章：PL/SQL 编程，本章主要介绍 PL/SQL 的基本语法、数据结构、控制结构，以及如何使用游标、异常处理和触发器。

第九章：用户权限与安全管理，本章主要讲述在 Oracle 中如何进行用户管理和概要文件管理并使用概要文件管理口令和资源，以及如何进行权限和角色的创建以及管理。

第十章：数据库备份与恢复，本章将介绍如何使用 EXP/IMP 进行逻辑备份，以及如何使用 RMAN 工具进行数据库的备份与恢复。

第十一章：SQL 语句优化，本章主要讲述 SQL 语句优化目的、执行顺序、优化原则以及如何有效进行表的连接和使用索引。

第十二章：Oracle 企业管理器 OEM，本章主要介绍如何在 Oracle 企业管理器 OEM（Oracle Enterprise Manager）中进行数据库的各种管理。

第十三章：软件开发综合实训：选课系统的设计与实现，本章对选课系统进行需求分析和功能分析，对系统总体结构进行分析，并对 JSP 中选课系统的系统实现进行了详细介绍。

本书全部例题和程序都已上机调试通过，适合作为高等院校相关专业、高职高专计算机类专业和各种培训班的教材使用，也可供广大科技人员和感兴趣的读者参考。

本书用于教学的课堂教学约 48 学时，实验教学约 32 学时，具体分配建议如下：

教学内容	课堂教学（学时）	实验教学（学时）
第一章　Oracle 数据库简介	4	2
第二章　Oracle 数据库体系结构	4	2
第三章　表空间和数据文件管理	4	2
第四章　控制文件管理和重做日志管理	2	2
第五章　表管理	4	4
第六章　SQL 语言	4	4
第七章　索引管理和视图管理	2	
第八章　PL/SQL 编程	8	6
第九章　用户权限与安全管理	4	2
第十章　数据库备份与恢复	6	4
第十一章　SQL 语句优化	2	
第十二章　Oracle 企业管理器 OEM	2	
第十三章　软件开发综合实训：选课系统的设计与实现	2	2

本书由王红教授任主编，袁卫华、徐功文、孙彦燊、黄忠义任副主编。马兴福、符光梅、臧丽、孔祥生、周倩、徐鹏、李向伟、金月恒、梁栋、刘法明、张晓、王世超、王成等参与了编写初稿与校稿工作，本书所有实验章节由王红、袁卫华编写，全书的整理和审稿工作由王红教授负责。本书在编写过程中得到了许多支持和帮助，在此表示衷心感谢。最后，感谢中国水利水电出版社对本书出版的支持与帮助。

由于作者水平有限，书中难免会有不足之处，恳请广大读者批评指正，作者将不胜感激。在阅读本书时，如果发现任何问题，请发 E-mail 至 wanghong106@163.com，欢迎提出宝贵意见，在此一并表示感谢。

王　红

2012 年 8 月

目 录

前言

第一章 Oracle 数据库简介 1
1.1 Oracle 11g 简介 1
1.2 Oracle 数据库软件的安装 2
1.3 检验安装是否成功 13
1.4 卸载 Oracle 数据库 16
1.5 Oracle 管理工具 17
1.5.1 SQL*Plus 18
1.5.2 Oracle Enterprise Manager 20
1.6 Oracle 实例的启动与关闭 21
1.6.1 启动 Oracle 实例 21
1.6.2 关闭 Oracle 实例 23
1.7 案例介绍 24
1.7.1 教学案例：资产管理系统 ZCGL 24
1.7.2 实验案例：学生公共课选课系统 MYXKXT 25
习题一 27
实验一 创建数据库 MYXKXT 28

第二章 Oracle 数据库体系结构 35
2.1 内存结构 35
2.1.1 SGA 35
2.1.2 PGA 37
2.2 进程结构 40
2.2.1 用户进程 40
2.2.2 服务进程 40
2.2.3 后台进程 41
2.3 物理结构 43
2.3.1 数据文件 43
2.3.2 重做日志文件 44
2.3.3 控制文件 45
2.3.4 其他文件 45
2.4 逻辑结构 46
2.4.1 表空间 46
2.4.2 段 46
2.4.3 区 47
2.4.4 数据块 47
2.5 数据字典 47
2.5.1 数据字典概念 47
2.5.2 常用数据字典 48
2.5.3 常用动态性能视图 49
习题二 50
实验二 认识和熟悉 Oracle 数据库体系结构 51

第三章 表空间和数据文件管理 54
3.1 表空间和数据文件概述 54
3.1.1 表空间的作用 54
3.1.2 默认表空间 55
3.1.3 表空间的状态属性 55
3.1.4 数据文件 56
3.2 创建表空间 56
3.2.1 创建表空间的一般命令 57
3.2.2 创建（永久）表空间 58
3.2.3 创建临时表空间 59
3.2.4 创建撤销表空间 60
3.2.5 创建非标准块表空间 60
3.2.6 创建大文件表空间 61
3.3 维护表空间和数据文件 61
3.3.1 重命名表空间和数据文件 61
3.3.2 改变表空间和数据文件状态 62
3.3.3 设置默认表空间 64
3.3.4 扩展表空间 65
3.3.5 删除表空间和数据文件 66
3.4 查看表空间和数据文件信息 67
习题三 69
实验三 表空间和数据文件管理 70

第四章 控制文件管理和重做日志管理 75
4.1 控制文件管理 75
4.1.1 创建控制文件 76

4.1.2　多路复用控制文件 …………………… 78
　　4.1.3　删除控制文件 …………………………… 80
　　4.1.4　备份控制文件 …………………………… 81
　　4.1.5　查看控制文件信息 …………………… 82
4.2　重做日志文件管理 …………………………… 83
　　4.2.1　创建重做日志文件 …………………… 83
　　4.2.2　删除重做日志文件组 ………………… 85
　　4.2.3　修改重做日志文件的位置或名称 …… 86
　　4.2.4　查看重做日志文件信息 ……………… 87
习题四 …………………………………………………… 88
实验四　控制文件和重做日志管理 ……………… 88

第五章　表管理 …………………………………… 92
5.1　表和方案 ………………………………………… 92
　　5.1.1　常用数据类型 …………………………… 92
　　5.1.2　用户与方案 ……………………………… 94
5.2　创建表 …………………………………………… 94
　　5.2.1　创建标准表 ……………………………… 95
　　5.2.2　创建临时表 ……………………………… 96
　　5.2.3　基于已有的表创建新表 ………………… 97
5.3　维护表 …………………………………………… 99
　　5.3.1　字段操作 ………………………………… 99
　　5.3.2　重命名表 ………………………………… 101
　　5.3.3　删除表 …………………………………… 101
　　5.3.4　移动表 …………………………………… 102
　　5.3.5　查看表信息 ……………………………… 102
5.4　维护约束条件 ………………………………… 103
　　5.4.1　约束条件的定义 ………………………… 103
　　5.4.2　约束的状态 ……………………………… 105
　　5.4.3　添加和删除约束 ………………………… 106
　　5.4.4　查看约束信息 …………………………… 107
5.5　序列和同义词 ………………………………… 108
　　5.5.1　创建和使用序列 ………………………… 108
　　5.5.2　同义词 …………………………………… 111
习题五 …………………………………………………… 112
实验五　表管理——为myxkxt创建表 ………… 114
实验六　表管理——向表中插入记录信息
　　　　　及其验证完整性约束 …………………… 118

第六章　SQL语言 ………………………………… 124
6.1　SQL语言简介 ………………………………… 124

6.2　数据查询 ………………………………………… 125
　　6.2.1　基本查询 ………………………………… 125
　　6.2.2　分组查询 ………………………………… 130
　　6.2.3　连接查询 ………………………………… 132
　　6.2.4　合并查询 ………………………………… 134
　　6.2.5　子查询 …………………………………… 135
6.3　其他DML操作 ……………………………… 137
　　6.3.1　插入数据 ………………………………… 137
　　6.3.2　更新数据 ………………………………… 138
　　6.3.3　删除数据 ………………………………… 139
6.4　常用函数 ………………………………………… 139
　　6.4.1　数字函数 ………………………………… 140
　　6.4.2　字符函数 ………………………………… 140
　　6.4.3　日期时间函数 …………………………… 141
　　6.4.4　转换函数 ………………………………… 142
6.5　事务管理 ………………………………………… 142
　　6.5.1　事务的基本概念 ………………………… 142
　　6.5.2　提交事务 ………………………………… 143
　　6.5.3　回退事务 ………………………………… 143
习题六 …………………………………………………… 144
实验七　SQL语言——单表查询 ………………… 146
实验八　SQL语言——多表查询 ………………… 151

第七章　索引管理和视图管理 ………………… 154
7.1　创建索引 ………………………………………… 154
　　7.1.1　索引概述及创建方法 …………………… 154
　　7.1.2　创建B树索引 …………………………… 155
　　7.1.3　创建位图索引 …………………………… 156
　　7.1.4　创建反向索引 …………………………… 157
　　7.1.5　创建函数索引 …………………………… 157
7.2　维护索引 ………………………………………… 158
　　7.2.1　重命名索引 ……………………………… 158
　　7.2.2　重建索引 ………………………………… 158
　　7.2.3　合并索引 ………………………………… 159
　　7.2.4　删除索引 ………………………………… 159
　　7.2.5　查看索引信息 …………………………… 160
7.3　创建视图 ………………………………………… 160
　　7.3.1　视图概述 ………………………………… 160
　　7.3.2　创建视图 ………………………………… 161
7.4　维护视图 ………………………………………… 162

  7.4.1 修改视图 ……………………… 162
  7.4.2 删除视图 ……………………… 163
  7.4.3 查看视图信息 ………………… 163
 习题七 ………………………………… 164
 实验九　表管理——使用索引和视图 … 164

第八章　PL/SQL 编程 …………………… 170
 8.1 PL/SQL 结构 …………………… 170
  8.1.1 PL/SQL 语言 …………………… 170
  8.1.2 PL/SQL 块结构 ………………… 170
  8.1.3 变量与常量 …………………… 172
  8.1.4 数据类型 ……………………… 172
 8.2 控制结构 ………………………… 177
  8.2.1 顺序控制语句 ………………… 177
  8.2.2 条件语句 ……………………… 177
  8.2.3 循环语句 ……………………… 181
 8.3 游标 ……………………………… 184
  8.3.1 显式游标 ……………………… 184
  8.3.2 隐式游标 ……………………… 187
 8.4 异常处理 ………………………… 188
  8.4.1 预定义异常 …………………… 188
  8.4.2 非预定义异常 ………………… 189
  8.4.3 自定义异常 …………………… 190
  8.4.4 异常函数 ……………………… 191
 8.5 PL/SQL 子程序 ………………… 192
  8.5.1 存储过程 ……………………… 192
  8.5.2 函数 …………………………… 194
 8.6 程序包 …………………………… 196
  8.6.1 包规范 ………………………… 196
  8.6.2 包体 …………………………… 197
  8.6.3 调用程序包 …………………… 197
 8.7 触发器 …………………………… 198
  8.7.1 触发器简介 …………………… 198
  8.7.2 DML 触发器 …………………… 199
  8.7.3 INSTEAD OF 触发器 ………… 200
  8.7.4 管理触发器 …………………… 202
 习题八 ………………………………… 203
 实验十　PL/SQL 编程 ………………… 204
 实验十一　触发器的使用 ……………… 210

第九章　用户权限与安全管理 …………… 214
 9.1 用户管理 ………………………… 214
  9.1.1 用户概述 ……………………… 214
  9.1.2 创建用户 ……………………… 216
  9.1.3 修改用户 ……………………… 218
  9.1.4 删除用户 ……………………… 218
  9.1.5 查看用户信息 ………………… 219
 9.2 概要文件管理 …………………… 222
  9.2.1 创建概要文件 ………………… 222
  9.2.2 修改概要文件 ………………… 224
  9.2.3 分配概要文件 ………………… 224
  9.2.4 删除概要文件 ………………… 224
  9.2.5 查看概要文件信息 …………… 225
 9.3 使用概要文件管理口令和资源 … 226
  9.3.1 管理口令 ……………………… 226
  9.3.2 管理资源 ……………………… 228
 9.4 权限管理 ………………………… 229
  9.4.1 权限简介 ……………………… 229
  9.4.2 权限分类 ……………………… 229
  9.4.3 系统权限管理 ………………… 230
  9.4.4 对象权限管理 ………………… 235
 9.5 角色管理 ………………………… 239
  9.5.1 角色概念 ……………………… 239
  9.5.2 预定义角色 …………………… 241
  9.5.3 自定义角色 …………………… 241
  9.5.4 管理角色 ……………………… 243
  9.5.5 显示角色信息 ………………… 243
  9.5.6 使用角色 ……………………… 244
 习题九 ………………………………… 245
 实验十二　用户、概要文件、权限和角色
     管理 ……………………… 246

第十章　数据库备份与恢复 ……………… 252
 10.1 Oracle 的备份与恢复机制 …… 252
  10.1.1 备份的内容 ………………… 252
  10.1.2 备份的类型 ………………… 253
  10.1.3 存档模式与非存档模式 …… 254
  10.1.4 恢复与修复 ………………… 255
 10.2 使用 EXP/IMP 进行逻辑备份 … 256

10.2.1 EXP 导出数据 ……………………… 256
10.2.2 IMP 导入数据 ……………………… 262
10.3 恢复管理器 RMAN ……………………………… 264
10.3.1 RMAN 简介 ………………………… 264
10.3.2 RMAN 常用命令 …………………… 265
10.3.3 RMAN 备份应用举例 ……………… 271
10.3.4 RMAN 恢复 ………………………… 281
习题十 ………………………………………………… 288

第十一章 SQL 语句优化
11.1 SQL 语句优化概述 …………………………… 289
11.1.1 进行 SQL 语句优化的原因 ……… 289
11.1.2 SQL 语句执行的一般顺序 ……… 290
11.2 SQL 优化的一般原则 …………………………… 290
11.2.1 SELECT 语句中避免使用 "*" …… 290
11.2.2 编写 SQL 时使用相同的编码风格 … 292
11.2.3 使用 WHERE 子句代替 HAVING
      子句 …………………………………… 293
11.2.4 使用 TRUNCATE 代替 DELETE … 294
11.2.5 在确保完整的情况下多 COMMIT … 294
11.2.6 使用 EXISTS 替代 IN ……………… 295
11.2.7 用 EXISTS 替代 DISTINCT ……… 296
11.2.8 使用表连接而不是多个查询 ……… 297
11.2.9 使用 "<=" 替代 "<" ……………… 298
11.2.10 尽量使用表的别名（ALIAS）并
       在列前标注来源于哪个表 ……… 299
11.3 表的连接方法 …………………………………… 300
11.3.1 FROM 子句中将数据量最小的表
      作为驱动表 ………………………… 300
11.3.2 WHERE 子句的连接顺序 ………… 301
11.4 有效使用索引 …………………………………… 302
习题十一 ……………………………………………… 303

第十二章 Oracle 企业管理器 OEM ………………… 304
12.1 OEM 简介 ………………………………………… 304
12.1.1 OEM 数据库控制启动 …………… 304
12.1.2 OEM 数据库控制设置 …………… 305
12.2 OEM 数据库存储管理 ………………………… 307
12.2.1 管理控制文件 ……………………… 307
12.2.2 管理重做日志文件 ………………… 308
12.2.3 管理表空间 ………………………… 311
12.2.4 管理数据文件 ……………………… 314
12.3 OEM 其他管理 …………………………………… 317
12.3.1 查看数据库性能 …………………… 317
12.3.2 管理数据库对象 …………………… 318
12.3.3 用户和权限管理 …………………… 321
12.3.4 初始化参数管理 …………………… 323
12.3.5 数据库维护 ………………………… 324

第十三章 软件开发综合实训：选课系统的
设计与实现 ……………………………………… 326
13.1 系统分析 ………………………………………… 326
13.1.1 需求分析 …………………………… 326
13.1.2 系统设计 …………………………… 326
13.2 环境搭建 ………………………………………… 327
13.2.1 创建数据库 ………………………… 327
13.2.2 环境搭建 …………………………… 327
13.3 系统实现 ………………………………………… 328
13.3.1 数据库连接类 ……………………… 328
13.3.2 登录模块 …………………………… 332
13.3.3 跳转模块 …………………………… 335
13.3.4 管理员模块 ………………………… 336
13.3.5 教师模块 …………………………… 340
13.3.6 学生模块 …………………………… 343

附录 …………………………………………………………… 346
参考文献 …………………………………………………… 357

第一章　Oracle 数据库简介

　　Oracle 数据库是当今最大的数据库公司 Oracle（甲骨文）的数据库产品。它是世界上第一款商品化的关系数据库管理系统，采用标准的 SQL，支持多种数据类型，支持面向对象，并支持 UNIX、Linux、OS/2、VXM 和 Windows 等操作系统平台。Oracle 11g 是 Oracle 公司推出的最新数据库软件，相对以往版本，Oracle 11g 具有许多与众不同的特性。本章将主要介绍如下内容：在 Windows 平台上安装 Oracle 11g 和创建数据库的基本步骤，Oracle 两个常用的管理工具 SQL*Plus 和 Oracle Enterprise Manager 的使用方法，Oracle 实例的启动与关闭的方法，以及本书使用的教学案例和实验案例。

- Oracle 数据库软件的安装及卸载
- Oracle 两个常用的管理工具 SQL*Plus 和 Oracle Enterprise Manager
- Oracle 实例的启动与关闭
- 教学案例和实验案例的介绍

1.1　Oracle 11g 简介

　　Oracle 数据库是 Oracle 公司的核心产品，是一种关系型数据库管理系统。Oracle 10g 数据库是第一个为企业级网格计算而设计的数据库，提供了众多特性以支持企业网格计算。Oracle 11g 是 Oracle 公司于 2007 年 7 月 12 日正式推出的最新数据库软件，在 Oracle 10g 的基础上对企业级网格计算进行了扩展，具有良好的体系结构，强大的数据处理能力、丰富实用的功能和许多创新特性。与 Oracle 10g 相比，Oracle 11g 的新增功能主要表现在以下方面：

1. 快速应用开发的能力

　　Oracle 11g 增强了快速开发应用的能力，例如对应用级日期数据格式的定义，主题自定义功能，描述性 BLOB 数据的下载等。

2. 计划管理（Plan Management）

　　计划管理将某一特定语句的查询计划固定下来，不论是统计数据变化还是数据库版本发生变化，查询计划都不会随之发生改变。

3. 自动诊断知识库（Automatic Diagnostic Repository，ADR）

　　当发生重要错误时，Oracle 会根据探测到的错误自动创建一个事件（incident），同时捕捉到和这一事件相关的信息,自动进行数据库健康检查并通知 DBA。

4. 基于特性打补丁(Feature Based Patching)

Oracle 企业管理器(Oracle Enterprise Manager,OEM)帮助 Oracle 用户订阅基于特性的补丁服务,自动扫描用户正在使用的需要打补丁的那些特性。

5. 自动内存优化(Auto Memory Tuning)

在 Oracle 9i 中,引入了自动 PGA(Program Global Area,程序全局区)优化;在 Oracle 10g 中,又引入了自动 SGA(System Global Area,系统全局区)优化。到了 Oracle 11g,只设定一个参数就可以实现所有内存的全表自动优化,Oracle 只要知道可以使用的内存是多大,就可以自动指定分配给 PGA、SGA 和操作系统进程的内存。

6. 自动数据库诊断监视器(Automatic Database Diagnostic Monitor,ADDM)

在 Oracle 10g 中,ADDM 已经能自动检查和报告数据库的性能问题。在 Oracle 11g 中,ADDM 不仅可以给单个实例建议,还可以对整个 RAC(Real Application Clusters,实时应用集群)给出建议。

7. AWR 基线(Automatic Workload Repository Baselines)

基线就是用于比较的基本线,包含了一个特定时间范围的性能数据,可以用来与其他时间点的状态数据做对比,以分析性能问题。AWR 基线用于收集、处理和维护系统性能信息,为检测性能调优问题提供有力的帮助,Oracle 11g 对 AWR 基线进行了扩展。

此外,Oracle 11g 还新增了数据库重演、事件打包服务、访问建议器和资源管理器,以及增强的压缩技术、高速推进技术、在线应用升级、数据库修复建议器和逻辑对象分区等诸多其他方面的新功能和新特性,并在 PL/SQL 部分新增了结果集缓存(Result Set Caching)、对象依赖性改进、正则表达式改进、对 TCP 包支持 FGAC(Fine Grained Access Control)安全控制、提高触发器执行效率等功能。

1.2 Oracle 数据库软件的安装

安装 Oracle 数据库软件需要使用 Oracle 通用安装器(Oracle Universal Installer),它是一个基于 Java 技术的图形界面安装工具,利用它可以完成在不同操作系统平台上的、各种不同类型和版本的 Oracle 数据库软件的安装。下面以 Oracle 11g 软件在 32 位 Windows 操作系统下的安装为例,介绍其主要安装过程。

(1)在 Oracle 官方网站下载 Oracle 11g 软件并对其进行解压缩,双击如图 1-1 所示的 setup.exe 程序将打开如图 1-2 所示的安装界面。

名称	大小	类型	修改日期
doc		文件夹	2010-3-26 13:42
install		文件夹	2010-4-2 11:15
response		文件夹	2010-4-2 12:46
stage		文件夹	2010-4-2 12:46
setup.exe	530 KB	应用程序	2010-3-12 0:49
welcome.html	5 KB	360seURL	2010-3-2 15:52

图 1-1 执行 setup.exe 程序

（2）配置安全更新。在如图 1-2 所示的安装界面上对安全更新进行配置。

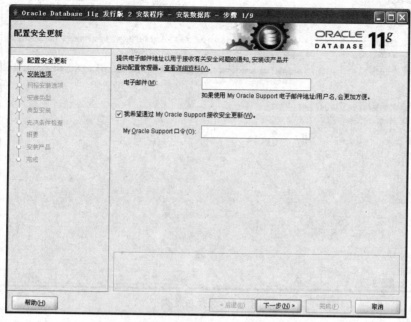

图 1-2　配置安全更新

（3）选择安装选项。单击【下一步】按钮，进入如图 1-3 所示的安装选项界面。选择安装选项，这里我们选择【创建和配置数据库】。

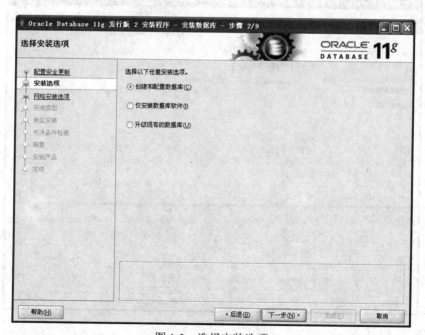

图 1-3　选择安装选项

（4）选择系统类型。单击【下一步】按钮，进入如图 1-4 所示的界面，这里需要选择安装的系统类型，有桌面类和服务器类两种类型，这里我们选择【服务器类】。

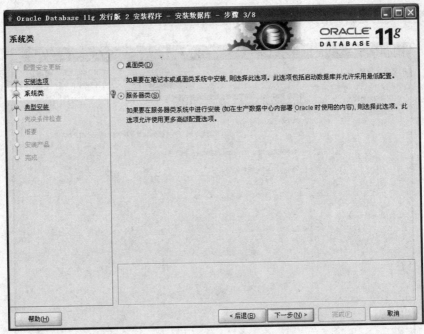

图 1-4　选择系统类型

（5）网络安装选项。单击【下一步】按钮，进入如图 1-5 所示的网络安装选项界面，需要选择要安装的数据库类型，这里选择【单实例数据库安装】。

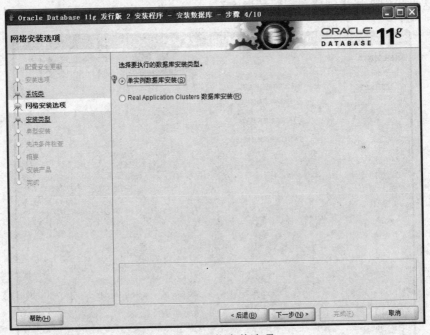

图 1-5　网络安装选项

（6）选择安装类型。单击【下一步】按钮，进入如图 1-6 所示的界面。Oracle 数据库的安装方法可以分为典型安装与高级安装，其中典型安装比较简单，这里我们选择【高级安装】。

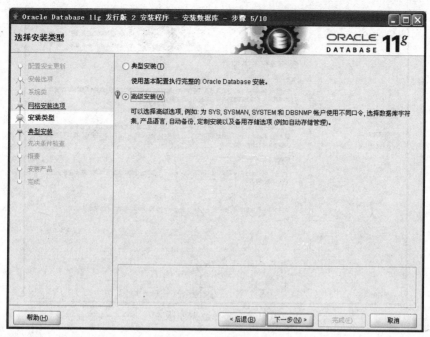

图 1-6　选择安装类型

（7）选择产品语言。单击【下一步】按钮，进入如图 1-7 所示的界面，选择需要的产品语言。

图 1-7　选择产品语言

（8）选择数据库版本。单击【下一步】按钮，进入如图 1-8 所示的界面。选择数据库版本，这里我们选择【企业版】。

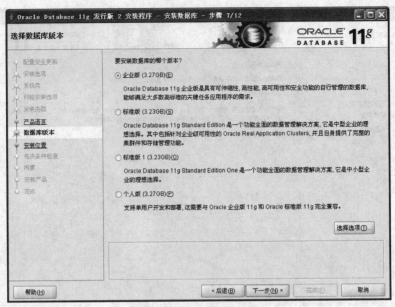

图 1-8　选择数据库版本

（9）指定安装位置。单击【下一步】按钮，进入如图 1-9 所示的界面。设置相应的安装目录。Oracle 基目录主要用来存放一些配置文件内容，是 Oracle 的顶级目录。软件位置用于存储 Oracle 软件文件，单独的 Oracle 产品或者不同版本的 Oracle 数据库，都必须指定一个单独的软件位置，Oracle 软件位置必须是 Oracle 基目录的一个子目录。

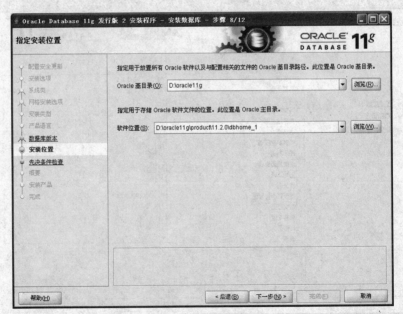

图 1-9　指定安装位置

（10）选择配置类型。单击【下一步】按钮，进入如图 1-10 所示的界面。选择要创建的数据库的类型。在该界面中，有两个选项：一般用途/事务处理、数据仓库。一般用途/事务处理即可适用大多数用途的配置，这里我们选择【一般用途/事务处理】。

图 1-10　选择配置类型

（11）指定数据库标识符。单击【下一步】按钮，进入如图 1-11 所示的界面，设置全局数据库名和 SID。

全局数据库名是数据库的全名，主要用于在分布式数据库系统中区分网络中不同的数据库，它由数据库名和数据库域组成，格式为"数据库名.数据库域"，如 zcgl.sdnu.com，其中数据库名 zcgl 被保存在初始化参数 DB_NAME 中，而数据库域 sdnu.com 被保存在 DB_DOMAIN 中。

SID（System Identifier，系统标识符）标识一个特定的数据库例程，主要用于区分同一台计算机上的同一个数据库的不同实例。

全局数据库名或 SID 不能与现有的数据库或实例相同，但全局数据库名与 SID 可以相同。

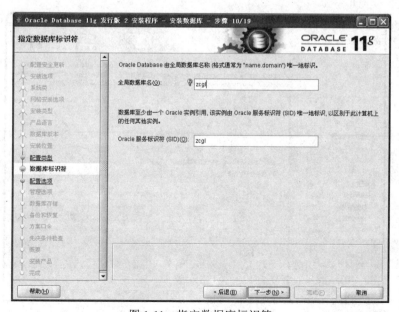

图 1-11　指定数据库标识符

（12）指定配置选项。单击【下一步】按钮，进入如图 1-12 所示的界面。在该界面中可以对数据库的内存、字符集、安全性以及示例方案进行设置。这里我们选择默认的配置。

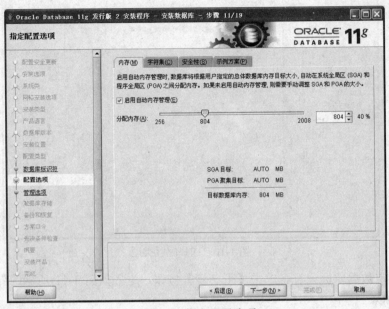

图 1-12　指定配置选项

（13）指定管理选项。单击【下一步】按钮，进入如图 1-13 所示的界面。在该界面中可以设置使用数据库控制（Database Control）或网格控制（Grid Control）来管理此数据库。如果操作系统中没有 Oracle 代理程序，则无法选择使用网格控制管理数据库。如果启用电子邮件通知功能，当数据库发生某些特殊事件时，Oracle 数据库会自动发送电子邮件到指定的邮件地址。这里我们选择【使用 Database Control 管理数据库】选项，不启用电子邮件通知功能。

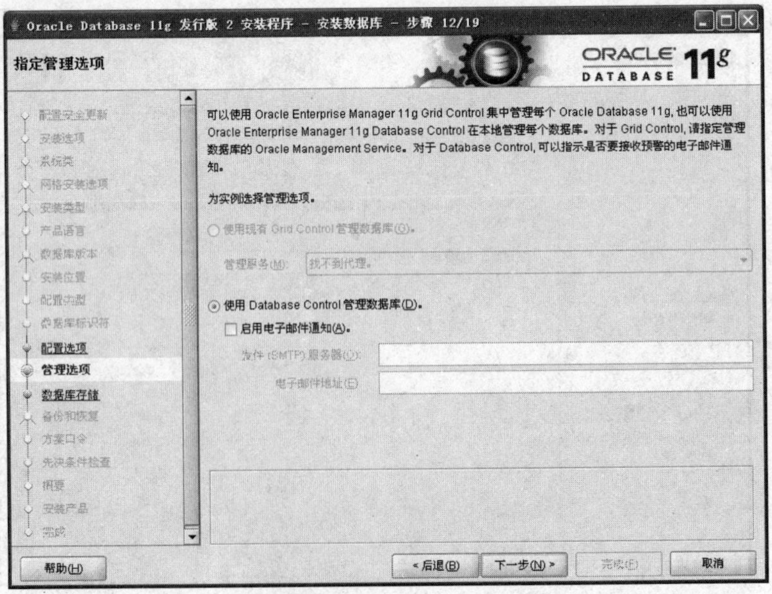

图 1-13　指定管理选项

（14）指定数据库存储选项。单击【下一步】按钮，进入如图 1-14 所示的界面。在该界面中可以选择数据库的存储机制：文件系统或自动存储管理，这里我们选择【文件系统】选项。

图 1-14　指定数据库存储选项

（15）指定恢复选项。单击【下一步】按钮，进入如图 1-15 所示的界面。在该界面中，可以设置自动备份功能。这里我们不启用自动备份功能，选中【不启用自动备份】选项。

图 1-15　指定恢复选项

（16）指定方案口令。单击【下一步】按钮，进入如图 1-16 所示的界面。在该界面中可以设置用户账户的口令，Oracle 建议为不同用户设置不同的口令。这里我们为 SYS、SYSTEM、SYSMAN 和 DBSNMP 用户设置不同的口令。当创建一个数据库时，SYS 用户将被默认创建并授予 DBA 角色，所有数据库数据字典中的基本表和视图都存储在名为 SYS 的方案中（方案是指用户所拥有一系列逻辑数据结构或数据库对象的集合,在 Oracle 数据库中一个方案对应一个数据库用户)。SYSTEM 用户被默认创建并被授予 DBA 角色,用于创建显示管理信息的表或视图,以及被各种 Oracle 数据库应用和工具使用的内容表或视图。DBSNMP 是 Oracle 数据库中用于智能代理的用户,用来监控和管理数据库相关性能的用户。SYSMAN 是 Oracle 数据库中用于 EM 管理的用户。

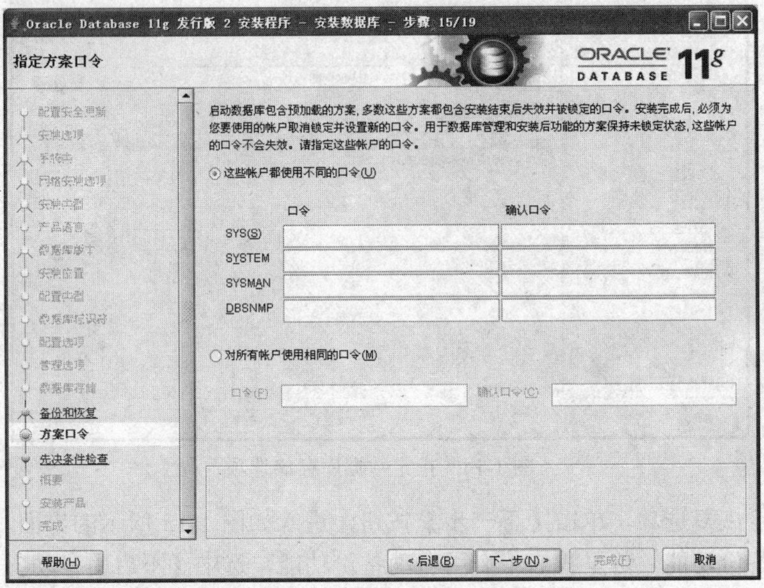

图 1-16 指定方案口令

(17) 执行先决条件检查。单击【下一步】按钮,进入如图 1-17 所示的界面。此时开始对安装环境进行检查。

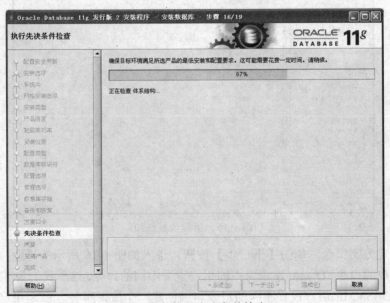

图 1-17 执行先决条件检查

（18）显示概要信息。在先决条件检查完毕后，单击【下一步】按钮，进入如图 1-18 所示的界面。该界面显示了数据库的概要信息。

图 1-18　显示概要信息

（19）安装产品。单击【完成】按钮，即可依次安装 Oracle 数据库软件、创建监听器并创建启动数据库，如图 1-19 所示。

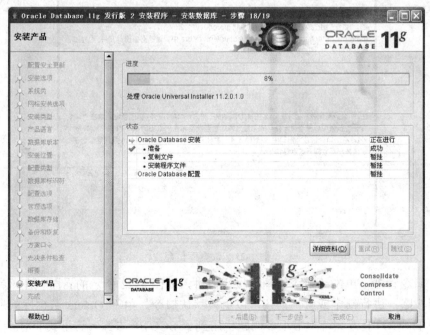

图 1-19　安装产品

（20）创建启动数据库。如图 1-20 所示，开始创建启动数据库。当创建完数据库后，会打开如图 1-21 所示的界面。

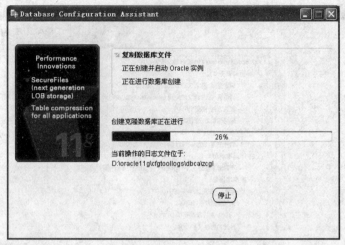

图 1-20　创建启动数据库

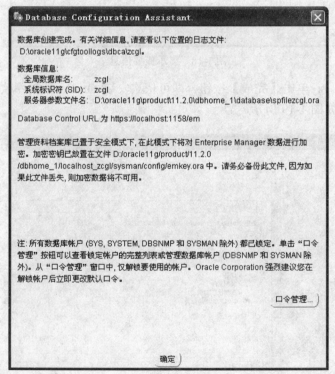

图 1-21　数据库信息

（21）口令管理。单击【口令管理】按钮，进入如图 1-22 所示的界面。在该界面中可以对数据库用户账户进行锁定或解锁，还可以更改默认口令。由于 Oracle 数据库的所有文档的示例都使用了 SCOTT 方案，本书很多例题也用到了 SCOTT 方案，这里我们对 SCOTT 用户进行解锁，并更改默认口令。

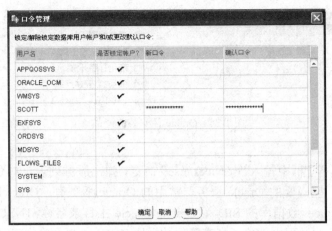

图 1-22 口令管理

（22）完成安装。单击【确定】按钮，进入如图 1-23 所示的界面。单击【关闭】按钮完成安装。

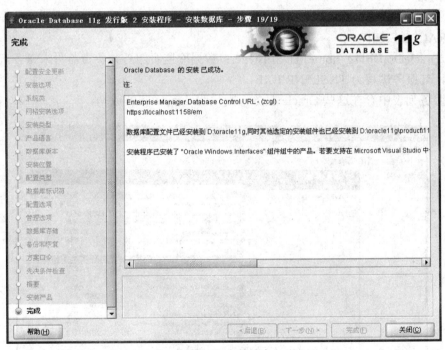

图 1-23 安装结束

1.3 检验安装是否成功

Oracle 安装完成后，用户可以通过以下几种方法来检验安装是否成功。

1. 查看程序包

Oracle 安装成功后将在【开始】菜单的【程序】中进行注册。执行【开始】|【程序】|【Oracle - OraDb11g_home1】，如果出现如图 1-24 所示的 Oracle 产品，则表示 Oracle 安装成功。

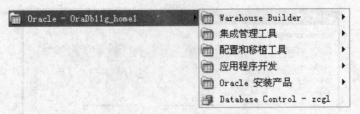

图 1-24　Oracle 已安装的产品

2. 查看服务

在【开始】|【运行】框中输入"services.msc"命令,弹出服务列表,如图 1-25 所示。Oracle 成功安装后会启动一些必要的 Oracle 服务。常用的 Oracle 服务有：OracleDBConsole<数据库的 SID>、OracleService<数据库的 SID>、Oracle<Oracle 主目录名称>TNSListener 等。如果在安装 Oracle 11g 软件的过程中创建了资产管理数据库 ZCGL,那么将会启动如下服务：

（1）OracleDBConsoleZCGL：数据库控制台服务,负责接收并处理来自客户机对数据库的各项管理工作。如果不启动该服务,将无法通过https://localhost:1158/em打开 Oracle 企业管理器（OEM）。

（2）OracleServiceZCGL：数据库实例服务,这个服务会自动启动和停止数据库,其服务进程为 ORACLE.EXE。

（3）OracleOraDb11g_home1TNSListener：数据库监听服务,负责监听来自客户机对服务器的请求,其服务进程为 TNSLSNR.EXE。

如果服务列表中存在这些 Oracle 服务,则说明 Oracle 安装成功。

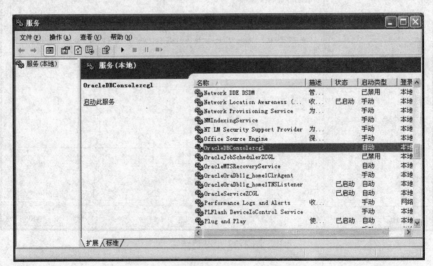

图 1-25　查看 Oracle 相关服务

3. 查看注册表

Oracle 安装成功后,将在注册表中写入一些键值信息。在【开始】|【运行】框中输入"regedit"命令,弹出注册表编辑器,如图 1-26 所示。

如果在 HKEY_LOCAL_MACHINE\SOFTWARE 以及 HKEY_LOCAL_MACHINE\SYSTEM\CurrentControlSet\Services 节点下存有 Oracle 项,则说明 Oracle 安装成功。

图 1-26　注册表编辑器

4. 运行 Oracle 工具

执行【开始】|【程序】|【Oracle-OraDb11g_home1】|【应用程序开发】|【SQL Plus】命令，打开如图 1-27 所示的界面。如果输入正确的用户名和密码后能够成功连接到 Oracle 数据库，即能够出现如图 1-28 所示的 SQL Plus 运行界面，则说明 Oracle 安装成功。

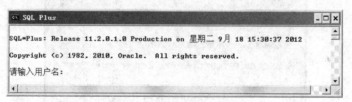

图 1-27　SQL Plus 运行界面

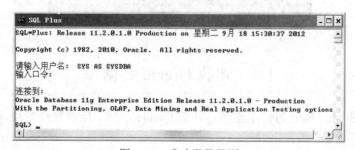

图 1-28　成功登录界面

5. 查看已安装产品

执行【开始】|【程序】|【Oracle-OraDb11g_home1】|【Oracle 安装产品】|【Universal Installer】命令，进入如图 1-29 所示的界面。单击【已安装产品】按钮，弹出如图 1-30 所示的"产品清单"对话框，如果在该对话框中显示了已安装的 Oracle 产品信息，则说明 Oracle 安装成功。

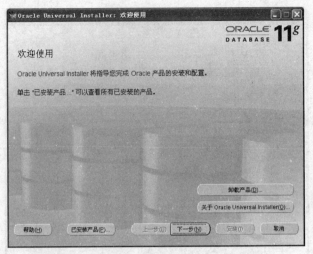

图 1-29 Oracle Universal Installer 启动界面

图 1-30 Oracle 产品清单

1.4 卸载 Oracle 数据库

Oracle11g 的卸载过程分为停止服务、卸载 Oracle 产品、删除注册表项、删除环境变量和删除目录并重启计算机。

(1) 停止相关服务。在【开始】|【运行】框中输入 services.msc 命令，弹出服务列表，如图 1-31 所示，停止 Oracle 的相关服务。

(2) 卸载 Oracle 产品。执行【开始】|【程序】|【Oracle-OraDb11g_home1】|【Oracle 安装产品】|【Universal Installer】命令，进入如图 1-29 所示的 Oracle Universal Installer 启动界面。单击【已安装产品】按钮，弹出如图 1-30 所示的"产品清单"对话框，在该对话框中选择已安装的 Oracle 产品，单击【删除】按钮即可删除选中的产品。

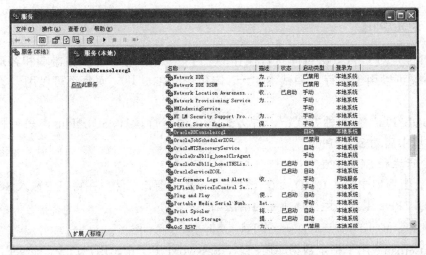

图 1-31　停止 Oracle 服务

（3）删除注册表项。删除注册表中 HKEY_LOCAL_MACHINE\SOFTWARE\ORACLE 项以及 HKEY_LOCAL_MACHINE\SYSTEM\CurrentControlSet\Services 节点下的所有 Oracle 项。

（4）如果在安装 Oracle 时为其设置了环境变量，那么在卸载时也需要把环境变量删除。在系统变量中，直接将 ORACLE_HOME 选项删除即可，如图 1-32 所示。

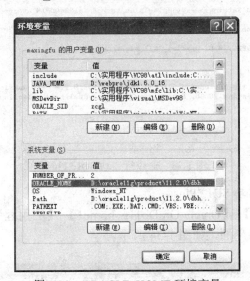

图 1-32　ORACLE_HOME 环境变量

（5）为了更彻底地删除 Oracle 数据库，还需要把安装目录下的全部内容删除，然后重新启动计算机。

完成上述五个步骤后，Oracle 数据库就可以成功地从系统中卸载。

1.5　Oracle 管理工具

Oracle 两个常用的管理工具有：SQL*Plus 和 Oracle Enterprise Manager。

1.5.1 SQL*Plus

SQL*Plus 是对 Oracle 数据库进行操作的一个重要的工具,在服务器端和客户端都可以使用。它不仅可以用于运行、调试 SQL 语句和 PL/SQL 块,而且还可以用于管理 Oracle 数据库。

启动 SQL*Plus 有两种方式:一种方式是在命令行运行 SQL*Plus,另一种方式是在 Windows 环境中启动 SQL*Plus。

1. 命令行运行 SQL*Plus

在【运行】窗口中输入 CMD 命令,打开命令提示窗口,然后在窗口中输入 SQLPLUS 命令来启动 SQL*Plus 工具。运行该命令的语法如下:

SQLPLUS [username]/[password] [@server] [as sysdba | as sysoper]

其中,username 用于指定数据库用户名,password 用于指定用户口令,server 用于指定网络服务名,as sysdba 表示以 SYSDBA 特权登录,as sysoper 表示以 SYSOPER 特权登录。当连接本地数据库时,无需指定网络服务名。通过命令行来启动 SQL*Plus 如图 1-33 所示。

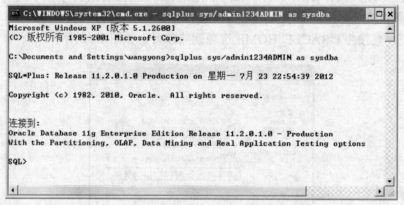

图 1-33 命令行启动 SQL*Plus

2. Windows 环境中启动 SQL*Plus

执行【开始】|【程序】|【Oracle-OraDb11g_home1】|【应用程序开发】|【SQL Plus】命令,出现 SQL*Plus 的登录界面,如图 1-34 所示。

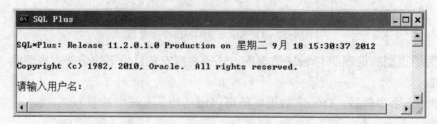

图 1-34 Windows 中启动 SQL*Plus

输入相应的用户名和口令,然后按 Enter 键,SQL*Plus 将连接到 Oracle 数据库。这里使用 sys 用户以 sysdba 的身份连接到 Oracle 数据库,如图 1-35 所示。

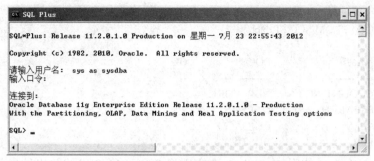

图 1-35　连接到数据库

3. 使用 SQL*PLUS 命令

SQL*PLUS 提供了许多命令来对数据库的输出结果进行格式化显示。本节主要讲解 DESCRIBE、SAVE、START、SPOOL 这四个常用命令。

（1）DESCRIBE 命令：返回数据库中所存储对象的描述。对于表和视图等对象，DESCRIBE 命令可以列出各个列以及各个列的属性，除此之外，该命令还可以输出过程、函数和程序包的规范。DESCRIBE 命令的语法如下：

DESCRIBE {[schema.]object[@connect_identifier]}

语法说明：DESCRIBE 可以简写为 DESC；schema 表示指定对象所属的用户名，或者所属的用户模式名称；object 表示对象的名称，如表名或视图名等；connect_identifier 表示数据库连接字符串。

【例 1-1】使用 DESCRIBE 命令，查看 SCOTT 用户的 DEPT 表结构。

```
SQL> DESCRIBE SCOTT.DEPT;
 名称                   是否为空?        类型
 -------------------    ------------     ------------------
 DEPTNO                 NOT NULL         NUMBER(2)
 DNAME                                   VARCHAR2(14)
 LOC                                     VARCHAR2(13)
```

（2）GET 命令：使用 GET 命令可以将脚本文件中的 SQL 语句或 PL/SQL 块装入到 SQL 缓冲区中，其语法如下：

GET [FILE] file_name;

语法说明：file_name 表示脚本文件名称（可包含完整路径）。

【例 1-2】在文件夹 E:\whwh\oracle\zcgl_sy 中有一个 SQL 文件 query_scott_dept.sql，其内容为 "SELECT * FROM SCOTT.dept"，请将该脚本文件中的命令装入到 SQL 缓存区中。

```
SQL> GET E:\whwh\oracle\zcgl_sy\query_scott_dept.sql
  1*   SELECT * FROM SCOTT.dept
```

（3）START 命令：START 命令可以读取文件中的内容到缓冲区中，然后在 SQL*PLUS 中运行这些内容。START 命令的语法如下：

START {url|file_name}

语法说明：url 用来指定一个 URL 地址，例如http://zcgl.admin/zcgl01.sql；file_name 指定一个文件名。

【例 1-3】使用 RUN 命令读取并运行 E:\whwh\oracle\zcgl_sy\query_scott_dept.sql 文件。

```
SQL> RUN E:\whwh\oracle\zcgl_sy\query_scott_dept.sql
  1*    SELECT * FROM SCOTT.dept

DEPTNO  DNAME           LOC             GG
------  --------------  --------------  --
    10  ACCOUNTING      NEW YORK
    20  RESEARCH        DALLAS
    30  SALES           CHICAGO
    40  OPERATIONS      BOSTON
```

（4）SPOOL 命令：使用 SPOOL 命令实现将 SQL*PLUS 中的输出结果复制到一个指定文件中，或者把查询结果发送到打印机中，直到用 SPOOL OFF 命令为止。SPOOL 命令的语法如下：

SPOOL file_name [[CREATE]|[REPLACE]|[APPEND]]|[OFF|OUT]

语法说明：file_name 指定一个操作系统文件；CREATE 表示创建指定的文件；APPEND 表示如果指定文件已存在，则将缓冲区中的内容追加到文件末尾，如果指定文件不存在，则创建该文件；REPLACE 与 APPEND 的不同之处在于，如果指定文件存在，则覆盖该文件的内容。OFF 和 ON 分别表示该命令的停止和启动。

【例 1-4】使用 SPOOL 命令，并指定 APPEND 选项，将 SQL*PLUS 中的输出结果追加到文件 zcgl02.sql 的末尾。

SQL> SPOOL E:\whwh\oracle\zcgl_sy\zcgl02.sql APPEND;

说明：执行了 SPOOL OFF 命令，将不再保存在该命令之后所操作语句的输出结果。

1.5.2 Oracle Enterprise Manager

OEM（Oracle Enterprise Manager，Oracle 企业管理器）是一个功能完善的 Oracle 数据库集成管理平台，采用基于 Web 的、直观而方便的图形化界面来操作数据库。OEM 的启动非常方便，只需在浏览器中输入 OEM 的 URL 地址（例如https://localhost:1158/em）或者选择【开始】|【程序】|【Oracle-OraDb11g_home1】|【Database Control - orcl】命令即可启动 OEM。当成功启动 OEM 后，就会弹出一个 OEM 登录界面，如图 1-36 所示。

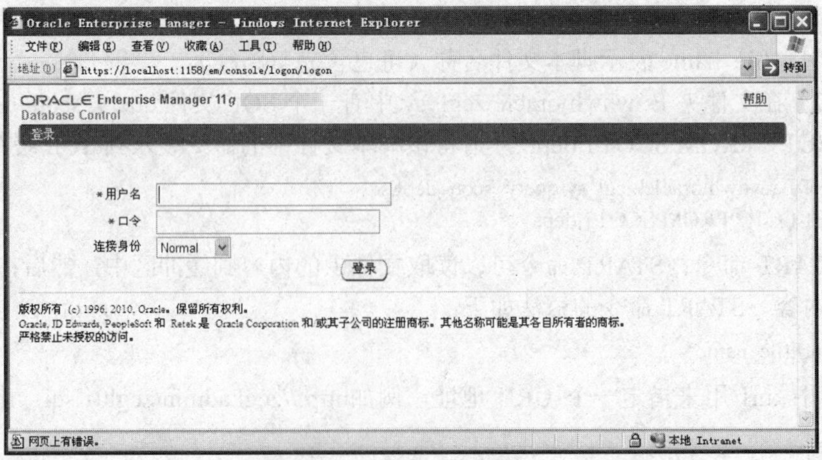

图 1-36 OEM 的登录界面

在 OEM 的登录界面中，输入相应的用户名和口令，然后单击【登录】按钮，就会进入到数据库主页面的【主目录】页面中对数据库进行维护，如图 1-37 所示。

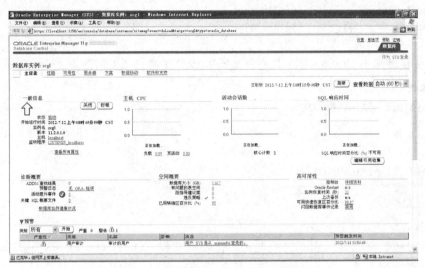

图 1-37　数据库"主目录"标签页

1.6　Oracle 实例的启动与关闭

每个运行的 Oracle 数据库都与 Oracle 实例相联系。当启动一个数据库时，Oracle 将为其分配内存区，也就是系统全局区（System Global Area，SGA），并启动一个或多个 Oracle 后台进程，将 SGA 同这些 Oracle 进程连接起来，就是 Oracle 实例。当用户对数据库进行访问时，必须启动实例并打开数据库，由实例负责与数据库通信，并将处理结果返回给用户。如果实例处于关闭状态，则不能对数据库内的数据执行任何的操作。

1.6.1　启动 Oracle 实例

Oracle 实例启动的过程可以分为三个过程：未加载（NOMOUNT）、加载（MOUNT）、打开（OPEN）。启动实例的指令为：

STARTUP{NOMOUNT|MOUNT|OPEN}

如果 STARTUP 指令后面没有加其他参数，或者加上 OPEN 参数，则实例将打开数据库。

1. 未加载（NOMOUNT）

当实例的状态由关闭（SHUTDOWN）转为未加载时，也就是使用 STARTUP NOMOUNT 指令启动实例时，将会读取参数文件，然后分配 SGA 并启动后台进程，同时打开预警文件和后台进程跟踪文件。当实例处于未加载状态时，实例并没有与数据库建立任何关联，数据库管理员只能执行建立数据库或重建控制文件的操作。

【例 1-5】将数据库启动到 NOMOUNT 状态。

SQL> STARTUP NOMOUNT;
ORACLE 例程已经启动。

```
Total System Global Area    535662592 bytes
Fixed Size                    1375792 bytes
Variable Size               276824528 bytes
Database Buffers            251658240 bytes
Redo Buffers                  5804032 bytes
SQL>
```

说明：当数据库由 NOMOUNT 状态转变为 MOUNT 状态或 OPEN 状态时，必须执行 ALTER DATABASE 命令。

```
SQL> ALTER DATABASE MOUNT;

数据库已更改。

SQL> ALTER DATABASE OPEN;

数据库已更改。
```

2．加载（MOUNT）

当实例加载数据库时，实例将根据初始化参数文件 CONTROL_FILES 中的参数值，开启所指定的所有控制文件。当所有的控制文件都能被打开后，实例将继续检查控制文件所记录的数据库名称是否与参数文件的 DB_NAME 参数所指定的数据库名称相同。如果两者相同，实例便成功地加载数据库。在数据库加载阶段，数据库管理员可以完成以下操作：

（1）恢复数据库。
（2）更改数据文件或联机重做日志文件的名称。
（3）变更数据库的存档模式。
（4）开启或关闭数据库闪回功能。

【例 1-6】 将数据库启动到 MOUNT 状态。

```
SQL> STARTUP MOUNT;
ORACLE 例程已经启动。

Total System Global Area    535662592 bytes
Fixed Size                    1375792 bytes
Variable Size               276824528 bytes
Database Buffers            251658240 bytes
Redo Buffers                  5804032 bytes
数据库装载完毕。
```

3．打开（OPEN）

如果在启动实例的同时需要打开数据库，实例将按照控制文件所记载的数据库物理结构，打开所有处于联机状态的数据文件和联机重做日志文件。只有当实例的状态为打开时，用户才能登录到数据库。

【例 1-7】 使用 STARTUP OPEN 命令启动数据库实例并打开数据库。

```
SQL> STARTUP OPEN;
ORACLE 例程已经启动。

Total System Global Area    535662592 bytes
Fixed Size                    1375792 bytes
```

```
Variable Size                   276824528 bytes
Database Buffers                251658240 bytes
Redo Buffers                      5804032 bytes
```
数据库装载完毕。
数据库已经打开。

1.6.2 关闭 Oracle 实例

实例关闭的步骤可以分为三个阶段：关闭数据库、卸载数据库和关闭实例。关闭数据库的命令格式为：

SHUTDOWN [NORMAL| TRANSACTIONAL| IMMEDIATE| ABORT]

1. SHUTDOWN NORMAL（默认选项）

NORMAL 参数是数据库关闭命令的缺省选项。当 Oracle 执行 SHUTDOWN NORMAL 命令后，系统不再允许建立新的会话，但已经建立的会话可以继续进行。这时，系统并没有强制要求会话结束，而是等待所有客户端的会话都结束之后，才开始进行关闭数据库的动作。

【例 1-8】执行 SHUTDOWN NORMAL 关闭数据库。

```
SQL> SHUTDOWN NORMAL
数据库已经关闭。
已经卸载数据库。
ORACLE 例程已经关闭。
```

2. SHUTDOWN TRANSACTIONAL

该命令常用来计划关闭数据库。执行 SHUTDOWN TRANSACTIONAL 关闭命令之后，不允许建立新的会话，已经存在的会话仍然可以继续正在进行的事务，等到事务完成后，系统就强制结束该会话。等到所有活动的事务完成后，才开始进行关闭数据库的动作。

【例 1-9】执行 SHUTDOWN TRANSACTIONAL 关闭数据库。

```
SQL> SHUTDOWN TRANSACTIONAL
数据库已经关闭。
已经卸载数据库。
ORACLE 例程已经关闭。
```

3. SHUTDOWN IMMEDIATE

这是使用频率最高的关闭 Oracle 数据库的方式。使用该命令后，不允许建立新的会话，所有进行中的事务都立即开始回滚，断开用户会话，最终关闭数据库。

【例 1-10】执行 SHUTDOWN IMMEDIATE 关闭数据库。

```
SQL> SHUTDOWN IMMEDIATE
数据库已经关闭。
已经卸载数据库。
ORACLE 例程已经关闭。
```

4. SHUTDOWN ABORT

SHUTDOWN ABORT 命令主要用于无法正常关闭数据库的情况。执行该命令后，所有正在运行的 SQL 语句都将立即终止，系统不会发出检查点，也不会关闭数据库文件。因此执行该命令将会破坏数据库的完整性，使一部分数据信息丢失。使用这种方式关闭数据库后，如果重新启动实例并打开数据库，后台进程 SMON 将会执行实例恢复。

【例 1-11】 执行 SHUTDOWN ABORT 关闭数据库。

```
SQL> SHUTDOWN ABORT
ORACLE 例程已经关闭。
```

1.7 案例介绍

1.7.1 教学案例：资产管理系统 ZCGL

本书教学过程中使用的所有样例表都来源于资产管理系统，它所包含的表及其结构如表 1.1 至表 1.5 所示。

（1）部门表（BUMEN）

表 1.1 部门表

字段名称	字段类型	能否为空	注释
BMID	VARCHAR2(50)	否	部门 ID，主键
BMMC	VARCHAR2(50)	否	部门名称

（2）用户表（YONGHU）

表 1.2 用户表

字段名称	字段类型	能否为空	注释
YHID	VARCHAR2(50)	否	用户 ID，主键
MIMA	VARCHAR2(50)	否	密码
YHMC	VARCHAR2(50)	否	用户名称
BMID	VARCHAR2(50)	否	部门 ID，外键

（3）资产类型表（ZICHANLEIXING）

表 1.3 资产类型表

字段名称	字段类型	能否为空	注释
LXID	VARCHAR2(50)	否	类型 ID，主键
LXMC	VARCHAR2(50)	否	类型名称

（4）资产状态表（ZICHANZHUANGTAI）

表 1.4 资产状态表

字段名称	字段类型	能否为空	注释
ZTID	VARCHAR2(50)	否	状态 ID，主键
ZTMC	VARCHAR2(50)	否	状态名称

（5）资产明细表（ZICHANMINGXI）

表 1.5 资产明细表

字段名称	字段类型	能否为空	注释
ZCID	VARCHAR2(50)	否	资产 ID，主键
FLID	VARCHAR2(50)	否	分类 ID，外键
BMID	VARCHAR2(50)	否	部门 ID，外键
ZTID	VARCHAR2(50)	否	状态 ID，外键
YHID	VARCHAR2(50)	否	用户 ID，外键
ZCMC	VARCHAR2(200)	否	资产名称
SYNX	NUMBER	能	使用年限
ZCYZ	NUMBER(10,2)	能	资产原值
GRSJ	DATE	能	购入时间
BZ	VARCHAR2(250)	能	备注

1.7.2 实验案例：学生公共课选课系统 MYXKXT

1. 功能介绍

本案例是一个学生公共课选课系统，基本表主要包括用户表 sysuser、角色表 sysrole、教师信息表 teacher、学生信息表 student、专业表 professional 和课程表 course；关联表主要包括用户－角色关联表 sysact、教师授课表（教师－课程关联表）lecture、学生选课表 choice；建立的视图为学生选课视图 stu-course，该视图基于 choice、lecture、teacher、student、course 五张表创建，展示学生选课的详细信息。该系统的用户主要包括教师和学生。

2. 表及字段介绍

学生公共课选课系统提供了本书实验指导书中使用的所有样例表，它所包含的表及其结构如表 1.6 至表 1.14 所示。

（1）用户表 sysuser

表 1.6 用户表 sysuser

字段名称	字段类型	能否为空	注释
USERID	VARCHAR2(50)	否	用户 ID，主键
PASSWORD	VARCHAR2(50)	否	密码
USERNAME	VARCHAR2(50)	否	用户姓名
NOTE	VARCHAR2(500)	能	备注

（2）角色表 sysrole

表 1.7 角色表 sysrole

字段名称	字段类型	能否为空	注释
ROLEID	VARCHAR2(50)	否	角色 ID，主键
ROLENAME	VARCHAR2(50)	否	角色名称

(3）用户－角色关联表 sysact

表 1.8　用户－角色关联表 sysact

字段名称	字段类型	能否为空	注释
ACTID	VARCHAR2(50)	否	ID，主键
USERID	VARCHAR2(50)	否	用户 ID，外键
ROLEID	VARCHAR2(50)	否	角色 ID，外键

(4）教师表 teacher

表 1.9　教师表 teacher

字段名称	字段类型	能否为空	注释
TEACHERID	VARCHAR2(50)	否	教师 ID，主键
TEACHERNAME	VARCHAR2(50)	否	教师姓名
SEX	VARCHAR2(2)	否	性别
POSITION	VARCHAR2(50)	否	职称
NOTE	VARCHAR2(500)		备注

(5）专业表 professional

表 1.10　专业表 professional

字段名称	字段类型	能否为空	注释
PROFID	VARCHAR2(50)	否	专业 ID，主键
PROFNAME	VARCHAR2(50)	否	专业名称
NOTE	VARCHAR2(500)		备注

(6）学生表 student

表 1.11　学生表 student

字段名称	字段类型	能否为空	注释
STUID	VARCHAR2(50)	否	学生 ID，主键
STUNAME	VARCHAR2(50)	否	学生姓名
PROFID	VARCHAR2(50)	否	专业 ID，外键
SEX	VARCHAR2(2)	否	性别
BIRTH	DATE		出生日期
NOTE	VARCHAR2(500)		备注

(7) 课程表 course

表 1.12 课程表 course

字段名称	字段类型	能否为空	注释
COURSEID	VARCHAR2(50)	否	课程 ID，主键
COURSENAME	VARCHAR2(50)	否	课程名称
CREDIT	NUMBER	否	学分
NOTE	VARCHAR2(500)		备注

(8) 教师—课程关联表 lecture

表 1.13 教师—课程关联表 lecture

字段名称	字段类型	能否为空	注释
LECID	VARCHAR2(50)	否	ID，主键
TEACHERID	VARCHAR2(50)	否	教师 ID，外键
COURSEID	VARCHAR2(50)	否	课程 ID，外键
YEAR	VARCHAR2(4)		学年
TERM	VARCHAR2(1)		学期
MAXSTU	NUMBER		最大选课学生数
CURRENTSTU	NUMBER		当前已选学生数
CHECKED	VARCHAR2(1)		审核状态
STATE	VARCHAR2(1)		课程状态
NOTE	VARCHAR2(500)		备注

(9) 学生选课表 choice

表 1.14 学生选课表 choice

字段名称	字段类型	能否为空	注释
CHOICEID	VARCHAR2(50)	否	ID，主键
STUID	VARCHAR2(50)	否	学生 ID，外键
COURSEID	VARCHAR2(50)	否	课程 ID，外键
SCORE	NUMBER		成绩
NOTE	VARCHAR2(500)		备注

习题一

1. 如何进行 Oracle 数据库安装？试简述其过程。
2. 在创建数据库时，可供选择的数据库类型有哪几种？试简述其不同。

3. Oracle 的卸载过程分为哪几步？
4. Oracle 实例的启动分为哪几个过程？
5. 如何验证 Oracle 的安装是否成功？

实验一　创建数据库 MYXKXT

一、实验目的

1. 掌握使用图形化界面工具 DCA（Database Configuration Assistant）创建数据库。
2. 掌握 Oracle 实例的启动与关闭。

二、实验内容

1. 使用 Oracle 的图形化界面工具 DCA 创建数据库 MYXKXT。
2. 练习启动与关闭 Oracle 实例。

三、实验步骤

1. 数据库创建过程

（1）从 Windows 桌面执行【开始】|【所有程序】|【Oracle-<ORACLE_HOME_NAME>】|【配置和移植工具】|【Database Configuration Assistant】命令，打开相应的对话框，单击【下一步】按钮，进入"步骤 1（共 12 步）：操作"界面，如图 1-38 所示。单击【创建数据库】选项，单击【下一步】按钮，进入到"步骤 2（共 12 步）：数据库模板"界面，如图 1-39 所示。

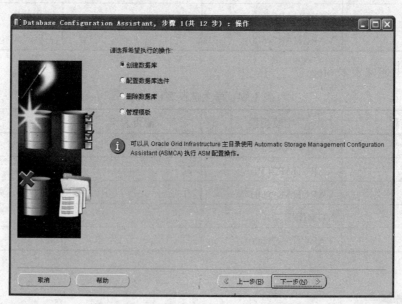

图 1-38　"步骤 1（共 12 步）：操作"界面

（2）在"步骤 2（共 12 步）：数据库模板"界面中，单击"一般用途或事务处理"选项，单击【下一步】按钮，进入到"步骤 3（共 12 步）：数据库标识"界面，如 1-40 所示。

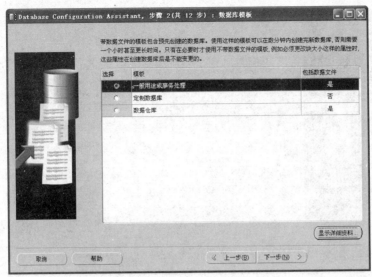

图 1-39 "步骤 2（共 12 步）：数据库模版"界面

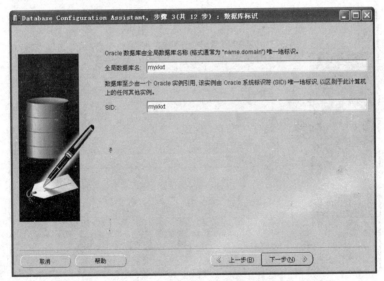

图 1-40 "步骤 3（共 12 步）：数据库标识"界面

（3）在"步骤 3（共 12 步）：数据库标识"界面上，输入下列信息：

全局数据库名：myxkxt

数据库实例名 SID：myxkxt

数据库实例名 SID 默认与全局数据库名称相同。单击【下一步】按钮，进入到"步骤 4（共 12 步）：管理选项"界面，如图 1-41 所示。

（4）在"步骤 4（共 12 步）：管理选项"界面上，采用默认设置，单击【下一步】按钮，进入到"步骤 5（共 12 步）：数据库身份证明"界面，如图 1-42 所示。

（5）"步骤 5（共 12 步）：数据库身份证明"界面主要用于设置 Oracle 默认账户的口令。

SYS：该用户被默认创建并授予 DBA 角色，它是 Oracle 数据库中权限最大的管理员账号。

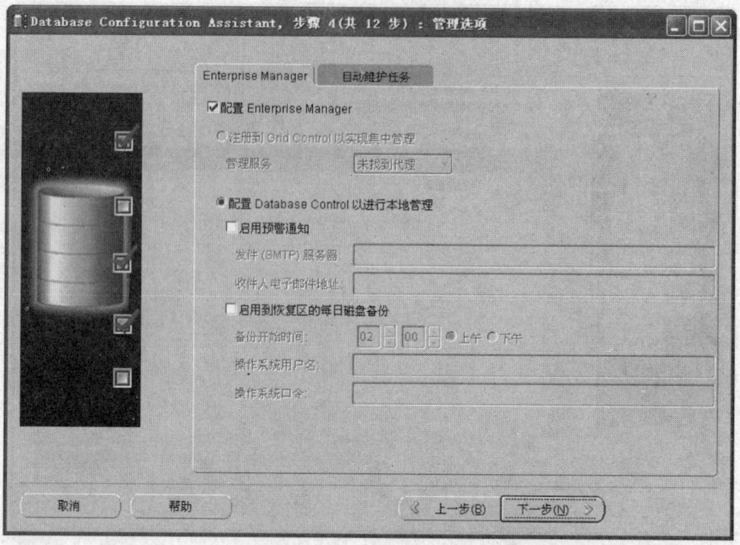

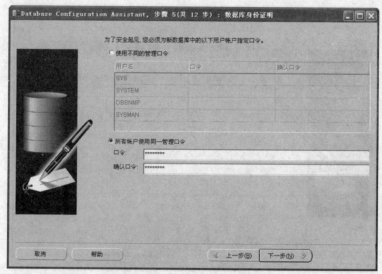

图1-41 "步骤4（共12步）：管理选项"界面

图1-42 "步骤5（共12步）：数据库身份证明"界面

SYSTEM：该用户被默认创建并授予DBA角色，其权限仅次于SYS，它用来创建数据库中可显示管理信息的表或视图等。

DBSNMP：是Oracle数据库中用于只能代理的用户，用来监控和管理数据库相关性能。

SYSMAN：是企业管理的超级管理员账号，能够创建和修改其他管理员账号，同时也能创建数据库实例。

上述默认账号的口令设置有两种方式："使用不同的管理口令"和"所有账号使用同一管理口令"。为了简单起见，可以选择后者。

（6）口令设置结束后，单击【下一步】按钮，进入到"步骤6（共12步）：数据库文件所在位置"界面，在"存储类型"中启用"文件系统"，如图1-43所示。单击【下一步】按钮，进入到"步骤7（共12步）：恢复配置"界面，如图1-44所示。

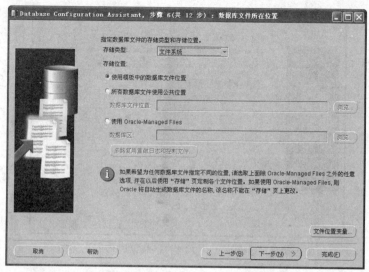

图 1-43 "步骤 6（共 12 步）：数据库文件所在位置"界面

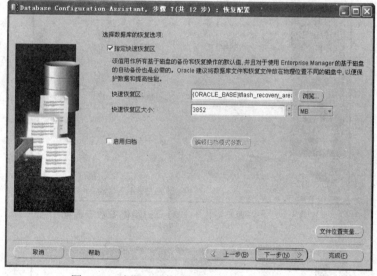

图 1-44 步骤 7（共 12 步）：恢复位置"界面

（7）在"步骤 7（共 12 步）：恢复配置"界面上，保持默认设置，单击【下一步】按钮，进入到"步骤 8（共 12 步）：数据库内容"界面，如图 1-45 所示。

（8）在"步骤 8（共 12 步）：数据库内容"界面上，采用默认设置，单击【下一步】按钮，进入到"步骤 9（共 11 步）：初始化参数"界面，如图 1-46 所示，该界面可以对内存、调整大小、字符集和连接模式等进行配置。保持默认设置，单击【下一步】按钮，进入到"步骤 10（共 11 步）：数据库存储"界面，如图 1-47 所示。

（9）在"步骤 10（共 11 步）：数据库存储"界面上，可以指定数据库存储的参数。保持默认设置，单击【完成】按钮，弹出如图 1-48 所示的界面；单击【下一步】按钮，在弹出的对话框中单击【确定】按钮，进入"步骤 11（共 11 步）：创建选项"界面，如图 1-49 所示，单击【完成】按钮，开始数据库的创建，如图 1-50 所示。

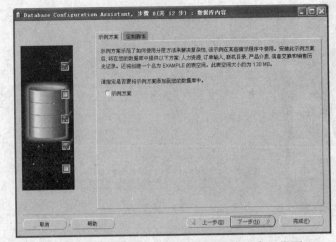

图 1-45 "步骤 8（共 12 步）：数据库内容"界面

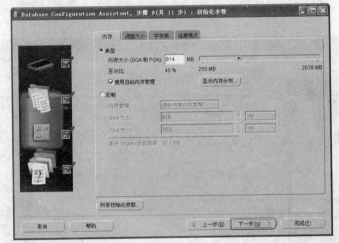

图 1-46 "步骤 9（共 11 步）：初始化参数"界面

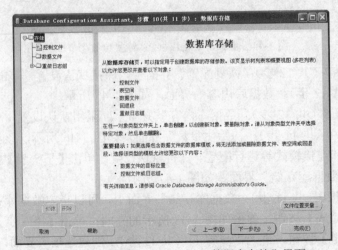

图 1-47 "步骤 10（共 11 步）：数据库存储"界面

第一章 Oracle 数据库简介

图 1-48 "创建数据库－概要"界面

图 1-49 "步骤 11（共 11 步）：创建"界面

图 1-50 数据库创建界面

2. 练习启动与关闭 Oracle 实例

（1）在命令行运行 SQL*Plus，输入如下命令：

```
C:\>SQLPLUS course_oper/admin AS SYSDBA

SQL*Plus: Release 11.2.0.1.0 Production on 星期五 7 月  20 17:41:37 2012

Copyright (c) 1982, 2010, Oracle.    All rights reserved.

连接到：
Oracle Database 11g Enterprise Edition Release 11.2.0.1.0 - Production
With the Partitioning, OLAP, Data Mining and Real Application Testing options

SQL>
```

（2）执行 SHUTDOWN IMMEDIATE 命令关闭数据库。

```
SQL> SHUTDOWN IMMEDIATE;
数据库已经关闭。
已经卸载数据库。
ORACLE 例程已经关闭。
```

（3）将实例从关闭状态转变为 NOMOUNT 状态：启动数据库实例，但不装载。

```
SQL> STARTUP NOMOUNT;
ORACLE 例程已经启动。

Total System Global Area    535662592 bytes
Fixed Size                    1375792 bytes
Variable Size               184549840 bytes
Database Buffers            343932928 bytes
Redo Buffers                  5804032 bytes
```

（4）将数据库由 NOMOUNT 状态转变为 MOUNT 状态：启动数据库实例，并装载，但不打开。

```
SQL> ALTER DATABASE MOUNT;

数据库已更改。
```

（5）打开数据库。

```
SQL> ALTER DATABASE OPEN;

数据库已更改。
```

第二章　Oracle 数据库体系结构

从实例结构上，Oracle 数据库可以分为内存结构和进程结构；从存储结构上，Oracle 数据库可以分为物理存储结构与逻辑存储结构。本章详细介绍了 Oracle 数据库体系结构的四个方面：数据库的内存结构、进程结构、逻辑结构及物理结构；并简单介绍了 Oracle 的数据字典。学完本章可以利用 Oracle 的体系结构来分析数据库的组成、工作过程与原理，以及数据在数据库中是如何组织与管理的，对 Oracle 数据库有一个大概的认识。

本章要点

- Oracle 内存结构
- Oracle 进程结构
- Oracle 逻辑结构
- Oracle 物理结构
- 数据字典

2.1　内存结构

数据库实例被启动后，实例中的各种信息，如当前数据库实例的会话信息、数据缓存信息、Oracle 进程之间的共享信息、常用数据和日志缓存信息等，都存储在系统分配的若干个内存区域中。内存结构是 Oracle 数据库体系结构中最为重要的部分之一，也是影响数据库性能的主要因素。Oracle 中的基本内存结构包括：

（1）系统全局区（System Global Area，SGA）
（2）程序全局区（Program Global Area，PGA）

2.1.1　SGA

系统全局区（SGA）是 Oracle 为实例分配的一个共享内存区域，该实例的所有进程将共享 SGA 所包含的数据和控制信息，所以 SGA 又称作共享全局区（Shared Global Area）。每个实例都有自己的 SGA。当实例启动时，Oracle 为其分配 SGA；当用户关闭数据库实例时，操作系统将通过释放 SGA 来回收这些内存空间。

1. SGA 的主要组成部分

SGA 主要由数据库缓冲区缓存、重做日志缓冲区、共享池、Java 池、大型池和其他结构组成，如图 2-1 所示。

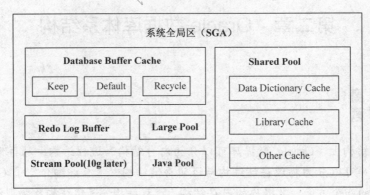

图 2-1　SGA 结构图

（1）数据库缓冲区缓存（Database Buffer Cache）

数据库缓冲区缓存用于缓存用户最近使用过的数据。当该缓冲区中的数据达到一定量或满足一定条件时，Oracle 才将它们写入磁盘。这样可以减少磁盘读写次数，提高系统的存取效率，改善系统性能。

（2）重做日志缓冲区（Redo Log Buffer）

重做日志缓冲区用于缓存数据库的所有修改操作信息，这些修改操作信息称为重做项，主要用于数据库恢复。当重做日志缓冲区的日志信息达到缓冲区大小的 1/3，或者每隔三秒，或日志信息存储容量达到 1MB 时，日志写入进程 LGWR 就会将该缓冲区中的日志信息写入到日志文件中。重做日志缓冲区是一个循环使用的缓冲区，其大小由 LOG_BUFFER 参数确定。

（3）共享池（Shared Pool）

共享池包括代码库缓存（Library Pool）、数据字典缓存（Data Dictionary Pool）和其他缓存（Other Cache）。共享池用于缓存最近使用过的数据定义、最近执行过的 SQL 语句、PL/SQL 程序单元、执行计划和 Java 类等。共享池的大小由初始化参数 SHARED_POOL_SIZE 指定，默认大小为 8MB。

Oracle 如果长时间运行，共享池可能会出现碎片，可以执行下面的语句来清除共享池内的全部数据：

ALTER SYSTEM FLUSH SHARED_POOL

（4）Java 池（Java Pool）

Java 池用于在 Oracle 数据库中支持 Java 的运行，为 Java 虚拟机（Java Virtual Machine，JVM）中的 Java 代码和数据提供内存服务。如果用户用 Java 编写了一个存储过程，Oracle 中的 JVM 会使用 Java 池来处理此 Java 存储过程。

（5）大型池（Large Pool）

大型池是一个可选的内存结构，它可以根据需要进行配置。大型池通常用来提供一个大的内存区来执行数据库的备份与恢复等操作。

【例 2-1】查看 SGA 各分区的大小。

SQL> SHOW sga;

```
Total System Global Area    313860096 bytes
Fixed Size                    1332892 bytes
Variable Size               230689124 bytes
Database Buffers             75497472 bytes
Redo Buffers                  6340608 bytes
```

说明：Variable Size 是为 SGA 分配的可变块大小。SGA 的可变块分为共享池、大型池、Java 池和其他结构。如果想要详细查看这些内容，可以执行如例 2-2 所示的操作。

【例 2-2】查看 SGA 中共享池、Java 池和大型池的信息。

```
SQL> SELECT name,value FROM v$parameter
  2  WHERE name IN('shared_pool_size','java_pool_size','large_pool_size');

NAME                           VALUE
------------------             ------------------
shared_pool_size               0
large_pool_size                0
java_pool_size                 0
```

【例 2-3】查看 SGA 最大值。

```
SQL> SHOW PARAMETER sga_max_size;

NAME                           TYPE         VALUE
------------------             -----------  ------------------
sga_max_size                   big integer  300M
```

除了查看 SGA 的各个参数，还可以根据需要适当设置优化 SGA 的相关参数。

【例 2-4】设置 SGA 的共享池大小为 50M。

```
SQL> ALTER SYSTEM SET shared_pool_size=50M scope=spfile;
```

系统已更改。

说明：因为 SGA 的各个参数都存放在 spfile 文件中，所以更改的 scope 属性要设置为 spfile。

2. SGA 管理方式

SGA 内存管理可以采用以下两种方式：

（1）手工管理：由管理员设置 SGA 内部各个组件的大小。

（2）自动管理：管理员设置 SGA_TARGET 参数后，由 Oracle 自动分配 db_cache_size、shared_pool_size、large_pool_size、java_pool_size 和 streams_pool_size 等参数；其他数据库缓冲区缓存、日志缓冲区等仍需由管理员手工分配。

无论是采用手工管理还是自动管理方式，所分配的各个 SGA 组件的内存之和不得大于 SGA_MAX_SIZE。

2.1.2 PGA

除了 SGA 内存区域外，Oracle 实例中的内存还包括程序全局区（PGA）。PGA 是 Oracle 系统分配给一个服务进程的私有区域，主要包括与指定服务进程相关的堆栈区（Stack Area）、会话区（Session Area）、排序区（Sort Area）和游标区（Cursor Area）。PGA 专门用来保存服务进程的数据和控制信息等，其结构如图 2-2 所示。

图 2-2　PGA 结构图

（1）堆栈区（Stack area）：保存会话中的绑定变量、会话变量以及 SQL 语句运行时的内存结构信息。

（2）会话区（Session area）：保存与会话相关的角色、权限和性能统计等信息。

（3）排序区（Sort area）：用户执行含有排序操作的 SQL 语句时，先将数据放入排序区，在排序区对数据进行排序后，再将排序的结果返回给用户。

（4）游标区（Cursor area）：当运行带有游标的 PL/SQL 语句时，Oracle 会为该语句分配游标区。

1. PGA 的主要参数

（1）SORT_AREA_SIZE：表示用于排序操作的 PGA 区域大小，默认为 64KB。

（2）SORT_AREA_RETAINED_SIZE：表示排序完成后已排序数据所占 PGA 的内存量。

（3）HASH_AREA_SIZE：表示用于支持连接操作的 PGA 区域大小，默认是 SORT_AREA_SIZE 的两倍。

（4）BITMAP_MERGE_AREA_SIZE：表示用于位图索引合并的 PGA 区域大小，默认为 1MB。

（5）CREATE_BITMAP_AREA_SIZE：表示用于创建位图索引的 PGA 区域大小，默认为 8MB。

2. PGA 管理方式

PGA 工作区的管理可以采用自动和手工两种方式，这是由参数 WORKAREA_SIZE_POLICY 的取值决定的，当其取值为 auto 时采用自动管理方式，当其取值为 manual 时采用手工分配方式。

当采用自动方式管理 PGA 时，由 PGA_AGGREGATE_TARGET 参数指定各工作区内存总和。当把 PGA_AGGREGATE_TARGET 参数值设置为 0 时，WORKAREA_SIZE_POLICY 自动设置为 manual，这时 SQL 工作区大小由 WORKAREA_SIZE 参数设置。

自动 PGA 内存管理相对于手动 PGA 内存管理有很多优点：当用户连接少时，手动 PGA 内存管理不管有多少可用内存都按照预设值进行分配，而自动 PGA 内存管理会根据空闲内存来进行分配；当用户连接多时，手动 PGA 内存管理会完全按照预设值分配内存，自动 PGA 内存管理会根据当前连接情况进行分配。

【例 2-5】显示 PGA 的大小。

```
SQL> SHOW PARAMETER pga;

NAME                                 TYPE        VALUE
------------------------------------ ----------- ------------------------------
pga_aggregate_target                 big integer 10M
```

【例 2-6】 修改 PGA 的信息并查看修改后的值。

```
SQL> ALTER SYSTEM SET pga_aggregate_target=100M scope=both;
系统已更改。

SQL> SHOW PARAMETER pga;
NAME                                 TYPE            VALUE
------------------------------------ --------------- ------------------------------
pga_aggregate_target                 big integer     100M
```

说明：pga_aggregate_target 是一个动态参数，可以在运行时修改。本例中将 scope 设置为 both，新的内存大小马上生效，并将修改保存在 Oracle 的启动文件里。

在 Oracle 9i 及以后的版本中，PGA 实现了自动配置。用户只需要通过 PGA_AGGREGATE_TARGET 参数来设置 PGA 的内存总和，Oracle 就会根据每个会话的需要自动为其分配所需的 PGA 内存，同时会维持整个 PGA 的内存总和不超过该参数所设定的值。

【例 2-7】 设置 PGA 管理方式为自动方式。

```
SQL> ALTER SYSTEM SET workarea_size_policy=auto scope=both;

系统已更改。

SQL> SHOW PARAMETER workarea;

NAME                                 TYPE            VALUE
------------------------------------ --------------- ------------------------------
workarea_size_policy                 string          AUTO
```

【例 2-8】 查看 PGA 各个区域分配的大小。

```
SQL> SELECT p.program,p.spid,pm.category,pm.allocated,pm.max_allocated
  2  FROM v$process p,v$process_memory pm
  3  WHERE p.pid=pm.pid
  4  AND p.spid IN(SELECT spid FROM v$process WHERE addr IN
  5  (SELECT paddr FROM v$session WHERE sid IN
  6  (SELECT DISTINCT sid FROM v$mystat)));

PROGRAM             SPID       CATEGORY      ALLOCATED    MAX_ALLOCATED
------------------- ---------- ------------- ------------ -------------
ORACLE.EXE (SHAD)   1596       SQL           73736        734992
ORACLE.EXE (SHAD)   1596       PL/SQL        22660        22660
ORACLE.EXE (SHAD)   1596       Other         1742374      1742374
```

3. SGA 与 PGA 比较

SGA 与 PGA 在分配时间、释放时间和共享范围等方面的比较如表 2.1 所示。

表 2.1　SGA 与 PGA 比较

	SGA	PGA
分配时间	实例启动时	创建服务器进程时
释放时间	实例关闭时	服务器进程结束时
共享范围	被一个实例下的所有进程共享	单个进程专用，不能共享

2.2 进程结构

进程是具有独立数据处理功能的正在执行的程序,是系统进行资源分配和调度的一个独立单位。Oracle 使用多个进程来运行 Oracle 代码的不同部分,每个进程完成指定的工作。Oracle 系统的进程可以分为两类,一类是用户进程,主要是指在客户端运行的应用程序或者 Oracle 工具(如 SQL*Plus);一类是 Oracle 进程,主要是指运行 Oracle 数据库服务代码的服务进程和后台进程。Oracle 进程结构如图 2-3 所示。

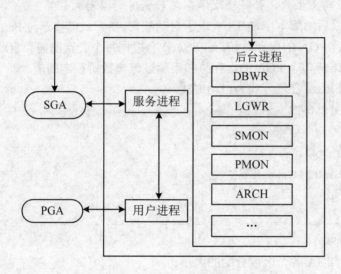

图 2-3 Oracle 进程结构图

2.2.1 用户进程

用户进程主要用来运行应用程序或 Oracle 工具代码,完成用户指定的任务,它不是实例的组成部分。

1. 用户进程的建立

当用户运行一个应用程序(例如 Pro*C 程序)或者一个 Oracle 工具(比如企业管理器或者 SQL *Plus)时,Oracle 会创建一个相应的用户进程。

2. 连接和会话

连接是用户进程和 Oracle 实例之间的连接通道。会话是一个用户通过用户进程到 Oracle 实例的特定连接。一个会话从用户连接时开始,用户中断连接或者退出数据库应用程序时终止。不使用共享服务器的情况下,Oracle 为每个用户会话创建一个服务进程。而在共享服务器下,多个用户会话可以共享一个服务进程。

2.2.2 服务进程

Oracle 通过创建服务进程来响应连接到这个实例的用户进程的处理请求,用户进程总是通过服务进程完成与 Oracle 的通信。服务进程负责完成用户进程和 Oracle 实例之间的调度请求和响应，主要执行下列任务：

（1）解析和运行应用程序发布的 SQL 语句。

（2）如果应用程序所需的数据块不在 SGA 的数据库缓冲区缓存中，服务进程负责从磁盘的数据文件中将其读取到 SGA 的数据缓存区中。

（3）以应用程序可以处理的信息方式返回结果。

2.2.3 后台进程

为了提高系统性能并能够协调多个用户的并发请求，Oracle 数据库启动时会启动多个后台进程，作为 Oracle 实例的一部分，后台进程是运行在服务器端的一些程序，这些进程以有效的方式为并发建立的多个用户提供对数据库的 IO 操作、系统监视、日志归档等服务。通过查看 V$BGPROCESS 视图可以得到关于当前实例后台进程的信息。图 2-4 显示了后台进程和 Oracle 数据库的交互过程。后台进程主要包括数据库写入进程 DBWn，日志写入进程 LGWR，系统监视进程 SMON，进程监视进程 PMON，检查点进程 CKPT 和归档进程 ARCn 等。

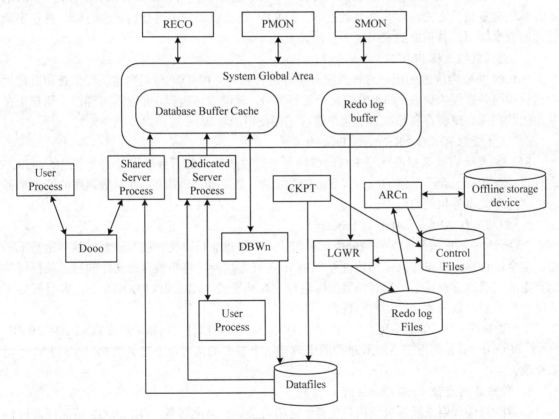

图 2-4 Oracle 实例的后台进程与数据库各部分的交互过程

1. 数据库写入进程 DBWn（Database Writer Process）

DBWn 将缓存中修改过的记录条目写入数据文件。

初始化参数 DB_WRITER_PROCESSES 指定了 DBWn 进程的数量。DBWn 进程最多可以启动 20 个。如果用户在启动时没有指定这个参数，Oracle 会根据 CPU 和处理器组的数量来设置 DB_WRITER_PROCESSES 参数。

2. 日志写入进程 LGWR（Log Writer Process）

LGWR 负责把重做日志缓存区的内容写入重做日志文件中。当缓冲区的数据通过 LGWR 进程写入到重做日志文件以后，相应的缓冲区将被清空。重做日志文件总是记录着数据库的最新状态。LGWR 写入速度很快，即使在重做日志访问很繁忙的情况，也可以确保总是有新的缓存空间来容纳新的条目。

3. 检查点进程 CKPT（Checkpoint Processs）

检查点是一个数据库事件，它把修改数据从高速缓存写入磁盘，并更新控制文件和数据文件，其作用是减少崩溃恢复（Crash Recovery）时间。

当检查点发生时，检查点进程将上一个检查点之后全部已修改的数据块写入数据文件中，并更新数据文件头和控制文件以记录该检查点的详细信息。当实例失败时，检查点是实例恢复的起点，它可以减少实例恢复所需要的时间。

4. 系统监控进程 SMON（System Monitor Process）

SMON 在实例启动时执行必要的恢复操作。当数据库非正常关闭或者系统崩溃时，SMON 进程将根据重做日志的内容来恢复数据库。SMON 还负责清理不再使用的临时段，并在字典管理的表空间中合并相邻的空闲区。

5. 进程监控进程 PMON（Process Monitor）

PMON 负责对失败的用户进程或服务进程进行恢复。PMON 周期性地调度检查和监视用户进程和服务进程的状态，如果发现某个进程失效，就清除该进程，并负责清理这个用户正在使用的数据库高速缓存和释放这个用户进程正在使用的资源。

6. 恢复进程 RECO（Recovery Process）

RECO 是分布式数据库环境中自动解决分布式事务错误的后台进程。一个节点的 RECO 进程自动连接到包含不可信的分布式事务的数据库，负责处理该事务，并从数据库的活动事务表中移除和此事务相关的数据。

7. 归档进程 ARCn（Archive Process）

在Oracle中，重做日志文件被分为很多组。当一组重做日志文件被写满后，就开始写下一组，这个过程称为日志切换。归档进程 ARCn 在日志切换后将重做日志文件的日志条目拷贝到指定的归档日志设备上。只有当数据库运行在存档模式（ARCHIVELOG）下，并且开启了自动归档功能，系统才会启动归档进程。

一个数据库实例中，最多可以启动 10 个 ARCn 进程。可以使用初始化参数 LOG_ARCHIVE_MAX_PROCESSES 来指定 ARCn 进程的个数。这个参数的值可以通过 ALTER SYSTEM 语句来修改。

8. 作业队列进程（Job Queue Process）

作业队列进程用来批量处理用户任务。它相当于一个调度服务，将 PL/SQL 语句或者过程作为调度任务。给定一个开始时间和调度的时间间隔，作业队列进程会根据这个配置自动地、周期性地执行任务。

9. 其他后台进程

（1）队列监控进程（QMNn）：QMNn 是 Oracle 流高级队列的一个可选后台进程，它负责监控消息队列。最多可以配置 10 个队列监控进程。这些进程和作业队列进程类似，和其他

Oracle 后台进程的不同点在于 QMNn 和作业队列进程的失败不会造成实例失败。

（2）MMON（Manageability Monitor Processes）：可管理性监控进程，执行不同的后台任务的相关管理工作。

（3）MMNL（Manageability Monitor Light Processes）：可管理性监控站点进程，执行经常性和轻量级的相关任务管理，例如会话历史捕捉和规格计算。

（4）MMAN（Memory Manager）：内存管理，如果设定了 SGA 自动管理，MMAN 用来协调 SGA 内各组件的大小设置和大小调整。

（5）RBAL：在自动存储管理实例中协调重新平衡工作。

（6）OSMB：在数据库实例使用自动存储管理（Automatic Storage Management）磁盘组时启动。它负责与自动存储管理实例通信。

可以使用 V$BGPROCESS 视图查看所有可能的 Oracle 后台进程，确定系统中正在使用的后台进程有哪些。

【例 2-9】查看系统中使用的后台进程。

```
SQL> SELECT paddr,name description FROM v$bgprocess ORDER BY paddr desc;
PADDR       DESCR
--------    -----
226942A0    QMNC
22692CF0    SMCO
……
226869C0    PMON
00          RSMN
00          PING
00          FMON
```

注意：这个视图中 PADDR 不是 00 的行都是系统上配置和运行的进程（线程）。

2.3　物理结构

一个 Oracle 数据库从物理上来说是由若干个物理文件，即它所使用的多个操作系统文件组成的，这些文件包括数据文件、控制文件、重做日志文件等。

2.3.1　数据文件

Oracle 逻辑上是由一个或者多个表空间组成的，而每个表空间在物理上由一个或多个数据文件组成。数据文件是用来存储数据库中各种数据的地方，Oracle 数据库中的所有数据，如用户建立的表、索引、群集、索引组织表以及实例使用的数据字典等，最终都保存在数据文件中。在 Oracle 10g 之前，每个数据库至少需要一个数据文件，用来组成 SYSTEM 表空间；而 Oracle 10g 及其后续版本中有两个必需的表空间 SYSTEM 和 SYSAUX，因为每个表空间至少由一个数据文件组成，所以每个数据库需要至少两个数据文件。

表空间通常由多个数据文件组成，但同一个数据文件只能属于一个表空间。Oracle 11g 规定，每个数据库的数据文件最多不能超过 65533 个，同时表空间也不能超过 65533 个。

【例 2-10】显示当前实例的数据文件。

```
SQL> SELECT name FROM v$datafile;

NAME
--------------------------------------------------------------------------------
D:\ORACLE11G\ORADATA\ZCGL\SYSTEM01.DBF
D:\ORACLE11G\ORADATA\ZCGL\SYSAUX01.DBF
D:\ORACLE11G\ORADATA\ZCGL\UNDOTBS01.DBF
D:\ORACLE11G\ORADATA\ZCGL\USERS01.DBF
D:\ORACLE11G\ORADATA\ZCGL\ZCGL_TBS.DBF
D:\ORACLE11G\ORADATA\ZCGL\ZCGL_UNDO.DBF

已选择 6 行。
```

2.3.2 重做日志文件

重做日志文件也称为联机重做日志文件，名字通常为 Log*.dbf 格式，是数据库的必需文件之一，用于记录数据库所做的全部变化，包括数据库内部的变化和用户数据的变化，由日志写入进程 LGWR 负责将这些重做日志缓冲区中的内容写入到重做日志文件中。当系统发生故障时，用户可以利用日志文件中记录的修改信息，对数据库进行恢复。

日志组是日志文件的逻辑组织单元，一个 Oracle 数据库至少需要两个日志组，每个日志组中有一个或者多个日志文件。所以说，每个数据库至少需要两个重做日志文件，而且这两个日志文件必须分属不同的组。LGWR 后台进程以循环的方式将重做记录写入到重做日志文件中。当一个重做日志文件被写满后，就进行重做日志切换，后台进程 LGWR 开始写入下一个重做日志文件。当最后一个重做日志文件被写满后，LGWR 进程再重新写入第一个重做日志文件。图 2-5 说明了循环写入重做日志文件的方式。

图 2-5 重做日志文件的循环写入过程

日志组的个数由建立数据库时所设置的参数 MAXLOGFILES 决定，而每个日志组可以有几个日志成员则是由参数 MAXLOGMEMBERS 的取值决定的。建立数据库后，如果日志组的个数超过参数 MAXLOGFILES 的设定值，Oracle 11g 会自动增加这个设定值，以容纳新增的日志组。一般来说，MAXLOGMEMBERS 也是如此，不过 MAXLOGMEMBERS 的最大值为 5，如果想要加入 5 个以上的日志组成员，则会显示"ORA-00357: too many members specified for log file, the maximum is 5"等异常信息。

【例 2-11】显示当前实例的重做日志文件。

```
SQL> SELECT member FROM v$logfile;

MEMBER
--------------------------------------------------------------------------------
```

```
D:\ORACLE11G\ORADATA\ZCGL\REDO03.LOG
D:\ORACLE11G\ORADATA\ZCGL\REDO02.LOG
D:\ORACLE11G\ORADATA\ZCGL\REDO01.LOG
```

2.3.3 控制文件

每个 Oracle 数据库都有相应的控制文件，名字通常为 Ctrl*.ctl，是用于记录数据库物理结构的二进制文件。控制文件是数据库正常启动和使用所必需的重要文件之一，其中存储的是与启动和正常使用数据库实例有关的各种信息，主要包括：

（1）控制文件所属的数据库名。
（2）数据库的建立时间。
（3）数据库中所有表空间的名称。
（4）目前正在使用的重做日志组号码（Log Group Number），日志序列号码（Log Sequence Number）及日志文件的历史记录。
（5）检查点信息，有关数据库与数据文件的两种检查点信息。
（6）使用恢复管理程序（RMAN）进行的备份及恢复相关信息。

每个数据库至少要有一个控制文件，且最多不能超过 8 个控制文件。但不管有几个控制文件，每个控制文件的内容必须一致。从实例加载（Mount）数据库，一直到实例卸载（Dismount）数据库，每份控制文件都要维持能够被读、写的状态，因为只要物理结构发生了变化，或者数据库中的数据文件和重做日志文件被增加、删除或者改名，系统就会通过更新控制文件来记录这些变化。如果其中任何一份控制文件由于某种原因无法被读写，实例将因此而崩溃。所以建议一个数据库最好有两个以上的控制文件，并分别存放在不同磁盘控制卡管理的不同硬盘中，以防磁盘控制卡或硬盘发生损毁时导致丢失所有控制文件。

【例 2-12】显示当前实例的控制文件。

```
SQL> SELECT name FROM v$controlfile;

NAME
--------------------------------------------------------
D:\ORACLE11G\ORADATA\ZCGL\CONTROL01.CTL
D:\ORACLE11G\ORADATA\ZCGL\CONTROL02.CTL
D:\ORACLE11G\ORADATA\ZCGL\CONTROL03.CTL
```

2.3.4 其他文件

1. 归档日志文件

Oracle 以循环的方式将数据库修改信息保存在重做日志文件中，当所有日志文件组的空间被写满后，系统将启动日志切换操作切换到第一个日志文件组。在进行日志切换时，如果数据库运行在存档模式下，Oracle 系统会通过后台进程 ARCn 把日志文件组中的日志信息写入到归档日志文件后再覆盖这个日志文件组中的已有信息。如果在进行日志切换时，数据库运行在非存档模式下，那么日志文件组中的日志信息将被直接覆盖。

2. 配置文件

配置文件记录了 Oracle 数据库运行时的一些重要参数，如：数据块的大小，内存结构的配置等。名字通常为 init*.ora 格式，如：initCIMS.ora。

3. 日志跟踪文件和警告文件

每个服务器进程和后台进程都能向跟踪文件中写入数据，当进程检测到内部错误的时候，它将错误信息写入跟踪文件中。写到跟踪文件中的某些信息对数据库管理员可用，而另一些信息能够用于 Oracle 的支持服务。跟踪文件信息同时能够用于调试应用和实例，帮助 DBA 发现实例和应用错误。

警告文件是一种特殊的跟踪文件，用于记录数据库的启动和关闭、增加或删除数据文件、新建或删除表空间等操作，以及数据块损坏、Oracle 内部错误等一些重要的错误信息等。

4. 备份文件

备份文件将数据库的信息保存到单独的文件中，能够在数据库发生故障时恢复数据库。如果备份文件是管理员自己维护的，在执行数据库时，要求管理员手动恢复备份文件。

2.4 逻辑结构

数据库的物理结构是一系列用来存储数据库中各种数据的操作系统文件，但物理文件并不方便 Oracle 对存储空间的管理和分配。Oracle 数据库的逻辑结构主要是为了支配一个数据库如何使用系统的物理空间，逻辑结构描述了数据库从逻辑上如何来存储数据库中的数据，逐层细分将存储空间划分为表空间、段、区、数据块等。

一个数据库从逻辑上说是由一个或多个表空间（Tablespace）组成的，表空间是数据库中物理编组的数据仓库，一个表空间存放一个或多个数据库的物理文件（即数据文件）。一个表空间被划分成多个段（Segment），一个段是由一组区（Extent）组成，一个区被划分成一组连续的数据块（Block），数据块是 Oracle 最小的数据读写单元。一个数据块对应硬盘上的一个或多个物理块。Oracle 的逻辑结构将更加细致有效地管理和使用数据文件的空间。

2.4.1 表空间

表空间是 Oracle 数据库中最大的逻辑存储结构。表空间是由一个或多个数据文件组成的，而一个数据文件只能属于一个表空间，数据库的所有对象都放在表空间中。一个表空间只能属于一个数据库，每个数据库最多可以有 65533 个表空间。

Oracle 数据库的表空间分为两类，系统表空间和非系统表空间。其中，系统表空间是 Oracle 11g 数据库系统必需的表空间，在安装数据库时由系统自动建立，包含数据库的全部数据字典、存储过程、包、函数和触发器的定义以及系统回滚段，主要由 SYSTEM 表空间和 SYSAUX 表空间组成。非系统表空间则包括 TEMP 表空间，USER 表空间等。

2.4.2 段

一个表空间可以被划分成若干个段。段并不是一种真正的空间结构，它只是一个集合，将属于同一个对象的若干区集合在一起成为一个单元，这就是段。DBA 所熟知的许多方案对象都有相对应的段，因为 Oracle 系统会为每一个被存储的方案对象分配一个段，只是段的类型不同而已。按照 Oracle 数据库存储数据的特征，可以将段分为数据段、索引段、回滚段和临时段等四种类型。

1. 数据段

数据段用于存储表中的数据。Oracle 用户使用 CREATE 命令创建表或簇时将创建数据段，表或簇中的所有数据都存在该段中。

2. 索引段

索引段用于存储表中的所有索引信息。Oracle 用户使用 CREATE INDEX 语句创建索引时将为该索引创建相应的索引段。每一个索引都有一个索引段。

3. 回滚段

回滚段由 DBA 建立，用于存储用户数据被修改之前的信息，这些信息用于生成读一致性数据库信息，在数据库恢复时使用，用于回滚未提交的事务。

4. 临时段

临时段用于存储临时数据。当一个 SQL 语句需要临时工作区时，由 Oracle 自动为其分配一个称为临时段的临时磁盘空间。当该 SQL 语句执行完毕时，临时段的空间会退回给系统。

2.4.3 区

Oracle 以区为单位对段进行空间分配，区是由一组连续的数据块所组成的数据库存储空间分配的逻辑单位，由连续的数据块组成。

每一个段是由一个或多个区组成的。当一个段中所有空间已被全部使用时，Oracle 为该段分配一个新的区，以满足该段的空间需求。

2.4.4 数据块

数据块是 Oracle 中用来管理存储空间的最小的逻辑存储单元和最基本的逻辑存储单位，Oracle 以数据块为单位从数据文件中存取数据。即使只想读取一行数据，服务器进程也必须将整个数据块读到缓冲区缓存中；当数据库写入进程 DBWn 将脏缓冲内容写回数据文件时也是以数据块为单位进行的。为了让数据库整体的 I/O 动作更有效率，建议数据块的大小应该是操作系统物理块的整数倍，可以使用的数据块大小为 2KB、4KB、8KB、16KB、32KB 这 5 种。同时，为了数据库整体 I/O 的效率，也可以一次读取多个连续的数据块到缓冲区中，可以使用参数 DB_FILE_MULTIBLOCK_READ_COUNT 设定在全表扫描或快速全索引扫描时一次读取几个数据块。

2.5 数据字典

2.5.1 数据字典概念

数据字典是 Oracle 数据库最重要的部分之一，是由 Oracle 自动创建并更新的一系列只读类型的表的集合。一个数据字典包括：数据库中所有框架对象的定义（包括表、视图、索引、群集、同义词、序列、过程、函数、包、触发器等），并为这些框架对象分配使用空间、列的默认值、完整性约束信息、Oracle 用户的名称、每个用户所授予的权限和角色、审计信息及数据库的其他信息。

数据字典的结构是表和视图，一个给定数据库的所有数据字典表和视图都存储在数据库的 SYSTEM 表空间中。一个数据字典包括基表和相关视图。基表的大多数数据以加密格式存储，用户很少能够直接访问它们，视图能够将基表的数据解密成有用的信息供用户访问。由于数据字典是只读的，所以只能使用 SELECT 语句访问其中的表和视图。

Oracle 用户 SYS 拥有数据字典所有的基表和用户可访问的视图，该用户能够修改包含在 SYS 框架中的所有框架对象，而这些操作可能会影响数据的完整性，所以数据库管理员必须严格控制这个重要账号。

2.5.2 常用数据字典

1. USER 视图

USER 视图的名称以 user_ 为前缀，用以记录用户对象的信息。每个数据库用户都有一套属于自己的 USER 视图，主要包括用户服务创建的框架对象、用户的授权等信息。如 user_tables 包含用户创建的所有表。对于特定数据库用户来说，将经常使用带有 user_ 前缀的视图。

2. ALL 视图

ALL 视图的名称以 all_ 为前缀，用以记录用户对象的信息及被授权访问的对象信息。

3. DBA 视图

DBA 视图的名称以 dba_ 为前缀，用以记录数据库实例的所有对象信息，如 dba_users 包含数据库实例中所有用户的信息，DBA 视图的信息包含 USER 视图和 ALL 视图中的信息。表 2.2 列出了最常用的 DBA 视图。

表 2.2 常用的 DBA 视图

表名	注释
dba_data_files	关于数据库文件的信息
dba_db_links	数据库中的所有数据库链路
dba_extents	数据库中包括的所有分区
dba_free_space	所有表空间中的自由分区
dba_indexes	数据库中所有索引的描述
dba_ind_columns	在所有表及聚集上压缩索引的列
dba_objects	数据库中所有的对象
dba_rollback_segs	回滚段的描述
dba_segments	为所有数据库段分配的存储空间
dba_sequences	数据库中所有序列数的描述
dba_synonyms	数据库中所有同义词
dba_tables	数据库中所有表的描述
dba_tablespaces	数据库中所有表空间的描述
dba_tab_columns	所有表、视图以及聚集的列
dba_tab_grants	数据库中的对象所授予的权限
dba_tab_privs	数据库中的对象所授予的权限

表名	注释
dba_ts_quotas	所有用户表空间限额
dba_users	关于数据库的所有用户信息
dba_views	数据库中所有视图的文本

【例 2-13】通过 dba_tables 视图，了解用户 zcgl_oper 的所有表的信息。

```
SQL>COLUMN table_name FORMAT A20;
SQL>COLUMN tablespace_name FORMAT A20;
SQL>COLUMN owner FORMAT A20;
SQL> SELECT table_name,tablespace_name,owner
  2  FROM dba_tables
  3  WHERE owner='ZCGL_OPER';

TABLE_NAME           TABLESPACE_NAME      OWNER
-------------------- -------------------- --------------------
TEST2                ZCGL_TBS1            ZCGL_OPER
TEST1                ZCGL_TBS1            ZCGL_OPER
BUMEN                ZCGL_TBS1            ZCGL_OPER
YONGHU               ZCGL_TBS1            ZCGL_OPER
ZICHANZHUANGTAI      ZCGL_TBS1            ZCGL_OPER
ZICHANLEIXING        ZCGL_TBS1            ZCGL_OPER
ZICHANMINGXI         ZCGL_TBS1            ZCGL_OPER
ZCMX                 ZCGL_TBS1            ZCGL_OPER

已选择 8 行。
```

说明：table_name 是表名，tablespace_name 表示表所在的表空间名；owner 表示表的拥有者。

2.5.3 常用动态性能视图

动态性能视图用于记录当前实例的活动信息。启动实例时，Oracle 会自动建立动态性能视图；停止实例时，Oracle 会自动删除动态性能视图。需要注意的是，数据字典的信息是从数据文件中取得的，而动态性能视图是从 SGA 和控制文件中取得的。通过查询动态性能视图，一方面可以获得性能数据，另一方面可以取得与磁盘和内存结构相关的其他信息。所有的动态性能视图都是以 V_$开始的，Oracle 为每个动态性能视图提供了相应的同义词（以 V$开始）。表 2.3 列出了 Oracle 常用的动态性能视图。

表 2.3 Oracle 常用的动态性能视图

视图	内容
V$datafile	数据库使用的数据文件信息，如控制文件信息
V$librarycache	共享池中 SQL 语句的管理信息
V$lock	通过访问数据库会话设置对象锁的有关信息。当某个用户修改数据库中的数据时，使用加锁以防止另一个用户做同样的修改

续表

视图	内容
V$log	从控制文件中提取有关重做日志组的信息
V$logfile	有关实例重做日志组文件名及其位置的信息
V$parameter	初始化参数文件中所有项的值
V$process	当前进程的信息
V$rollname	回滚段信息
V$rollstat	联机回滚段统计信息
V$rowcache	内存中数据字典活动/性能信息
V$session	有关活动会话的信息
V$sesstat	在 V$session 中报告当前会话的统计信息
V$sqlarea	共享池中使用当前光标的统计信息。光标是一块内存区域,由 Oracle 处理 SQL 语句时打开
V$statname	在 V$sesstat 中报告的各个统计的含义
V$systat	基于当前操作会话进行的系统统计
V$waitstat	当出现一个以上会话访问数据库的数据时的详细情况。当有一个以上的会话同时访问相同的信息时,可能出现等待的情况

【例 2-14】显示当前会话的详细信息。

```
SQL> SELECT sid,serial#,username FROM v$session
  2  WHERE username IS NOT NULL;

SID        SERIAL#    USERNAME
---------- ---------- ------------------------------
137        60         ADMIN
```

说明:如果 username 为 NULL,则表示是后台进程会话。

习题二

1. Oracle 内存结构中的 SGA 与 PGA 有何不同?
2. 简述 SGA 的两种管理方式。
3. SGA 可变区具体包括哪些?
4. 一个 Oracle 实例中的后台进程可以包含哪些进程?
5. Oracle 主要的三种物理文件是什么,各有什么作用?
6. 简述重做日志文件的作用?
7. 什么是 Oracle 的数据字典?常用的 Oracle 数据字典有哪些?

实验二 认识和熟悉 Oracle 数据库体系结构

一、实验目的

1. 了解数据库的物理存储结构和逻辑存储结构。
2. 了解数据库的进程结构和内存结构。
3. 了解与使用 Oracle 数据字典。

二、实验内容

练习使用 Oracle 数据字典查看下列信息：
1. 查看数据库的物理存储结构、逻辑存储结构。
2. 查看进程结构和内存结构的相关信息。

三、实验步骤

1. 查看数据库的物理存储结构、逻辑存储结构。
 （1）运行 SQL*Plus，输入如下命令，连接数据库。

```
C:\>SQLPLUS course_oper/admin AS SYSDBA
SQL*Plus: Release 11.2.0.1.0 Production on 星期四 7月 1 09:57:19 2012
Copyright (c) 1982, 2010, Oracle.    All rights reserved.
连接到：
Oracle Database 11g Enterprise Edition Release 11.2.0.1.0 - Production
With the Partitioning, OLAP, Data Mining and Real Application Testing options
```

 （2）使用数据字典 v$datafile，查看当前数据库的数据文件动态信息。

```
SQL> SELECT file#, name, checkpoint_change#
  2  FROM v$datafile;

     FILE#  NAME                                                    CHECKPOINT_CHANGE#
---------- ------------------------------------------------------   ------------------
         1  D:\APP\ADMINISTRATOR\ORADATA\MYXKXT\SYSTEM01.DBF                    991001
         2  D:\APP\ADMINISTRATOR\ORADATA\MYXKXT\SYSAUX01.DBF                    991001
         3  D:\APP\ADMINISTRATOR\ORADATA\MYXKXT\UNDOTBS01.DBF                   991001
         4  D:\APP\ADMINISTRATOR\ORADATA\MYXKXT\USERS01.DBF                     991001
```

说明：file#——存放文件的编号；
name——数据文件的名称及存放路径；
checkpoint_change#——文件的同步号。

 （3）使用数据字典 v$controlfile，查看当前数据库的控制文件的名称及其路径。
①查看数据字典 v$controlfile 的表结构。

```
SQL> DESCRIBE v$controlfile;
 名称                                      是否为空?    类型
 ----------------------------------------- --------    ----------------------------
 STATUS                                                VARCHAR2(7)
 NAME                                                  VARCHAR2(513)
```

```
IS_RECOVERY_DEST_FILE                                VARCHAR2(3)
BLOCK_SIZE                                           NUMBER
FILE_SIZE_BLKS                                       NUMBER
```

② 查看控制文件信息。

```
SQL> COLUMN NAME FORMAT A40
SQL> SELECT NAME, BLOCK_SIZE, FILE_SIZE_BLKS FROM v$controlfile;

NAME                                          BLOCK_SIZE   FILE_SIZE_BLKS
-----------------------------------------     ----------   --------------
D:\APP\ADMINISTRATOR\ORADATA\MYXKXT\          16384        594
CONTROL01.CTL
D:\APP\ADMINISTRATOR\FLASH_RECOVERY_AREA      16384        594
\MYXKXT\CONTROL02.CTL
```

（4）查看日志文件的概要信息。

①查看数据字典 v$logfile 的表结构。

```
SQL> DESCRIBE v$logfile;
 名称                                   是否为空?    类型
 -----------------------------------    --------    -----------------
 GROUP#                                             NUMBER
 STATUS                                             VARCHAR2(7)
 TYPE                                               VARCHAR2(7)
 MEMBER                                             VARCHAR2(513)
 IS_RECOVERY_DEST_FILE                              VARCHAR2(3)
```

② 查看日志文件的概要信息。

```
SQL> SELECT GROUP#, STATUS, TYPE, MEMBER FROM v$logfile;
GROUP#    TYPE        MEMBER
------    ------      ------------------------------------------------
     3    ONLINE      D:\APP\ADMINISTRATOR\ORADATA\MYXKXT\REDO03.LOG
     2    ONLINE      D:\APP\ADMINISTRATOR\ORADATA\MYXKXT\REDO02.LOG
     1    ONLINE      D:\APP\ADMINISTRATOR\ORADATA\MYXKXT\REDO01.LOG
```

（5）查看数据库实例的基本信息。

```
SQL> SELECT instance_name, startup_time, status FROM v$instance;

INSTANCE_NAME       STARTUP_TIME        STATUS
----------------    --------------      ------------
myxkxt              04-7月 -12          OPEN
```

（6）通过数据字典 dba_tablespaces 查看当前数据库的所有表空间的名称、状态等信息。

```
SQL> SELECT tablespace_name, status, logging FROM dba_tablespaces;

TABLESPACE_NAME                     STATUS       LOGGING
------------------------------      ---------    ---------
SYSTEM                              ONLINE       LOGGING
SYSAUX                              ONLINE       LOGGING
UNDOTBS1                            ONLINE       LOGGING
TEMP                                ONLINE       NOLOGGING
USERS                               ONLINE       LOGGING
```

2. 查看进程结构和内存结构的相关信息。

(1) 查看数据库的数据缓冲区大小。

```
SQL> SHOW PARAMETER db_cache_size;

NAME                                 TYPE         VALUE
------------------------------------ ------------ ------------------------------
db_cache_size                        big integer  20M
```

(2) 查看 Oracle 进程结构的相关信息。

① 查看数据库允许的最大连接数。

```
SQL> SHOW PARAMETER processes

NAME                                 TYPE         VALUE
------------------------------------ ------------ --------------
aq_tm_processes                      integer      0
db_writer_processes                  integer      1
gcs_server_processes                 integer      0
global_txn_processes                 integer      1
job_queue_processes                  integer      1000
log_archive_max_processes            integer      4
processes                            integer      150
```

② 查看数据库当前连接的进程数。

```
SQL> SELECT COUNT(*) FROM v$process;

  COUNT(*)
----------
        36
```

第三章 表空间和数据文件管理

表空间是 Oracle 数据库中最大的逻辑存储结构,一个 Oracle 数据库由一个或多个表空间组成,表空间与操作系统的数据文件相对应,每个表空间由一个或多个数据文件组成。Oracle 中的数据逻辑上存储于表空间中,而物理上则存储于属于表空间的数据文件中。本章将主要介绍 Oracle 的基本表空间、临时表空间、大文件表空间、非标准数据库表空间和撤销表空间等表空间的创建和管理。

- 表空间的作用及默认表空间
- 各种表空间和数据文件的创建
- 改变表空间和数据文件的名称、状态及可用性
- 数据文件的移动
- 扩展已有表空间
- 表空间和数据文件的删除
- 通过数据字典查看表空间和数据文件信息

3.1 表空间和数据文件概述

表空间是 Oracle 数据库中最大的逻辑存储结构,它与操作系统中的数据文件相对应,用于存储数据库中用户创建的所有内容。可以将表空间看作是数据库对象的容器,表空间的逻辑存储单位是段,数据库的所有对象、方案对象都被逻辑地保存在表空间中。表空间提供了一套有效组织数据的方法,它不仅对数据库的性能有重要的影响,而且对简化管理有明显的作用。一个表空间由一个或多个数据文件组成,数据文件是存储数据库所有逻辑结构数据的操作系统文件。

3.1.1 表空间的作用

Oracle 数据库把方案对象逻辑地存储在表空间中,同时把它们物理地存储在数据文件中,而数据文件又物理地分布在各个磁盘中。表空间具有以下作用:

(1)控制数据库所占用的磁盘空间。
(2)控制用户所占用的空间配额。
(3)通过将不同类型数据部署到不同的位置,可以提高数据库的 I/O 性能,并且有利于

备份和恢复等管理操作。

（4）可以将表空间设置成只读状态而保持大量的静态数据。

3.1.2 默认表空间

对于 Oracle 中新建的数据库，系统自动添加了 6 个默认的表空间，分别是：

（1）EXAMPLE 表空间：用于安装 Oracle 数据库使用的示例数据库。

（2）SYSTEM 表空间：系统表空间，用于存放数据字典对象，包括表、视图、存储过程的定义等，默认的数据文件为"system01.dbf"。

（3）SYSAUX 表空间：SYSAUX 表空间是在 Oracle 10g 中引入的，作为 SYSTEM 表空间的一个辅助表空间，其主要作用是为了减少 SYSTEM 表空间的负荷，默认的数据文件是"sysaux01.dbf"；这个表空间和 SYSTEM 表空间一样不能被删除、更名、传递或设置为只读。

（4）TEMP 表空间：临时表空间，用于存储数据库运行过程中由排序和汇总等操作产生的临时数据信息，默认的数据文件是"temp01.dbf"。

（5）UNDOTBS1 表空间：撤销表空间，用于存储撤销信息，默认的数据文件为"undotbs01.dbf"。

（6）USERS 表空间：用户表空间，存储数据库用户创建的数据库对象，默认的数据文件为"user01.dbf"。

3.1.3 表空间的状态属性

通过设置表空间的状态属性，可以对表空间的使用进行管理。表空间的状态属性主要有联机、读写、只读和脱机等四种状态，其中只读状态与读写状态属于联机状态的特殊情况。

1. 联机状态（ONLINE）

表空间通常处于联机状态，以便数据库用户访问其中的数据。

2. 读写状态（READ-WRITE）

读写状态是表空间的默认状态，当表空间处于读写状态时，用户可以对表空间进行正常的数据查询、更新和删除等各种操作。读写状态实际上为联机状态的一种特殊情况，只有当表空间处于只读状态下才能转换到读写状态。

3. 只读状态（READ-ONLY）

当表空间处于只读状态时，任何用户都无法向表空间中写入数据，也无法修改表空间中已有的数据，用户只能以 SELECT 方式查询只读表空间中的数据。将表空间设置成只读状态可以避免数据库中的静态数据被修改。如果需要更新一个只读表空间，需要将该表空间转换到可读写状态，完成数据更新后再将表空间恢复到只读状态。

4. 脱机状态（OFFLINE）

当一个表空间处于脱机状态时，Oracle 不允许任何访问该表空间中数据的操作。当数据库管理员需要对表空间执行备份或恢复等维护操作时，可以将表空间设置为脱机状态；如果某个表空间暂时不允许用户访问，DBA 也可以将这个表空间设置为脱机状态。

【例 3-1】通过数据字典 dba_tablespaces，查看当前数据库中表空间的状态。

```
SQL> SELECT TABLESPACE_NAME,STATUS
  2  FROM dba_tablespaces;
```

```
TABLESPACE_NAME                STATUS
------------------------------ ------------
SYSTEM                         ONLINE
SYSAUX                         ONLINE
UNDOTBS1                       ONLINE
TEMP                           ONLINE
USERS                          ONLINE
EXAMPLE                        ONLINE
ZCGL_TBS                       ONLINE
ZCGL_TEMP                      ONLINE
ZCGL_UNDO                      ONLINE
ZCGL_TBS1                      ONLINE
ZCGL_TEMP1                     ONLINE
ZCGL_UNDO1                     ONLINE
ZCGL_TBS_4K                    ONLINE
ZCGL_BIGTBS                    ONLINE
MYTS                           ONLINE

已选择 15 行。
```

3.1.4 数据文件

数据文件是 Oracle 数据库中用来存储各种数据的地方，在创建表空间的同时将为表空间创建相应的数据文件。一个数据文件只能属于一个表空间，一个表空间可以有多个数据文件。在对数据文件进行管理时，数据库管理员可以修改数据文件的大小、名称、增长方式和存放位置，并能够删除数据文件。

3.2 创建表空间

在创建 Oracle 数据库时会自动创建 SYSTEM、SYSAUX 和 USERS 等表空间，用户可以使用这些表空间进行各种数据操作。但在实际应用中，如果使用系统创建的这些表空间会加重它们的负担，严重影响系统的 I/O 性能，因此 Oracle 建议根据实际需求来创建不同的非系统表空间，用来存储所有的用户对象和数据。

创建表空间需要有 CREATE TABLESPACE 系统权限。在创建表空间时应该事先创建一个文件夹，用来放置新创建表空间的各个数据文件。当通过添加数据文件来创建一个新的表空间或修改一个表空间时，应该给出文件大小和带完整存取路径的文件名。

在表空间的创建过程中，Oracle 会完成以下工作：

（1）在数据字典和控制文件中记录下新创建的表空间。

（2）在操作系统中按指定的位置和文件名创建指定大小的操作系统文件，作为该表空间对应的数据文件。

（3）在预警文件中记录下创建表空间的信息。

3.2.1 创建表空间的一般命令

1. 创建表空间命令的语法结构

```
CREATE [TEMPORARY|UNDO] TABLESPACE tablespace_name
[DATAFILE|TEMPFILE file_spec1 [,file_spec2] ......SIZE size K | M [REUSE]
[MININUM EXTENT integer K | M]
[BLOCKSIZE integer k]
[LOGGING|NOLOGGING]
[FORCE LOGGING]
[DEFAULT {data_segment_compression} storage_clause]
[ONLINE|OFFLINE]
[PERMANENT|TEMPORARY]
[EXTENT MANAGEMENT DICTIONARY|LOCAL]
[AUTOALLOCATE|UNIFORM SIZE number]
[SEGMENT MANAGEMENT AUTO|MANUAL]
```

2. 语法说明

（1）TEMPORARY|UNDO

说明系统创建表空间的类型。TEMPORARY 表示创建一个临时表空间。UNDO 表示创建一个撤销表空间。创建表空间时，如果没有使用关键字 TEMPORARY 或 UNDO，表示创建永久性表空间。

（2）tablespace_name

指定表空间的名称。

（3）DATAFILE file_spec1

指定与表空间关联的数据文件。file_spec1 需要指定数据文件路径和文件名。如果要创建临时表空间，需要使用子句 TEMPFILE file_spec1。

（4）SIZE size K | M [REUSE]

指定数据文件的大小。如果要创建的表空间的数据文件在指定的路径中已经存在，可以使用 REUSE 关键字将其删除并重新创建该数据文件。

（5）MININUM EXTENT integer K | M

指出在表空间中盘区的最小值。

（6）BLOCKSIZE integer k

如果在创建永久性表空间时不采用参数 db_block_size 所指定的数据块的大小，可以使用此子句设定一个数据块的大小。

（7）LOGGING|NOLOGGING

这个子句声明这个表空间上所有的用户对象的日志属性（缺省是 LOGGING）。

（8）FORCE LOGGING

使用这个子句指出表空间进入强制日志模式，这时表空间上对象的任何改变都将产生日志，并忽略 LOGGING|NOLOGGING 选项。在临时表空间和撤销表空间中不能使用这个选项。

（9）DEFAULT storage_clause

声明缺省的存储子句。

（10）ONLINE|OFFLINE

将表空间的状态设置为联机状态（ONLINE）或脱机状态（OFFLINE）。ONLINE 是缺省值，表示表空间创建后立即可以使用；OFFLINE 表示不可以使用。

（11）PERMANENT|TEMPORARY

指定表空间中数据对象的保存形式，PERMANENT 表示永久存放，TEMPORARY 表示临时存放。

（12）EXTENT MANAGEMENT DICTIONARY|LOCAL

指定表空间的管理方式。如果希望本地管理表空间，声明 LOCAL 选项，这是默认选项，本地管理表空间是通过位图进行管理的；如果希望以数据字典的形式管理表空间，声明 DICTIONARY 选项。

（13）AUTOALLOCATE|UNIFORM SIZE number

指定表空间的盘区大小。AUTOALLOCATE 表示盘区大小由 Oracle 自动分配；UNIFORM SIZE number 表示表空间中所有盘区大小统一为 number。

（14）SEGMENT MANAGEMENT AUTO|MANUAL

指定段空间的管理方式，自动或者手动，默认为 AUTO。

3.2.2 创建（永久）表空间

如果在使用 CREATE TABLESPACE 语句创建表空间时，没有使用关键字 TEMPORARY 或 UNDO，或者使用了关键字 PERMANENT，则表示创建的表空间是永久保存数据库对象数据的永久表空间。

1. 创建本地管理方式的永久表空间

根据表空间对盘区的管理方式，表空间可以分为数据字典管理的表空间和本地管理的表空间。本地管理表空间使用位图的方法来管理表空间中的数据块，从而避免了使用 SQL 语句引起的系统性能下降，Oracle 建议在建立表空间时选择本地管理方式。

从 Oracle 9i R2 后，系统创建的表空间在默认情况下都是本地管理表空间。在使用 CREATE TABLESPACE 语句创建表空间时，如果省略了 EXTENT MANAGEMENT 子句，或者显式地使用了 EXTENT MANAGEMENT LOCAL 子句，表示所创建的是本地管理方式的表空间。

【例 3-2】创建永久表空间 ZCGL_TBS1，采用本地管理方式。

```
SQL> CREATE TABLESPACE ZCGL_TBS1
  2    DATAFILE 'E:\ORACLE11G\ZCGL\ZCGL_TBS1_01.DBF'
  3    SIZE 20M
  4    EXTENT MANAGEMENT LOCAL;
```

表空间已创建。

说明：如果在数据文件 DATAFILE 子句中没有指定文件路径，Oracle 会在默认的路径中创建这些数据文件，默认的路径取决于操作系统。如果在指定的路径中有同名的操作系统文件存在，则需要在数据文件子句中使用 REUSE 选项；如果数据库中已经存在同名的表空间，则必须先删除该表空间。

2. 创建 UNIFORM 盘区分配方式的永久表空间

如果在 EXTENT MANAGEMENT 子句中指定了 UNIFORM 关键字，则说明表空间中所有的盘区都具有统一的大小。

【例 3-3】创建永久表空间 ZCGL_TBS2，采用本地管理方式，表空间中所有分区大小都是 128KB。

```
SQL> CREATE TABLESPACE ZCGL_TBS2
  2   DATAFILE 'E:\ORACLE11G\ZCGL\ZCGL_TBS2_01.DBF'
  3   SIZE 20M
  4   EXTENT MANAGEMENT LOCAL UNIFORM SIZE 128K;
```

表空间已创建。

说明：如果在 UNIFORM 关键字后没有指定 SIZE 参数值，则 SIZE 参数值为 1MB。

3. 创建 ALLOCATE 盘区分配方式的表空间

如果在 EXTENT MANAGEMENT 子句中指定了 AUTOALLOCATE 关键字，则说明盘区大小由 Oracle 进行自动分配，不需要指定大小，盘区大小的指定方式默认是 AUTOALLOCATE。

【例 3-4】创建一个 AUTOALLOCATE 方式的本地管理表空间。

```
SQL> CREATE TABLESPACE ZCGL_TBS3
  2   DATAFILE 'E:\ORACLE11G\ZCGL\ZCGL_TBS3_01.DBF'
  3   SIZE 20M
  4   AUTOEXTEND ON NEXT 5M
  5   MAXSIZE 100M
  6   AUTOALLOCATE;
```

表空间已创建。

说明：本题中表空间 ZCGL_TBS3 的初始大小为 20M，自动增长，每次增长 5M，最大可以达到 100M，采用本地 AUTOALLOCATE 方式管理表空间。

3.2.3 创建临时表空间

临时表空间主要用来存储用户在执行 ORDER BY 等语句进行排序或汇总时产生的临时数据信息。通过使用临时表空间，Oracle 能够使带有排序等操作的 SQL 语句获得更高的执行效率。在数据库中创建用户时必须为用户指定一个临时表空间来存储该用户生成的所有临时表数据。

创建临时表空间时需要使用 CREATE TEMPORARY TABLESPACE 命令。如果在数据库运行过程中经常发生大量的并发排序，那么应该创建多个临时表空间来提高排序性能。

【例 3-5】创建一个名 ZCGL_TEMP1 的临时表空间，大小为 20M，并使用 UNIFORM 选项指定盘区大小，统一为 128K。

```
SQL> CREATE TEMPORARY TABLESPACE ZCGL_TEMP1
  2   TEMPFILE 'E:\ORACLE11G\ZCGL\ZCGL_TEMP1_01.dbf'
  3   SIZE 20M
  4   UNIFORM SIZE 128K;
```

表空间已创建。

说明：临时表空间不使用数据文件，而使用临时文件，所以在创建临时表空间时，必须将表示数据文件的关键字 DATAFILE 改为表示临时文件的关键字 TEMPFILE。临时文件只能与临时表空间一起使用，不需要备份，也不会把数据修改记录到重做日志中。

3.2.4 创建撤销表空间

Oracle 使用撤销表空间来管理撤销数据。当用户对数据库中的数据进行 DML 操作时，Oracle 会将修改前的旧数据写入到撤销表空间中；当需要进行数据库恢复操作时，用户会根据撤销表空间中存储的这些撤销数据来对数据进行恢复，所以说撤销表空间用于确保数据的一致性。撤销表空间只能使用本地管理方式，在临时表空间、撤销表空间上都不能创建永久方案对象（表、索引、簇）。

可以通过执行 CREATE UNDO TABLESPACE 选项来创建 UNDO 表空间。

【例 3-6】创建名称为 ZCGL_UNDO1 的撤销表空间，该表空间的空间管理方式为本地管理，大小为 20M，盘区的大小由系统自动分配。

```
SQL> CREATE UNDO TABLESPACE ZCGL_UNDO1
  2  DATAFILE 'E:\ORACLE11G\ZCGL\ZCGL_UNDO1_01.dbf'
  3  SIZE 20M;

表空间已创建。
```

说明：创建表空间时，表空间盘区大小默认为 AUTOALLOCATE，所以如果在创建表空间的命令中省略了关键字 AUTOALLOCATE，那么盘区的大小就是由系统自动分配的方式。

3.2.5 创建非标准块表空间

Oracle 数据块是 Oracle 在数据文件上执行 I/O 操作的最小单位，其大小应该设置为操作系统物理块的整数倍。初始化参数 DB_BLOCK_SIZE 定义了标准数据块的大小，在创建数据库后就不能再修改该参数的值。当创建表空间时，如果不指定 BLOCKSIZE 选项，那么该表空间将采用由参数 DB_BLOCK_SIZE 决定的标准数据块大小。Oracle 允许用户创建非标准块表空间，在 CREATE TABLESPACE 命令中使用 BLOCKSIZE 选项来指定表空间数据块的大小。创建的非标准块表空间的数据块大小也应该是操作系统物理块的倍数。

在建立非标准块表空间之前，必须为非标准块分配非标准数据高速缓冲区参数 db_nk_cache_size，并且数据高速缓存的尺寸可以动态修改。

【例 3-7】为 4KB 数据块设置 10MB 的高速缓冲区，然后创建数据块大小为 4KB 的非标准数据块表空间。

① 查看 db_block_size 参数的信息。

```
SQL> SHOW PARAMETER db_block_size;

NAME                                 TYPE        VALUE
------------------------------------ ----------- ------------------------------
db_block_size                        integer     8192
```

说明：如果 db_block_size 的参数值为 8K，就不能再设置 db_8k_cache_size 参数的值，否则会出现如下错误。

```
SQL> ALTER SYSTEM SET db_8k_cache_size=10M;
ALTER SYSTEM SET db_8k_cache_size=10M
*
第 1 行出现错误：
```

```
ORA-32017: 更新 SPFILE 时失败
ORA-00380: 无法指定 db_8k_cache_size，因为 8K 是标准块大小
```

② 为 4KB 数据块设置 10MB 的高速缓冲区参数 db_4k_cache_size。

```
SQL> ALTER SYSTEM SET db_4k_cache_size=10M;
```

系统已更改。

说明：BLOCKSIZE 参数与 db_nk_cache_size 参数值的对应关系如下：如果 BLOCKSIZE 参数的值设置为 4K，就必须设置 db_4k_cache_size 参数的值；如果 BLOCKSIZE 参数的值设置为 2K，就必须设置 db_2k_cache_size 参数的值。

③ 为非标准块分配了非标准数据高速缓存后，就可以创建非标准块表空间了。

```
SQL> CREATE TABLESPACE ZCGL_TBS_4K
  2  DATAFILE 'E:\ORACLE11G\ZCGL\ZCGL_TBS_4K.dbf'
  3  SIZE 2M
  4  BLOCKSIZE 4K;
```

表空间已创建。

3.2.6 创建大文件表空间

从 Oracle 10g 开始，引入了大文件表空间，用于解决不够存储文件大小的问题。这种表空间只能包括一个数据文件或临时文件，其对应的文件可以包含 4G 个数据块。如果数据块大小为 8KB，大文件表空间的数据文件最大可以达到 32TB；如果块的大小是 32KB，那么大文件表空间的数据文件最大可以达到 128TB。因此能够显著提高 Oracle 数据库的存储能力。

【例 3-8】创建名称为 ZCGL_BIGTBS 的大文件表空间，其大小为 20MB。

```
SQL> CREATE BIGFILE TABLESPACE ZCGL_BIGTBS
  2  DATAFILE 'E:\ORACLE11G\ZCGL\ZCGL_BIGTBS.dbf'
  3  SIZE 20M;
```

表空间已创建。

3.3 维护表空间和数据文件

对数据库管理员而言，需要经常维护表空间。各种维护表空间的操作包括重命名表空间和数据文件，改变表空间和数据文件的状态，设置默认表空间，扩展表空间，删除表空间及数据文件，以及查看表空间和数据文件的信息等。用户可以使用 ALTER TABLESPACE 命令完成维护表空间和数据文件的各种操作，但该用户必须拥有 ALTER TABLESPACE 或 ALTER DATABASE 系统权限。

3.3.1 重命名表空间和数据文件

1. 重命名表空间

通过使用 ALTER TABLESPACE 的 RENAME 选项，就可以修改表空间的名称。需要注意的是，SYSTEM 表空间和 SYSAUX 表空间的名称不能被修改，如果表空间或其中的任何数据

文件处于 OFFLINE 状态，该表空间的名称也不能被改变。重命名表空间的一般语法格式为：

ALTER TABLESPACE tablespace_name RENAME TO tablespace_new_name;

说明：tablespace_name 为重命名前表空间名称，tablespace_new_name 为新的表空间名称。

【例 3-9】将表空间 ZCGL_TBS3 改名为 ZCGL_TBS3NEW。

SQL> ALTER TABLESPACE ZCGL_TBS3 RENAME TO ZCGL_TBS3NEW;

表空间已更改。

说明：虽然表空间的名称被修改了，但表空间对应的数据文件、数据文件的位置和名称都没有变化，所有的 SQL 语句仍能正常运行。

2. 重命名数据文件

当创建数据文件后，可以改变数据文件的名称。改变数据文件的名称的具体步骤如下：

① 使表空间处于 OFFLINE 状态。

SQL> ALTER TABLESPACE ZCGL_TBS1 OFFLINE NORMAL;

表空间已更改。

② 用操作系统命令重命名数据文件。

SQL> HOST RENAME E:\ORACLE11G\ZCGL\ZCGL_TBS1_02.dbf ZCGL_TBS1_03.dbf

说明：HOST 表示需要在 SQL Plus 中执行操作系统命令 RENAME。

③ 使用带 RENAME DATAFILE 子句的 ALTER TABLESPACE 语句改变数据文件名称。

SQL> ALTER TABLESPACE ZCGL_TBS1
  2 RENAME DATAFILE 'E:\ORACLE11G\ZCGL\ZCGL_TBS1_02.dbf'
  3 TO
  4 'E:\ORACLE11G\ZCGL\ZCGL_TBS1_03.dbf';

表空间已更改。

④ 将表空间重新设置为联机状态。

SQL> ALTER TABLESPACE ZCGL_TBS1 ONLINE;

表空间已更改。

3.3.2 改变表空间和数据文件状态

表空间主要有联机、读写、只读和脱机等四种状态，因此修改表空间的状态包括使表空间只读，使表空间可读写，使表空间脱机或联机。

1. 设置表空间为只读状态

如果表空间只用于存放静态数据，或者该表空间需要被迁移到其他数据库时，应该将表空间的状态修改为只读，可以通过在 ALTER TABLESPACE 语句中使用 READ ONLY 子句来完成这一操作。将表空间设置为只读状态时，该表空间必须为 ONLINE，并且该表空间不能包含任何撤销段。系统表空间 SYSTEM 和 SYSAUX 不能设置为只读状态。

【例 3-10】将表空间 ZCGL_TBS1 设置为只读状态。

SQL> ALTER TABLESPACE ZCGL_TBS1 READ ONLY;

表空间已更改。

说明：当表空间设置为只读状态时，就不能执行 INSERT 操作向其中添加数据了，但仍然可以执行 DROP 操作，删除该表空间上的对象。

2. 设置表空间为可读写

若想将表空间恢复为读写状态时，需要在 ALTER TABLESPACE 语句中使用 READ WRITE 子句。

【例 3-11】将表空间 ZCGL_TBS1 转变为 READ WRITE 状态，使表空间可读写。

SQL> ALTER TABLESPACE ZCGL_TBS1 READ WRITE;

表空间已更改。

3. 改变表空间可用性

当创建表空间时，表空间及其所有数据文件都处于 ONLINE 状态，此时表空间是可以被访问的。当表空间或数据文件处于 OFFLINE 状态时，表空间及其数据文件就不可以被访问了。

（1）将表空间设置为脱机 OFFLINE 状态

下列情况需要将表空间设置为脱机状态：需要对表空间进行备份或恢复等维护操作；某个表空间暂时不允许用户访问；需要移动特定表空间的数据文件，防止其中的数据文件被修改以确保数据文件的一致性。需要注意的是，SYSTEM 和 SYSAUX 表空间不能被脱机。

【例 3-12】将表空间 ZCGL_TBS1 转变为 OFFLINE 状态，使其脱机。

SQL> ALTER TABLESPACE ZCGL_TBS1 OFFLINE;

表空间已更改。

说明：当表空间处于 OFFLINE 状态时，该表空间将无法访问。

（2）使表空间联机

完成了表空间的维护操作后，应该将表空间设置为 ONLINE 状态，这样该表空间就可以被访问了。

【例 3-13】将表空间 ZCGL_TBS1 转变为 ONLINE 状态。

SQL> ALTER TABLESPACE ZCGL_TBS1 ONLINE;

表空间已更改。

4. 改变数据文件可用性

修改数据文件可用性的一般语法格式如下：

ALTER DATABASE DATAFILE file_name ONLINE | OFFLINE | OFFLINE DROP

说明：数据文件的状态有三种，ONLINE 表示数据文件可以使用；OFFLINE 表示当数据库运行在存档模式下时，数据文件不可以使用；OFFLIEN DROP 表示当数据库运行在非存档模式下时，数据文件不可以使用。

【例 3-14】将表空间 ZCGL_TBS1 中的数据文件 ZCGL_TBS1_01.dbf 设置为脱机状态 OFFLINE。

① 如果要将数据文件设置为脱机状态，需要将数据库启动到 MOUNT 状态下，设置数据库运行在存档模式下。

```
SQL> SHUTDOWN IMMEDIATE
数据库已经关闭。
已经卸载数据库。
ORACLE 例程已经关闭。
SQL> STARTUP MOUNT;
ORACLE 例程已经启动。

Total System Global Area    535662592 bytes
Fixed Size                    1375792 bytes
Variable Size               276824528 bytes
Database Buffers            251658240 bytes
Redo Buffers                  5804032 bytes
数据库装载完毕。
SQL> ALTER DATABASE ARCHIVELOG;

数据库已更改。
```

② 使用 ALTER DATABASE 命令将数据文件 ZCGL_TBS1_01.dbf 设置为脱机状态。

```
SQL> ALTER DATABASE
  2   DATAFILE 'E:\ORACLE11G\ZCGL\ZCGL_TBS1_01.dbf'
  3   OFFLINE;

数据库已更改。
```

说明：将数据文件设置为脱机状态时，不会影响到表空间的状态。相反，将表空间设置为脱机状态时，属于该表空间的数据文件将会全部处于脱机状态。

3.3.3 设置默认表空间

在 Oracle 中，对于像 SCOTT 这样的普通用户来说，其初始默认表空间为 USERS，默认临时表空间为 TEMP；而对 SYSTEM 用户来说，其初始默认表空间为 SYSTEM，默认临时表空间为 TEMP。在创建新用户时，如果不为其指定默认表空间，系统会将上述初始的默认表空间作为这个用户的默认表空间，这将导致 TEMP、USERS 或 SYSTEM 等表空间迅速被用户数据占满，严重影响系统 IO 性能。使用 ALTER DATABASE DEFAULT TABLESPACE 命令可以设置数据库的默认表空间；使用 ALTER DATABASE DEFAULT TEMPORARY TABLESPACE 语句可以改变数据库的默认临时表空间。

【例 3-15】 查看数据字典 database_properties，查看当前用户使用的永久表空间与默认表空间。

```
SQL> COLUMN property_value FORMAT A15
SQL> COLUMN description FORMAT A25
SQL> SELECT property_name,property_value,description
  2   FROM database_properties
  3   WHERE property_name
  4   IN('DEFAULT_PERMANENT_TABLESPACE','DEFAULT_TEMP_TABLESPACE');

PROPERTY_NAME                    PROPERTY_VALUE    DESCRIPTION
------------------------------   ---------------   -------------------------
DEFAULT_TEMP_TABLESPACE          TEMP              Name of default
```

DEFAULT_PERMANENT_TABLESPACE	USERS	temporary tablespace Name of default permanent tablespace

【例 3-16】设置数据库的默认表空间为 ZCGL_TBS1。

SQL> ALTER DATABASE DEFAULT TABLESPACE ZCGL_TBS1;

数据库已更改。

【例 3-17】设置数据库的默认临时表空间为 ZCGL_TEMP1。

SQL> ALTER DATABASE DEFAULT TEMPORARY TABLESPACE ZCGL_TEMP1;

数据库已更改。

3.3.4 扩展表空间

数据文件的大小实际上代表了该数据文件在磁盘上的可用空间。表空间的大小实际上就是其对应的数据文件大小的和。如果表空间中所有数据文件都已经被写满，那么向该表空间上的表中插入数据时，会显示错误信息。这种情况下必须扩展表空间来增加更多的存储空间。通常扩展表空间的方法有添加新的数据文件、改变数据文件的大小以及允许数据文件自动扩展等。

1. 添加新的数据文件

添加新的数据文件的一般语法格式为：

ALTER TABLESPACE tablespace_name
ADD DATAFILE 'datafilepath'
SIZE nM;

说明：tablespace_name 为表空间名称，datafilepath 为数据文件路径，n 为数据文件大小，单位为 M。

【例 3-18】为表空间 ZCGL_TBS1 增加一个 5MB 的数据文件 ZCGL_TBS1_02.dbf。

SQL> ALTER TABLESPACE ZCGL_TBS1
  2   ADD DATAFILE 'E:\ORACLE11G\ZCGL\ ZCGL_TBS1_02.dbf'
  3   SIZE 5M;

表空间已更改。

2. 改变数据文件的大小

修改数据文件的大小需要使用 ALTER DATABASE 命令，其语法格式如下所示：

ALTER DATABASE tablespace_name
DATAFILE filename
RESIZE nM;

说明：tablespace_name 为表空间名称，filename 为要修改的数据文件的名称，n 为数据文件的大小，单位为 M。

【例 3-19】将数据文件 ZCGL_TBS1_01.dbf 扩展为 100M。

① 通过数据字典 DBA_DATA_FILES 查看表空间 ZCGL_TBS1 中的数据文件信息。

SQL> SELECT FILE_NAME,TABLESPACE_NAME
  2   FROM DBA_DATA_FILES
  3   WHERE TABLESPACE_NAME='ZCGL_TBS1';

```
FILE_NAME                                              TABLESPACE_NAME
------------------------------------------------------ ------------------------------
E:\ORACLE11G\ZCGL\ZCGL_TBS1_01.DBF                     ZCGL_TBS1
```

② 通过 ALTER DATABASE…RESIZE 命令将数据文件 ZCGL_TBS1_01.dbf 扩展为 100M。

```
SQL> ALTER DATABASE
  2    DATAFILE 'E:\ORACLE11G\ZCGL\ZCGL_TBS1_01.dbf'
  3    RESIZE 100M;
```

数据库已更改。

说明：可以利用 RESIZE 子句来缩小数据文件的大小，但必须保证缩小后的数据文件足够容纳其中现有的数据，否则会有错误提示。

3. 允许数据文件自动扩展

在为表空间指定数据文件时，如果没有使用 AUTOEXTEND ON 选项，那么该数据文件将不允许自动扩展。为了使数据文件可以自动扩展，就必须指定 AUTOEXTEND ON 选项。当指定了 AUTOEXTEND ON 选项后，在表空间填满时，数据文件将自动扩展，从而扩展了表空间的存储空间。设置数据文件为自动扩展的一般语法格式为：

```
ALTER DATABASE
DATAFILE 'datafilepath'
AUTOEXTEND ON NEXT mM MAXSIZE maxM;
```

说明：datafilepath 为数据文件路径，NEXT 语句指定数据文件每次增长的大小 mM。MAXSIZE 表示允许数据文件增长的最大限度 maxM。

【例 3-20】将数据文件 ZCGL_TBS1_01.dbf 设置为自动扩展。

```
SQL> ALTER DATABASE
  2    DATAFILE 'E:\ORACLE11G\ZCGL\ZCGL_TBS1_01.dbf'
  3    AUTOEXTEND ON NEXT 2M MAXSIZE 30M;
```

数据库已更改。

说明：执行上述命令后，当该数据文件被填满时会自动扩展，每次增长的大小为 2MB，最大尺寸可达到 30MB。

【例 3-21】取消数据文件 ZCGL_TBS1_01 的自动扩展性。

```
SQL> ALTER DATABASE
  2    DATAFILE 'E:\ORACLE11G\ZCGL\ZCGL_TBS1_01.dbf'
  3    AUTOEXTEND OFF;
```

数据库已更改。

3.3.5 删除表空间和数据文件

1. 删除表空间

当表空间中的所有数据都不再需要时，或者当表空间因损坏而无法恢复时，可以将表空间删除，这要求用户具有 DROP TABLESPACE 系统权限。默认情况下，Oracle 在删除表空间时只是从数据字典和控制文件中删除表空间信息，而不会物理地删除操作系统中相应的数据文

件。删除表空间的一般语法格式为:

```
DROP TABLESPACE tablespace_name
INCLUDING CONTENTS | INCLUDING CONTENTS AND DATAFILES;
```

说明：tablespace_name 为要删除的表空间名称，INCLUDING CONTENTS 选项表示删除表空间的所有对象，INCLUDING CONTENTS AND DATAFILES 表示级联删除所有数据文件。

【例 3-22】删除表空间 ZCGL_TBS2。

```
SQL> DROP TABLESPACE ZCGL_TBS2 INCLUDING CONTENTS;
```

表空间已删除。

说明：如果要删除的表空间中有数据库对象，则必须使用 INCLUDING CONTENTS 选项。

【例 3-23】在删除表空间 ZCGL_TBS3NEW 的同时删除它所对应的数据文件。

```
SQL> DROP TABLESPACE ZCGL_TBS3NEW INCLUDING CONTENTS AND DATAFILES;
```

表空间已删除。

说明：删除表空间时，如果级联删除其所拥有的所有数据文件，此时需要显式地指定 INCLUDING CONTENTS AND DATAFILES。

2. 删除数据文件

从 Oracle 10g R2 开始，允许从表空间中删除数据文件，但是该数据文件中不能包含任何数据。当数据文件处于以下三种情况时是不能被删除的：

(1) 数据文件中存在数据。

(2) 数据文件是表空间中唯一的或第一个数据文件。

(3) 数据文件或数据文件所在的表空间处于只读状态。

从表空间中删除数据文件，需要使用带 DROP DATAFILE 子句的 ALTER TABLESPACE 命令来完成，其一般语法格式为：

```
ALTER TABLESPACE tablespace_name
DROP DATAFILE 'datafilepath';
```

说明：tablespace_name 为要删除的数据文件所在的表空间名称，datafilepath 为数据文件路径。

【例 3-24】删除表空间 ZCGL_TBS1 中的数据文件 ZCGL_TBS1_03.DBF。

```
SQL> ALTER TABLESPACE ZCGL_TBS1
  2  DROP DATAFILE 'F:\ORACLE11G\ZCGL\ZCGL_TBS1_03.DBF';
```

表空间已更改。

3.4 查看表空间和数据文件信息

1. 查看表空间信息

可以通过查询有关数据字典来查看表空间信息，如表 3.1 所示。

表 3.1　与表空间相关的数据字典视图

表名	注释
V$TABLESPACE	从控制文件中获取的表空间名称和编号
DBA_TABLESPACE	所有用户可访问的表空间信息
USER_TABLESPACE	用户可访问的表空间的信息
DBA_SEGMENTS	所有表空间中的段的描述信息
USER_SEGMENTS	用户可访问的表空间中的段的描述信息
DBA_EXTENTS	所有用户可访问的表空间中的数据盘区的信息
USER_EXTENTS	用户可访问的表空间中的数据盘区的信息
V$DATAFILE	所有数据文件的信息，包括所属表空间的名称和编号
V$TEMPFILE	所有临时文件的信息，包括所属表空间的名称和编号
DBA_DATA_FILES	所有数据文件及其所属的表空间的信息
DBA_TEMP_FILES	所有临时文件及其所属的临时表空间的信息
V$TEMP_EXTENT_POOL	本地管理的临时表空间的缓存信息，使用的临时表空间的状态信息
V$TEMP_EXTENT_MAP	本地管理的临时表空间中的所有盘区的信息
V$SORT_USER	用户使用的临时排序段的信息
V$SORT_SEGMENT	例程的每个排序段的信息

2. 查看数据文件信息

可以使用数据字典视图和动态性能视图来查看数据文件的信息，如表 3.2 所示。

表 3.2　与数据文件相关的数据字典视图和动态性能视图

表名	注释
DBA_DATA_FILES	包含数据库中所有数据文件的基本信息
DBA_TEMP_FILES	包含数据库中所有临时数据文件信息
DBA_EXTENTS	包含所有表空间中已分配的区的描述信息，如区所属的数据文件的文件号等
USER_EXTENTS	包含当前用户所拥有的对象在所有表空间中已分配的区的描述信息
DBA_FREE_SPACE	包含表空间中空闲区的描述信息，如空闲区所属的数据文件的文件号等
USER_FREE_SPACE	包含可被当前用户访问的表空间中空闲区的描述信息
V$DATAFILE	包含从控制文件中获取的数据文件信息，主要是用于同步的信息
V$DATAFILE_HEADER	包含从数据文件头部获取的信息

【例 3-25】通过 dba_tablespaces，查看当前数据库的表空间的类型，及其每个表空间的数据库大小。

```
SQL> SELECT tablespace_name,bigfile,block_size
  2  FROM dba_tablespaces;
```

TABLESPACE_NAME	BIG	BLOCK_SIZE
SYSTEM	NO	8192
SYSAUX	NO	8192
UNDOTBS1	NO	8192
TEMP	NO	8192
USERS	NO	8192
EXAMPLE	NO	8192
MYTMP1	NO	8192
MYTMP2	NO	8192
MYTMP3	NO	8192
MYTEMPORARY	NO	8192
ZCGL_TBS1	NO	8192
ZCGL_TEMP1	NO	8192

已选择 12 行。

【例 3-26】通过 DBA_TEMP_FILES，查看临时表空间 ZCGL_TEMP1 的临时文件信息。

```
SQL> COLUMN file_name FORMAT A50;
SQL> COLUMN tablespace_name FORMAT A15;
SQL> SELECT tablespace_name,file_name,bytes
  2  FROM dba_temp_files
  3  WHERE tablespace_name='ZCGL_TEMP1';
```

TABLESPACE_NAME	FILE_NAME	BYTES
ZCGL_TEMP1	D:\APP\ADMINISTRATOR\ORADATA\ZCGL\ZCGL_TEMP1_01.DBF	52428800

习题三

1. 表空间有哪些作用？
2. Oracle 数据库默认的表空间有哪些？
3. 表空间的管理类型可分为哪些？
4. 一个表空间具有哪些状态？哪个表空间不能切换为脱机状态？
5. 什么是 UNDO 表空间？
6. 如何创建非标准块表空间？
7. 如何设置默认表空间？
8. 哪些表空间的名称不能被修改？哪些表空间不能被设置为只读状态？
9. 扩展表空间通常具有哪几种方法？
10. 删除表空间时，如果要删除其所拥有的所有数据文件，该如何操作？
11. 与表空间相关的数据字典视图有哪些？
12. 如何在数据库中创建新的数据文件？
13. 如何将数据文件设置为自动扩展？

14．改变数据文件的大小有哪两种方式？
15．如何改变数据文件的位置？试举例说明。
16．数据文件处于哪些情况下不能被删除？
17．与数据文件相关的数据字典视图和动态性能视图有哪些？

实验三　表空间和数据文件管理

一、实验目的

1．理解各种类型的表空间和数据文件的作用。
2．熟悉各种表空间和数据文件的创建和维护。

二、实验内容

1．各种类型的表空间和数据文件的作用。
2．表空间的创建和维护。
为当前数据库 myxkxt 创建下列表空间：
永久性表空间 myxkxt_tbs，数据文件：myxkxt_tbs1.dbf；
临时表空间 myxkxt_temp，数据文件：myxkxt_temp.dbf；
撤销表空间 myxkxt_undo，数据文件：myxkxt_und.dbf。
3．数据文件的创建与维护。
为永久性表空间 myxkxt_tbs 添加新的数据文件 myxkxt_tbs2.dbf 和 myxkxt_tbs3.dbf，将 myxkxt_tbs3.dbf 设置为脱机状态；
将临时表空间 myxkxt_temp 的数据文件 myxkxt_temp.dbf 的大小在原来的基础上增加 20M；
撤销表空间 myxkxt_undo 的数据文件 myxkxt_und.dbf，重新命名为 myxkxt_undo.dbf。

三、实验步骤

1．各种类型的表空间和数据文件的作用。
① 对于新建的数据库，Oracle 系统自动添加的表空间、表空间的功能及其默认的数据文件如表 3.3 所示。

表 3.3　系统自动添加的表空间、表空间的功能及其默认的数据文件

表空间	名称	作用	默认数据文件
SYSTEM	系统表空间	存储系统的数据字典和系统的管理信息	system01.dbf
SYSAUX	系统辅助表空间	不存储用户信息，由系统自动维护	sysaux01.dbf
TEMP	临时表空间	存储数据库运行过程中产生的临时数据（排序和汇总操作时产生的临时数据）	temp01.dbf
USERS	用户表空间	存储一般用户方案中的表和索引数据	users01.dbf
UNDOTBS1	撤销表空间	用于存储之前修改的旧数据	undotbs01.dbf

② 表空间下可以创建很多数据文件,可以将表空间中的数据文件放到不同的磁盘上。为了提高性能、便于管理,建议建立自己的表空间。

2. 表空间的创建和维护。

(1)为当前数据库 myxkxt 创建下列表空间:

① 永久性表空间 myxkxt_tbs,数据文件:myxkxt_tbs1.dbf;

```
SQL> CREATE TABLESPACE   myxkxt_tbs
  2    DATAFILE 'D:\app\administrator\oradata\myxkxt\tbs\myxkxt_tbs1.dbf'
  3    SIZE 100M
  4    AUTOEXTEND ON NEXT 5M
  5    MAXSIZE 200M;
```

表空间已创建。

② 临时表空间 myxkxt_temp, 数据文件:myxkxt_temp.dbf;

```
SQL> CREATE TEMPORARY TABLESPACE myxkxt_temp
  2    TEMPFILE 'D:\app\administrator\oradata\myxkxt\tbs\myxkxt_temp.dbf'
  3    SIZE 10M
  4    AUTOEXTEND ON NEXT 2M
  5    MAXSIZE 20M;
```

表空间已创建。

③ 创建撤销表空间 myxkxt_undo,数据文件:myxkxt_und.dbf

```
SQL> CREATE UNDO TABLESPACE myxkxt_undo
  2    DATAFILE 'D:\app\administrator\oradata\myxkxt\tbs\myxkxt_und.dbf'
  3    SIZE 50M
  4    AUTOEXTEND ON NEXT 5M
  5    MAXSIZE 100M;
```

表空间已创建。

④ 通过数据字典 dba_tablespaces,查看当前数据库的所有表空间的名称、状态等信息。

```
SQL> SELECT tablespace_name,status, logging FROM dba_tablespaces;
```

TABLESPACE_NAME	STATUS	LOGGING
SYSTEM	ONLINE	LOGGING
SYSAUX	ONLINE	LOGGING
UNDOTBS1	ONLINE	LOGGING
TEMP	ONLINE	NOLOGGING
USERS	ONLINE	LOGGING
MYXKXT_TBS	ONLINE	LOGGING
MYXKXT_TEMP	ONLINE	NOLOGGING
MYXKXT_UNDO	ONLINE	LOGGING

已选择 8 行。

(2)将临时表空间 myxkxt_tbs 的可用性设置为脱机,再修改为联机;

```
SQL> ALTER TABLESPACE MYXKXT_TBS OFFLINE;
```

表空间已更改。

SQL> SELECT tablespace_name,status, logging FROM dba_tablespaces;

TABLESPACE_NAME	STATUS	LOGGING
SYSTEM	ONLINE	LOGGING
SYSAUX	ONLINE	LOGGING
UNDOTBS1	ONLINE	LOGGING
TEMP	ONLINE	NOLOGGING
USERS	ONLINE	LOGGING
MYXKXT_TBS	OFFLINE	LOGGING
MYXKXT_TEMP	ONLINE	NOLOGGING
MYXKXT_UNDO	ONLINE	LOGGING

已选择 8 行。
SQL> ALTER TABLESPACE MYXKXT_TBS ONLINE;

表空间已更改。

3．数据文件的创建与维护。

（1）为永久性表空间 myxkxt_tbs 添加新的数据文件 myxkxt_tbs2.dbf 和 myxkxt_tbs3.dbf，将 myxkxt_tbs3.dbf 设置为脱机状态。

① 为永久性表空间 myxkxt_tbs 添加新的数据文件 myxkxt_tbs2.dbf 和 myxkxt_tbs3.dbf。

```
SQL> ALTER TABLESPACE MYXKXT_TBS
  2    ADD DATAFILE
  3    'D:\app\administrator\oradata\myxkxt\tbs\myxkxt_tbs2.dbf'
  4    SIZE 10M
  5    AUTOEXTEND ON NEXT 5M MAXSIZE 50M,
  6    'D:\app\administrator\oradata\myxkxt\tbs\myxkxt_tbs3.dbf'
  7    SIZE 20M;
```

表空间已更改。

② 将 myxkxt_tbs3.dbf 设置为脱机状态。

```
SQL> ALTER DATABASE
  1    DATAFILE 'D:\app\administrator\oradata\myxkxt\tbs\myxkxt_tbs3.dbf'
  2    OFFLINE ;
```

数据库已更改。

（2）将临时表空间 myxkxt_undo 的数据文件 myxkxt_und.dbf 大小在原来的基础上增加 20M。

① 查看所有表空间大小。

```
SQL> SELECT tablespace_name, sum(bytes)/1024/1024 FROM dba_data_files
  2    group by tablespace_name;
```

```
TABLESPACE_NAME                    SUM(BYTES)/1024/1024
------------------------------     --------------------
UNDOTBS1                           70
SYSAUX                             480
MYXKXT_TBS                         110
MYXKXT_UNDO                        50
USERS                              5
SYSTEM                             680
```

已选择 6 行。

② 将数据文件 myxkxt_und.dbf 大小在原来的基础上增加 20M。

```
SQL> ALTER DATABASE
  2    DATAFILE 'D:\app\administrator\oradata\myxkxt\tbs\myxkxt_und.dbf'
  3    RESIZE 70M;
```

数据库已更改。

（3）将撤销表空间 myxkxt_undo 的数据文件 myxkxt_und.dbf 重新命名为 myxkxt_undo.dbf。

① 查看表空间 myxkxt_undo 对应的数据文件的存储位置。

```
SQL> SELECT a.name,b.name FROM v$tablespace a, v$datafile b WHERE a.ts#=b.ts#
  2  AND a.name='MYXKXT_UNDO';
```

```
NAME                                     NAME
---------------------------------------- ----------------------------------------
MYXKXT_UNDO                              D:\APP\ADMINISTRATOR\ORADATA
\MYXKXT\TBS\MYXKXT_UND.DBF
```

② 使表空间 myxkxt_undo 处于 OFFLINE 状态。

```
SQL> ALTER DATABASE
  2    DATAFILE 'D:\app\administrator\oradata\myxkxt\tbs\myxkxt_und.dbf'
  3    OFFLINE;
```

数据库已更改。

③ 用操作系统命令重命名数据文件。

④ 使用带 RENAME DATAFILE 子句的 ALTER TABLESPACE 语句改变数据文件名称。

```
SQL> ALTER TABLESPACE myxkxt_undo
  2    RENAME DATAFILE
  3    'D:\app\administrator\oradata\myxkxt\tbs\myxkxt_und.dbf'
  4    TO
  5    'D:\app\administrator\oradata\myxkxt\tbs\myxkxt_undo.dbf';
```

表空间已更改。

⑤ 将表空间重新设置为联机状态。

```
SQL> ALTER DATABASE
  2    DATAFILE
  3    'D:\app\administrator\oradata\myxkxt\tbs\myxkxt_undo.dbf'
  4    ONLINE;
ALTER DATABASE
```

```
*
第 1 行出现错误:
ORA-01113: 文件 6 需要介质恢复
ORA-01110: 数据文件 6:
'D:\APP\ADMINISTRATOR\ORADATA\MYXKXT\TBS\MYXKXT_UNDO.DBF'
```

在表空间重新设置为联机状态时,出现上面所示需要介质恢复的提示。这种情况下需要对数据文件 D:\app\administrator\oradata\myxkxt\tbs\myxkxt_undo.dbf 进行介质恢复,介质恢复的步骤如下所示:

(1)执行 SHUTDOWN IMMEDIATE 关闭数据库。

```
SQL> SHUTDOWN IMMEDIATE;
数据库已经关闭。
已经卸载数据库。
ORACLE 例程已经关闭。
```

(2)执行 startup mount 命令启动数据库。

```
SQL> startup mount;
ORACLE 例程已经启动。

Total System Global Area    535662592 bytes
Fixed Size                    1375792 bytes
Variable Size               192938448 bytes
Database Buffers            335544320 bytes
Redo Buffers                  5804032 bytes
数据库装载完毕。
```

(3)进行介质恢复。

```
SQL> RECOVER DATAFILE 'D:\app\administrator\oradata\myxkxt\tbs\myxkxt_undo.dbf';
完成介质恢复。
```

(4)打开数据库。

```
SQL> ALTER DATABASE OPEN;

数据库已更改。
```

第四章 控制文件管理和重做日志管理

控制文件是一个很小的二进制文件,用于记录数据库的物理结构。数据库的启动和正常运行都离不开控制文件。启动数据库时,Oracle 从初始化参数文件中获得控制文件的名字及位置,打开控制文件,然后从控制文件中读取数据文件和重做日志文件的信息,最后打开数据库。在数据库的运行过程中,控制文件会频繁地被 Oracle 修改,如果控制文件因故不能访问,数据库也将无法正常工作。重做日志文件用于记录数据库中的修改信息,当系统发生故障时,用户可以利用重做日志文件中记录的修改信息,对数据库进行恢复。本章将介绍如何管理控制文件和重做日志文件。

- 控制文件的创建
- 多路复用控制文件
- 控制文件的删除
- 备份控制文件
- 查看控制文件信息
- 重做日志的循环写入
- 重做日志文件的添加
- 重做日志文件的删除
- 改变重做日志文件位置名称
- 查看重做日志文件

4.1 控制文件管理

控制文件是创建数据库时由 Oracle 系统自动创建的二进制文件,用于记录启动和正常使用数据库实例时所需的各种数据库信息,主要有:数据库名称、数据库创建时间、表空间名称、数据文件名称和位置、重做日志名称和位置、当前重做日志序列号、当前的检查点信息以及恢复管理器的备份信息等。

启动数据库时,Oracle 从初始化参数文件中获得控制文件的名字及位置,打开控制文件,然后从控制文件中读取数据文件和联机日志文件的信息,最后打开数据库。在数据库运行期间,当数据库发生变化时,系统会自动修改控制文件的内容。如果没有控制文件,数据库将无法启动。控制文件的管理主要包括创建控制文件、多路复用控制文件、备份控制文件、删除控制文件以及查看控制文件信息等操作。

4.1.1 创建控制文件

在 Oracle 数据库的运行过程中，系统的各种故障会导致文件被损坏，如数据库中的控制文件全部丢失或损坏并且没有备份，数据库的名称、永久性参数等信息发生了变化，这时需要使用 CREATE CONTROLFILE 命令重新创建控制文件。

1. 创建控制文件的一般语句

创建控制文件的一般语句如下所示：

```
CREATE CONTROLFILE REUSE DATABASE databasename
[NORESETLOGS | RESETLOGS]
[ARCHIVELOG | NOARCHIVELOG]
MAXDATAFILES number
MAXLOGFILES number
MAXLOGMEMBERS number
MAXLOGHISTORY number
MAXINSTANCES number
LOGFILE GROUP group_number logfilename[SIZE number K|M]
    ……
DATAFILE
    'datafilepath',
    'datafilepath',
    ……;
```

2. 语法说明

（1）DATABASE：用于指定数据库名，databasename 为数据库名。

（2）NORESETLOGS | RESETLOGS：NORESETLOGS 选项用于指定仍然使用原有的重做日志，如果不希望使用原有的重做日志，可以指定 RESETLOGS 选项。

（3）ARCHIVELOG | NOARCHIVELOG：表示是否将日志归档。

（4）MAXDATAFILES：用于指定 Oracle 数据库中最大数据文件的个数。

（5）MAXLOGFILES：用于指定 Oracle 数据库中最大重做日志文件的个数。

（6）MAXLOGMEMBERS：用于指定重做日志文件组最大的成员个数。

（7）MAXLOGHISTROY：用于指定控制文件中可记载的日志历史的最大个数。

（8）MAXINSTANCES：用于指定数据库实例的最大个数。

（9）LOGFILE：用于指定数据库原有重做日志的组号及对应的日志成员，logfilepath 为日志文件路径。

（10）DATAFILE：用于指定数据库原有的数据文件，datafilepath 为数据文件路径。

3. 应用举例

【例 4-1】为 zcgl 数据库创建新的控制文件。

① 查看 zcgl 数据库中所有的数据文件和重做日志文件的信息：在创建新的控制文件时，需要了解数据库中的数据文件和重做日志文件的信息。

```
SQL> SELECT NAME FROM V$CONTROLFILE;

NAME
```

```
------------------------------------------------------------
D:\ORACLE11G\ZCGL\CONTROL01.CTL
D:\ORACLE11G\FLASH_RECOVERY_AREA\ZCGL\CONTROL02.CTL

SQL> SELECT NAME FROM V$DATAFILE;

NAME
------------------------------------------------------------

D:\ORACLE11G\ZCGL\SYSTEM01.DBF
D:\ORACLE11G\ZCGL\SYSAUX01.DBF
D:\ORACLE11G\ZCGL\UNDOTBS01.DBF
D:\ORACLE11G\ZCGL\USERS01.DBF
D:\ORACLE11G\ZCGL\EXAMPLE01.DBF
D:\ORACLE11G\ZCGL\ZCGL_TBS.DBF
D:\ORACLE11G\ZCGL\ZCGL_UNDO.DBF

已选择 7 行。

SQL> SELECT MEMBER FROM V$LOGFILE;

MEMBER
------------------------------------------------------------

D:\ORACLE11G\ZCGL\REDO03.LOG
D:\ORACLE11G\ZCGL\REDO02.LOG
D:\ORACLE11G\ZCGL\REDO01.LOG
```

说明：如果控制文件已经损坏了，就无法打开数据库并执行上述命令得到文件列表信息，这时可以通过查找操作系统文件以得到数据文件和重做日志文件的文件列表信息。

② 关闭数据库：如果数据库处于打开状态，则采取正常模式关闭数据库。

```
SQL> SHUTDOWN IMMEDIATE
数据库已经关闭。
已经卸载数据库。
ORACLE 例程已经关闭。
```

③ 启动实例：创建控制文件时，要求实例处于 NOMOUNT 状态。

```
SQL> STARTUP NOMOUNT
ORACLE 例程已经启动。

Total System Global Area    535662592 bytes
Fixed Size                    1375792 bytes
Variable Size               276824528 bytes
Database Buffers            251658240 bytes
Redo Buffers                  5804032 bytes
```

④ 创建控制文件：当实例成功启动后就可以创建控制文件了，利用第一步中获得的文件列表信息，使用 CREATE CONTROLFILE 命令来创建新的控制文件。创建控制文件时用户需要有 SYSDBA 特权。

```
SQL> CREATE CONTROLFILE REUSE DATABASE zcgl NORESETLOGS
  2    LOGFILE
  3    GROUP 1 'D:\ORACLE11G\ZCGL\REDO01.LOG',
  4    GROUP 2 'D:\ORACLE11G\ZCGL\REDO02.LOG',
  5    GROUP 3 'D:\ORACLE11G\ZCGL\REDO03.LOG'
  6    DATAFILE
  7    'D:\ORACLE11G\ZCGL\SYSTEM01.DBF',
  8    'D:\ORACLE11G\ZCGL\SYSAUX01.DBF',
  9    'D:\ORACLE11G\ZCGL\UNDOTBS01.DBF',
 10    'D:\ORACLE11G\ZCGL\USERS01.DBF',
 11    'D:\ORACLE11G\ZCGL\EXAMPLE01.DBF',
 12    'D:\ORACLE11G\ZCGL\ZCGL_TBS.DBF',
 13    'D:\ORACLE11G\ZCGL\ZCGL_UNDO.DBF';
```

控制文件已创建。

说明：DATABASE 用于指定数据库名，该名称必须和初始化参数 DB_NAME 完全一致。NORESETLOGS 选项用于指定仍然使用原有重做日志。LOGFILE 用于指定数据库原有重做日志的组号、大小以及对应的日志成员。DATAFILE 用于指定数据库原有的数据文件。

⑤ 修改初始化参数 CONTROL_FILES，使新控制文件生效。

```
SQL> ALTER SYSTEM SET CONTROL_FILES=
  2    'E:\oracle11g\zcgl\control01.ctl'
  3    SCOPE=SPFILE;
```

系统已更改。

⑥ 打开数据库：控制文件创建成功后，按以下方式打开数据库。

```
SQL> ALTER DATABASE OPEN;
```

数据库已更改。

4.1.2 多路复用控制文件

1. 多路复用控制文件及其必要性

所谓多路复用控制文件就是在数据库服务器上将控制文件存放在多个磁盘分区或者多块磁盘上，数据库系统在更新控制文件的时候，就会自动同时更新多个控制文件。控制文件对于数据库非常重要，为了防止控制文件被损坏，提高控制文件的安全性，需要对控制文件进行多路复用。Oracle 建议每个数据库应该包含两个或两个以上的控制文件，在多路复用控制文件时，为了防止磁盘损坏导致控制文件丢失或损坏，应该将控制文件分布到不同的磁盘上，如图 4-1 所示。初始化参数 CONTROL_FILES 列出了所有的多路复用的控制文件，Oracle 在运行过程中会同时修改所有的多路复用控制文件，但只读取其中第 1 个控制文件的信息。

2. 初始化参数文件 PFILE 和服务器参数文件 SPFILE

Oracle 实例在启动时，首先需要从参数文件中获取实例启动时所必需的各种初始化参数，这个参数文件称为初始化参数文件，其内容包括：实例参数列表、数据库物理结构、SGA 内存结构、进程、控制文件的名称和位置等信息。

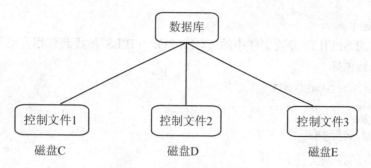

图 4-1 多路复用三个分布在不同磁盘上的控制文件

初始化参数文件有两种，PFILE 是包含了初始化参数列表以及相应参数值的只读文本文件，又称为静态参数文件；而服务器参数文件 SPFILE 是包含上述信息的可读写二进制文件，又称为永久参数文件。自 Oracle 9i 开始，Oracle 启动时使用的初始化文件是在数据库服务器上维护的初始化参数库 SPFILE。SPFILE 和 PFILE 的区别主要在于：

（1）SPFILE 文件中参数信息的修改只能在数据库启动后通过 ALTER SESSION 或 ALTER SYSTEM 命令进行，用户不能直接打开该文件进行手动修改，否则会导致 SPFILE 文件失效；而 PFILE 文件中参数信息的修改需要关闭数据库后用文本编辑器将其打开后进行。

（2）PFILE 中的参数被修改后，必须重新启动数据库才能生效；而 SPFILE 中的参数被修改后，其生效实现和作用域是由 ALTER SESSION 或 ALTER SYSTEM 命令的参数决定的。

如果在启动实例时使用了 PFILE，在多路复用控制文件时需要手工编辑文本参数文件，并修改初始化参数 CONTROL_FILES；如果实例在启动时使用了 SPFILE，只需用命令对其进行修改。

【例 4-2】对数据库 zcgl 的控制文件进行多路复用。

① 查看系统是以 PFILE 还是 SPFILE 启动。

```
SQL> SHOW PARAMETER spfile;

NAME                 TYPE            VALUE
-------------------- --------------- --------------------
spfile               string          D:\ORACLE11G\PRODUCT\11.2.0\DB
                                     HOME_1\DATABASE\SPFILEZCGL.ORA
```

说明：如果 SQL 执行结果中 value 列返回空值，那么说明系统是使用 PFILE 启动的。

② 修改 SPFILE 中的初始化参数 CONTROL_FILES。

Oracle 通过初始化参数 CONTROL_FILES 定位并打开控制文件，所以为了多路复用控制文件，必须使用 ALTER SYSTEM 语句修改初始化参数 CONTROL_FILES 的值，以便添加新的控制文件。

```
SQL> ALTER SYSTEM SET CONTROL_FILES=
  2  'D:\oracle11g\zcgl\control01.ctl',
  3  'E:\oracle11g\zcgl\control02.ctl'
  4  SCOPE=SPFILE;
```

系统已更改。

说明：SCOPE=SPFILE 选项表示是对 SPFILE 文件进行修改。

③ 关闭数据库。

要使修改后的 SPFILE 参数文件中的 CONTROL_FILES 参数起作用，必须先关闭数据库然后再重新启动数据库。

```
SQL> SHUTDOWN IMMEDIATE
数据库已经关闭。
已经卸载数据库。
ORACLE 例程已经关闭。
```

④ 复制现有的控制文件。

```
SQL> HOST COPY D:\ORACLE11G\ZCGL\CONTROL01.CTL E:\ORACLE11G\ZCGL\CONTROL02.CTL
已复制         1 个文件。
```

说明：在复制现有的控制文件时，必须保证数据库处于关闭状态，这样才能保证控制文件内容的完全一致，产生相同的控制文件。

⑤ 重新启动数据库。

```
SQL> STARTUP;
ORACLE 例程已经启动。

Total System Global Area    535662592 bytes
Fixed Size                    1375792 bytes
Variable Size               276824528 bytes
Database Buffers            251658240 bytes
Redo Buffers                  5804032 bytes
数据库装载完毕。
数据库已经打开。
```

说明：在实现了多路复用控制文件后，多个控制文件互为镜像，内容总是保持完全一致。在装载 Oracle 数据库时，系统会读取并打开 CONTROL_FILES 参数所对应的所有控制文件。

4.1.3 删除控制文件

控制文件被多路复用后，如果任意一个控制文件损坏都将无法装载 Oracle 数据库，此时需要删除已损坏的控制文件。

【例 4-3】 假设数据库 zcgl 有一个控制文件 "E:\oracle11g\zcgl\CONTROL02.CTL" 已经损坏，请将该控制文件删除。

① 使用 ALTER SYSTEM 命令修改初始化参数 CONTROL_FILES，去掉要删除的控制文件，但这只是使被删除的控制文件不再与当前数据库相关联，控制文件仍存在于操作系统中。如果要将控制文件彻底删除则需要使用操作系统命令将磁盘中的文件删除。

```
SQL> ALTER SYSTEM SET CONTROL_FILES=
  2    'D:\ORACLE11G\ZCGL\CONTROL01.CTL'
  3    SCOPE=SPFILE;

系统已更改。
```

② 关闭数据库。

```
SQL> SHUTDOWN IMMEDIATE
数据库已经关闭。
```

已经卸载数据库。
ORACLE 例程已经关闭。

③重新启动数据库：使用 STARTUP 命令重新启动数据库，数据库可以正常使用了。

SQL> STARTUP
ORACLE 例程已经启动。

Total System Global Area   535662592 bytes
Fixed Size   1375792 bytes
Variable Size   276824528 bytes
Database Buffers   251658240 bytes
Redo Buffers   5804032 bytes
数据库装载完毕。
数据库已经打开。

4.1.4 备份控制文件

为了防止控制文件被损坏，提高数据库的可靠性，除了要进行多路复用控制文件之外，还需要经常对控制文件进行备份，尤其在数据库的物理结构发生变化后需要立刻对控制文件进行备份。数据库物理结构的改变包括：

（1）创建、删除、修改表空间，或改变表空间的读写状态。
（2）添加或删除重做日志文件。
（3）添加或删除重做日志组。
（4）添加或重命名数据文件。

备份控制文件需要使用 ALTER DATABASE BACKUP CONTROLFILE 语句完成。有两种备份方式：一种是将控制文件备份为二进制文件，另一种是将控制文件备份为脚本文件。

1．备份为二进制文件

将控制文件备份为二进制文件，实际上是在数据库运行期间原封不动地复制当前的控制文件。

【例 4-4】将 zcgl 数据库的控制文件备份为二进制文件。

SQL> ALTER DATABASE BACKUP CONTROLFILE TO 'E:\CONTROL.BKP';

数据库已更改。

说明：当使用以上命令备份控制文件时，如果控制文件副本 E:\CONTROL.BKP 已经存在，那么便会显示如下错误信息：

ALTER DATABASE BACKUP CONTROLFILE TO 'E:\CONTROL.BKP'
*
第 1 行出现错误:
ORA-01580: 创建控制备份文件 E:\CONTROL.BKP 时出错
ORA-27038: 所创建的文件已存在
OSD-04010: 指定了 <create> 选项，但文件已经存在

此时通过 REUSE 选项可以覆盖原有的控制文件副本：

SQL> ALTER DATABASE BACKUP CONTROLFILE TO 'E:\CONTROL.BKP' REUSE;

数据库已更改。

2. 备份为脚本文件

控制文件以脚本文件的形式备份时，所创建的文件也称为跟踪文件，该文件实际上是一个 SQL 脚本文件，可以使用它来重新创建控制文件。使用以下命令可以将控制文件所记载的物理信息备份到跟踪文件中。

【例 4-5】将 zcgl 数据库的控制文件备份为脚本文件。

```
SQL> ALTER DATABASE BACKUP CONTROLFILE TO TRACE;
```

数据库已更改。

说明：当执行上述命令后，服务器进程会创建文本跟踪文件，并将创建控制文件的详细命令记载到该文件中，利用该文件便可重新创建新的控制文件。跟踪文件被存放在由初始化参数 USER_DUMP_DEST 指定的目录中，可以通过以下命令取得初始化参数的设置。

```
SQL> SHOW PARAMETER USER_DUMP_DEST;

NAME                                 TYPE        VALUE
------------------------------------ ----------- ------------------------------
user_dump_dest                       string      d:\oracle11g\diag\rdbms\zcgl\zcgl\trace
```

说明：跟踪文件的文件名称格式为<SID>_ora_<PID>.trc，其中 SID 是该数据库的系统标识符，PID 是服务器进程所对应的操作系统进程号，当控制文件出现损坏时，便可以找到跟踪文件，执行跟踪文件里的语句便可以恢复损坏的控制文件。

4.1.5 查看控制文件信息

可以通过与控制文件相关的数据字典来查看控制文件的信息，如表 4.1 所示。

表 4.1 包含控制文件信息的数据字典视图

表名	注释
V$CONTROLFILE	包含控制文件的名称
V$CONTROLFILE_RECORD_SECTION	包含控制文件中记录文档的信息
V$PARAMETER	包含所有初始化参数，从中可以查询 CONTROL_FILES 参数的值

【例 4-6】查看控制文件的名称。

```
SQL> SELECT NAME FROM V$CONTROLFILE;

NAME
--------------------------------------------------------------------------------
D:\ORACLE11G\ZCGL\CONTROL01.CTL
E:\ORACLE11G\ZCGL\CONTROL02.CTL
```

【例 4-7】通过 V$CONTROLFILE_RECORD_SECTION 视图查询控制文件中各个记录文档段的信息。

```
SQL> SELECT type, record_size, records_total, records_used
  2  FROM V$CONTROLFILE_RECORD_SECTION;
```

TYPE	RECORD_SIZE	RECORDS_TOTAL	RECORDS_USED
DATABASE	316	1	1
CKPT PROGRESS	8180	19	0
REDO THREAD	256	16	1
REDO LOG	72	32	3
DATAFILE	520	32	7
FILENAME	524	2178	10
……			
ACM OPERATION	104	64	6
FOREIGN ARCHIVED LOG	604	1002	0

已选择 37 行。

4.2 重做日志文件管理

重做日志文件是数据库的必需文件之一，它以重做记录的形式存储对数据库所做的修改，当数据库出现例程失败或介质故障时，可以利用重做日志文件来恢复数据库。重做记录是由一个个修改向量组成的，每个修改向量都记录了数据库中某个数据块所做的修改。重做记录不仅可以恢复对数据文件所做的修改，而且还能恢复对回退段所做的修改，因此重做记录同样可以保护回退段中的数据。

Oracle 对数据库所做的修改实际上都是先在内存中进行的。当满足一定条件时，先将修改操作产生的重做日志高速缓存中的修改结果，以重做记录的形式写入到重做日志文件中，然后才将数据高速缓存中的修改结果成批地写入数据文件。

4.2.1 创建重做日志文件

当数据库并发事务很多，而重做日志文件组个数又较少时，可能会出现等待写入重做日志组的情况，为了防止后台进程 LGWR 等待写入日志组，出于安全和性能等方面的考虑，可能需要为数据库增加重做日志文件或重做日志组。要添加重做日志文件需要用户拥有 ALTER DATABASE 系统权限。

1. 添加重做日志文件组

可以使用带有 ADD LOGFILE 子句的 ALTER DATABASE 命令来增加重做日志文件组，该命令的一般语法格式为：

```
ALTER DATABASE ADD [GROUP group_number]
LOGFILE ( 'logfilepath',……)
SIZE nM [REUSE];
```

语法说明：

（1）logfilepath：为日志成员路径，SIZE n 为日志成员大小（单位为 M）。

（2）GROUP group_number：为日志文件组指定组编号。

（3）如果要创建的日志文件已经存在，则必须在 ALTER DATABASE 语句中使用 REUSE 子句来覆盖已有的操作系统文件。使用 REUSE 选项后就不能再使用 SIZE 选项，这时重做日志文件的大小取决于已存在的日志文件的大小。

【例 4-8】 为数据库 zcgl 添加一个新的重做日志文件组。

```
SQL> ALTER DATABASE ADD LOGFILE
  2  ('e:\redo04_1.log',
  3  'e:\redo04_2.log')
  4  SIZE 15M;
```

数据库已更改。

说明：新添加的重做日志文件组包括两个成员 redo04_1.log 和 redo04_2.log，每个成员大小都是 15MB 字节。日志文件组成员应该使用完整的路径和文件名，否则文件将在数据库服务器的默认目录或当前目录中被创建。

在 ALTER DATABASE ADD LOGFILE 语句创建重做日志文件组时，如果没有指定 GROUP 子句，那么 Oracle 将自动为新添加的重做日志文件组设置一个编号；如果指定了 GROUP 子句，那么 GROUP 后面的数字是新添加的重做日志文件组的编号。

【例 4-9】 使用 GROUP 子句创建重做日志文件组。

```
SQL> ALTER DATABASE ADD LOGFILE
  2  GROUP 5('e:\redo05_1.log','e:\redo05_2.log')
  3  SIZE 15M;
```

数据库已更改。

说明：使用组号可以更加方便地管理重做日志文件组。不要跳跃式地使用重做日志文件组号，也就是说不能将组号编为 7，9，11 等，否则将耗费控制文件的空间。

【例 4-10】 通过查询数据字典 v$logfile 显示日志文件组及其成员，观察重做日志文件组是否创建成功。

```
SQL> SELECT GROUP#,MEMBER
  2  FROM v$logfile;
```

GROUP#	MEMBER
3	D:\ORACLE11G\ZCGL\REDO03.LOG
2	D:\ORACLE11G\ZCGL\REDO02.LOG
1	D:\ORACLE11G\ZCGL\REDO01.LOG
4	E:\REDO04_1.LOG
4	E:\REDO04_2.LOG
5	E:\REDO05_1.LOG
5	E:\REDO04_2.LOG

已选择 7 行。

2. 添加重做日志文件组成员

Oracle 建议每个重做日志文件组应该包含两个或两个以上的日志成员。如果日志组只有一个日志成员，并且该日志成员被损坏了，就会导致该日志组无法使用，当后台进程 LGWR 切换到该日志组时，Oracle 会停止工作，并对数据库执行不完全恢复，因此必要时需要为重做日志文件组添加日志成员。

要为现有的某个重做日志文件组添加新的成员，可以使用带 ADD LOGFILE MEMBER 子句的 ALTER DATABASE 命令。其一般语法格式为：

ALTER DATABASE ADD LOGFILE MEMBER
    '日志文件路径' TO GROUP group_number1，
    '日志文件路径' TO GROUP group_number2，
    ……；

【例 4-11】向日志文件组 1 和日志文件组 2 各添加一个日志成员。

```
SQL> ALTER DATABASE ADD LOGFILE MEMBER
  2  'e:\redo01_2.log' TO GROUP 1,
  3  'e:\redo02_2.log' TO GROUP 2;
```

数据库已更改。

说明：为日志组添加新成员时，不需要指定新日志成员文件的大小，其大小是由组中现有成员的大小决定的。

【例 4-12】通过指定本组中其他成员的名称来添加新的日志成员。

```
SQL> ALTER DATABASE ADD LOGFILE MEMBER
  2  'e:\redo03_2.log'
  3  TO
  4  ('D:\oracle11g\zcgl\redo03.log');
```

数据库已更改。

说明：如果不知道日志组的编号，可以通过指定本组中其他日志成员的名称来添加新的成员。

4.2.2 删除重做日志文件组

当重做日志文件组中的日志成员出现损坏或丢失时，后台进程 LGWR 将无法向该日志成员中写入事务变化，此时应该删除该日志文件。如果整个重做日志文件组都不再使用了，可以将整个日志文件组删除。

1. 删除日志成员

要删除某一日志成员，该日志文件所在的重做日志文件组不能处于 CURRENT 状态，而且其所在的重做日志文件组中必须还有其他的日志成员存在。可以使用带有 DROP LOGFILE MEMBER 子句的 ALTER DATABASE 子句删除重做日志成员，执行该指令要求数据库用户必须有 ALTER DATABASE 系统权限。具体语法如下：

ALTER DATABASE [databasename]
DROP LOGFILE MEMBER logfilepath

说明：databasename 为数据库名，logfilepath 为日志文件路径。

【例 4-13】删除 4 号重做日志文件组的第 2 个成员。

```
SQL> ALTER DATABASE DROP LOGFILE MEMBER
  2  'e:\redo04_2.log';
```

数据库已更改。

2. 删除重做日志文件组

要将一个重做日志文件组删除，其所在的数据库必须存在两个以上的重做日志文件组，而且该重做日志文件组不能处于 CURRENT 状态。通常使用带有 DROP LOGFILE 子句的 ALTER DATABASE 来删除重做日志文件组。要求执行该操作的数据库用户必须有 ALTER DATABASE 系统权限，具体语法如下：

```
ALTER DATABASE [database_name]
DROP LOGFILE
GROUP n
```

说明：n 代表的是日志文件组的组号。

【例 4-14】删除 5 号重做日志组。

```
SQL> ALTER DATABASE DROP LOGFILE GROUP 5;
```

数据库已更改。

4.2.3 修改重做日志文件的位置或名称

要改变重做日志文件的位置或名称，首先使用操作系统命令将某个重做日志组的成员移动到其他地方，然后使用 ALTER DATABASE 语句设置重做日志文件的新位置或名称。

在改变重做日志文件的位置或名称之前，需要完整地备份数据库以防在执行操作时出现问题；改变了重做日志文件的位置或名称之后，也应该立即备份数据库的控制文件。

【例 4-15】改变重做日志文件位置和名称。

① 关闭数据库

```
SQL> SHUTDOWN IMMEDIATE;
数据库已经关闭。
已经卸载数据库。
ORACLE 例程已经关闭。
```

② 使用操作系统命令复制原来的日志文件到新的位置。

```
SQL> HOST COPY e:\redo03_2.log f:\redo03_2.log
已复制    1    个文件。
```

③ 重新启动数据库实例。

```
SQL> STARTUP MOUNT;
ORACLE 例程已经启动。

Total System Global Area    535662592 bytes
Fixed Size                    1375792 bytes
Variable Size               276824528 bytes
Database Buffers            251658240 bytes
Redo Buffers                  5804032 bytes
数据库装载完毕。
```

④ 执行 ALTER DATABASE RENAME FILE 语句重新设置重做日志文件的路径和名称。

```
SQL> ALTER DATABASE RENAME FILE
  2    'e:\redo03_2.log'
  3    TO
  4    'f:\redo03_2.log';
```

数据库已更改。

⑤ 打开数据库。

SQL> ALTER DATABASE OPEN;

数据库已更改。

⑥ 备份控制文件：将控制文件备份为二进制文件。

SQL> ALTER DATABASE BACKUP CONTROLFILE TO 'E:\CONTROL.BKP';

数据库已更改。

或使用如下语句将控制文件备份为文本文件。

SQL> ALTER DATABASE BACKUP CONTROLFILE TO TRACE;

数据库已更改。

4.2.4 查看重做日志文件信息

可以使用数据字典视图来查看重做日志文件信息，与重做日志文件相关的数据字典视图如表 4.2 所示。

表 4.2 包含重做日志文件信息的视图

表名	注释
V$LOG	从控制文件中获取的重做日志文件信息
V$LOGFILE	重做日志文件组及其状态、成员信息
V$LOG_HISTORY	重做日志文件的历史信息

【例 4-16】查看 V$LOG，返回控制文件中关于数据库重做日志文件的信息。

```
SQL> SELECT GROUP#,THREAD#,BYTES,MEMBERS,STATUS
  2  FROM V$LOG;

    GROUP#    THREAD#        BYTES      MEMBERS   STATUS
---------- ---------- ------------ ------------ ----------------
         1          1     52428800            2   CURRENT
         2          1     52428800            2   INACTIVE
         3          1     52428800            2   INACTIVE
         4          1     15728640            1   UNUSED
```

【例 4-17】查看各个重做日志文件组中成员的名称和状态。

```
SQL> COLUMN member FORMAT A50
SQL> SELECT GROUP#, STATUS, TYPE, MEMBER
  2  FROM V$LOGFILE;

    GROUP#   STATUS        TYPE       MEMBER
---------- ------------ ----------- --------------------------------------
         3   STALE         ONLINE     D:\ORACLE11G\ZCGL\REDO03.LOG
         2   STALE         ONLINE     D:\ORACLE11G\ZCGL\REDO02.LOG
         1                 ONLINE     D:\ORACLE11G\ZCGL\REDO01.LOG
         4                 ONLINE     E:\REDO04_1.LOG
```

1	INVALID	ONLINE	E:\REDO01_2.LOG
2	INVALID	ONLINE	E:\REDO02_2.LOG
3	INVALID	ONLINE	F:\REDO03_2.LOG

已选择 7 行。

说明：正常情况下 STATUS 列为空，如果日志文件组成员未被使用（原因通常是数据库刚被打开尚未发生日志切换），那么其状态为 STALE；如果日志成员是刚创建的，那么其状态为 INVALID。在进行了一次日志切换后，STATUS 列的内容将会被清除。

习题四

1．控制文件的主要内容有哪些？
2．控制文件的大小主要取决于哪些参数值？
3．Oracle 建议每个数据库至少包含几个控制文件？Oracle 数据库最多可以包含几个控制文件？
4．如果启动实例时使用了 SPFILE，如何实现控制文件的多路复用？
5．创建控制文件时，要求实例处于什么状态？
6．如何改变控制文件的位置？试举例说明。
7．如何删除数据库中的控制文件？试举例说明。
8．控制文件的语句有哪几种备份方式？
9．为数据库添加两个控制文件，分别是 E:\ORCL\ORCL01.CTL 和 F:\ORCL\ORCL01.CTL。
10．如何查看控制文件的信息？
11．如何删除重做日志成员？执行该指令要求数据库用户必须具有的系统权限是什么？
12．如何改变重做日志文件的位置？试举例说明。
13．如何查看重做日志文件信息？与重做日志文件相关的数据字典视图有哪些？

实验四　控制文件和重做日志管理

一、实验目的

1．熟悉控制文件的创建、使用、备份、删除和信息查看。
2．熟悉重做日志的添加、删除和维护等操作。

二、实验内容

1．为当前数据库 myxkxt 创建新的控制文件 myxkxt_controlfile。
2．为当前数据库 myxkxt 添加一个日志文件组 4，并向日志组 3 添加一个新的日志文件 REDO06.LOG。操作结束后，删除日志文件组 4。

三、实验步骤

1．为当前数据库 myxkxt 创建新的控制文件 myxkxt_controlfile。

控制文件对于 Oracle 数据库的作用，就好像 Windows 操作系统中注册表的作用一样。控制文件是一个比较小的二进制文件，记录着数据库的结构信息。如果数据库控制文件发生变化的话，则 Oracle 将无法正常启动。通常情况下，在创建数据库时会自动创建控制文件；并且当数据库的结构发生变化时，也会自动修改控制文件的内容。

但是，当数据库遇到一些故障导致控制文件发生损坏时，数据库管理员可能需要手工重新创建控制文件，以解决数据库的启动故障。

建立控制文件时，首先需要收集数据库所有数据文件和重做日志文件的列表。可以将数据库原有的控制文件备份为脚本文件，获得创建控制文件的脚本来创建新的控制文件。

（1）在命令行运行 SQL*Plus，输入如下命令：

```
C:\>SQLPLUS course_oper/admin AS SYSDBA
SQL*Plus: Release 11.2.0.1.0 Production on 星期四 7 月 1 09:57:19 2012
Copyright (c) 1982, 2010, Oracle.    All rights reserved.
连接到:
Oracle Database 11g Enterprise Edition Release 11.2.0.1.0 - Production
With the Partitioning, OLAP, Data Mining and Real Application Testing options
```

（2）获得控制文件的脚本。要将控制文件备份为脚本文件，数据库需要运行在存档模式下。

① 查看当前数据库是否运行在存档模式下，如果不是，需要将其设置为存档模式运行。

```
SQL> ARCHIVE LOG LIST;
数据库日志模式            非存档模式
自动存档                 禁用
存档终点                 USE_DB_RECOVERY_FILE_DEST
最早的联机日志序列         7
当前日志序列              9
```

②执行 SHUTDOWN IMMEDIATE 命令关闭数据库。

```
SQL> SHUTDOWN IMMEDIATE;
数据库已经关闭。
已经卸载数据库。
ORACLE 例程已经关闭。
```

③使用 STARTUP MOUNT 命令启动数据库实例。

```
SQL> STARTUP MOUNT;
ORACLE 例程已经启动。

Total System Global Area    535662592 bytes
Fixed Size                    1375792 bytes
Variable Size               192938448 bytes
Database Buffers            335544320 bytes
Redo Buffers                  5804032 bytes
数据库装载完毕。
```

④执行 ALTER DATABASE ARCHIVELOG 命令将数据库设置为存档模式；执行 ALTER DATABASE OPEN 命令打开数据库。

```
SQL> ALTER DATABASE ARCHIVELOG;
```

数据库已更改。

SQL> ALTER DATABASE OPEN;

数据库已更改。

⑤ 执行 ALTER DATABASE BACKUP CONTROLFILE TO TRACE 命令将控制文件备份为脚本。

SQL> ALTER DATABASE BACKUP CONTROLFILE TO TRACE;

数据库已更改。

生成的脚本文件将由系统自动定义，并保存在由参数 user_dump_dest 指定的目录中。

SQL> SHOW PARAMETER user_dump_dest;

NAME	TYPE	VALUE
user_dump_dest	string	d:\app\administrator\diag\rdbms\myxkxt\myxkxt\trace

（3）根据上述路径，打开脚本文件<sid>_ora_<spid>.trc，如图 4-2 所示，从中找到创建控制文件的 SQL 脚本，参照此脚本，创建数据库 MYXKXT 的新的控制文件。

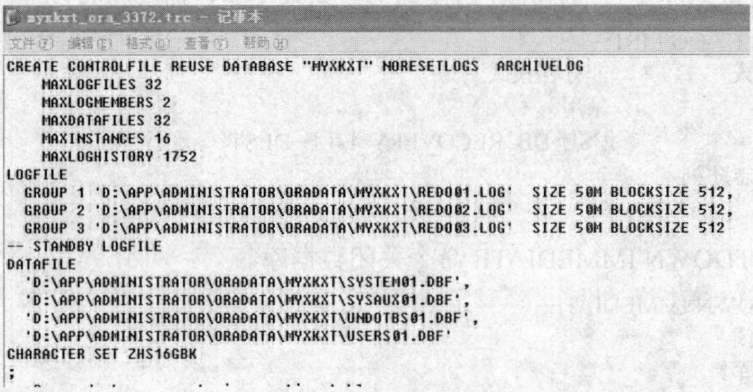

```
CREATE CONTROLFILE REUSE DATABASE "MYXKXT" NORESETLOGS ARCHIVELOG
    MAXLOGFILES 32
    MAXLOGMEMBERS 2
    MAXDATAFILES 32
    MAXINSTANCES 16
    MAXLOGHISTORY 1752
LOGFILE
    GROUP 1 'D:\APP\ADMINISTRATOR\ORADATA\MYXKXT\REDO01.LOG'  SIZE 50M BLOCKSIZE 512,
    GROUP 2 'D:\APP\ADMINISTRATOR\ORADATA\MYXKXT\REDO02.LOG'  SIZE 50M BLOCKSIZE 512,
    GROUP 3 'D:\APP\ADMINISTRATOR\ORADATA\MYXKXT\REDO03.LOG'  SIZE 50M BLOCKSIZE 512
-- STANDBY LOGFILE
DATAFILE
    'D:\APP\ADMINISTRATOR\ORADATA\MYXKXT\SYSTEM01.DBF',
    'D:\APP\ADMINISTRATOR\ORADATA\MYXKXT\SYSAUX01.DBF',
    'D:\APP\ADMINISTRATOR\ORADATA\MYXKXT\UNDOTBS01.DBF',
    'D:\APP\ADMINISTRATOR\ORADATA\MYXKXT\USERS01.DBF'
CHARACTER SET ZHS16GBK
;
```

图 4-2　脚本文件

① 以管理员身份执行 SHUTDOWN IMMEDIATE 命令关闭数据库。

SQL> SHUTDOWN IMMEDIATE;
数据库已经关闭。
已经卸载数据库。
ORACLE 例程已经关闭。

② 使用 STARTUP NOMOUNT 命令启动数据库。

SQL> STARTUP NOMOUNT;
ORACLE 例程已经启动。

Total System Global Area	535662592 bytes
Fixed Size	1375792 bytes
Variable Size	192938448 bytes
Database Buffers	335544320 bytes
Redo Buffers	5804032 bytes

③ 参照上图使用 CREATE CONTROLFILE 语句创建新的控制文件。

可以将创建控制文件的 SQL 语句复制粘贴到 control.sql 文件中，然后在命令行下执行该 sql 脚本文件。

SQL> start e:\whwh\oracle\shiyan\control.sql

控制文件已创建。

2. 为当前数据库 myxkxt 添加一个日志文件组 4，并向日志组 3 添加一个新的日志文件 REDO06.LOG。操作结束后，删除日志文件组 4。

① 使用 ALTER DATABASE ADD LOGFILE 语句创建日志文件组 4。

```
SQL> ALTER DATABASE ADD LOGFILE
  2    GROUP 4
  3    (
  4    'D:\APP\ADMINISTRATOR\ORADATA\MYXKXT\REDO04.LOG',
  5    'D:\APP\ADMINISTRATOR\ORADATA\MYXKXT\REDO05.LOG'
  6    )
  7    SIZE 50M;
```
数据库已更改。

② 向日志组 3 添加一个新的日志文件 REDO06.LOG。

```
SQL> ALTER DATABASE ADD LOGFILE MEMBER
  2   'D:\APP\ADMINISTRATOR\ORADATA\MYXKXT\REDO06.LOG' TO GROUP 3;
```

数据库已更改。

③ 通过数据字典 v$logfile 查看日志文件组 4 的创建是否成功。

```
SQL> COLUMN member FORMAT A50
SQL> SELECT group#, member FROM v$logfile;

    GROUP   # MEMBER
---------- --------------------------------------------------
         3 D:\APP\ADMINISTRATOR\ORADATA\MYXKXT\REDO03.LOG
         2 D:\APP\ADMINISTRATOR\ORADATA\MYXKXT\REDO02.LOG
         1 D:\APP\ADMINISTRATOR\ORADATA\MYXKXT\REDO01.LOG
         4 D:\APP\ADMINISTRATOR\ORADATA\MYXKXT\REDO04.LOG
         4 D:\APP\ADMINISTRATOR\ORADATA\MYXKXT\REDO05.LOG
         3 D:\APP\ADMINISTRATOR\ORADATA\MYXKXT\REDO06.LOG
```

已选择 6 行。

④ 删除日志文件组 4。

SQL> ALTER DATABASE DROP LOGFILE GROUP 4;

数据库已更改。

第五章 表管理

方案是指用户所拥有一系列逻辑数据结构或数据库对象的集合，在 Oracle 数据库中一个方案对应一个数据库用户，方案对象包含如表、视图、索引、序列、同义词、数据库链接、存储过程和包等结构。表是最常用的方案对象和数据库对象，用于存储数据；索引用于提高数据的检索效率；视图是从一个或多个基础表中通过查询语句生成的虚拟表。本章将对方案、表以及表的完整性约束、序列和同义词等知识进行详细介绍。索引和视图的相关知识将在第七章中介绍。

- 用户和方案
- 创建和维护表
- 维护约束条件
- 序列和同义词

5.1 表和方案

表是 Oracle 数据库中最基本的数据存储结构之一，数据库中的数据都是以表的形式存储的。在逻辑结构上，一个表中存储的数据是一张通过行和列来组织数据的二维表。表中的一行称为一条记录，表中的一列称为属性列，每一列都有列名、数据类型、长度、约束等属性。

5.1.1 常用数据类型

在创建表的时候，不仅需要指定表名、列名，而且要根据情况为每个列选择合适的数据类型并定义其长度，用来指定该列可以存取哪种类型的数据。Oracle 中常用的数据类型如下所示：

1. 字符数据类型

（1）CHAR [(<size>)([BYTE | CHAR])]：该数据类型用于存储固定长度的字符串。size 规定了最大长度，BYTE 或 CHAR 关键字表示其长度单位是字节或字符。

（2）NCHAR [(<size>)]：该数据类型类似于 CHAR，但它用来存储 Unicode 字符集数据，以字符为单位，最大长度为 2000 字节，默认为 1 字符长度。

（3）VARCHAR2 [(<size>)([BYTE | CHAR])]：该数据类型用于存储变长字符串，允许最大的长度为 4000 字节。

（4）NVARCHAR2 [(<size>)]：该数据类型类似于 VARCHAR2，但它用来存储 Unicode 字符集数据，以字符为单位，最大长度为 4000 字节。

2. 数字数据类型

NUMBER [(<precision>,<scale>)]：该数据类型用于存储数字类型的数据，其中 precision 表示数字的总位数，scale 表示小数点后面的位数。precision 的有效范围是 1～38，scale 的有效范围是-84～127。

3. 日期和时间数据类型

（1）DATE：该数据类型用于存储日期和时间数据，长度为 7 个字节，包括世纪、4 位年份、月、日、时（24 小时格式）、分、秒等信息。

（2）TIMESTAMP[(<precision>)]：该数据类型是 DATE 数据类型的扩展，用亚秒的粒度存储日期和时间。precision 表示亚秒粒度的位数，默认为 6，其范围是 0～9。

（3）TIMESTAMP[(<precision>)] WITH TIME ZONE：通过另外存储一个时区偏差来扩展 TIMESTAMP 数据类型。

（4）TIMESTAMP[(<precision>)] WITH LOCAL TIME ZONE：该数据类型存储时间作为数据库时区的标准形式。

（5）INTERVAL YEAR[(<precision>)] TO SECOND[(<s_precision>)]：通过用天、时、分和秒来存储一段时间。

4. 二进制数据类型

（1）RAW(<size>)：变长二进制数据类型，该数据类型用于存储非结构化数据，可以看做是由数据库存储的信息的二进制字节串。size 规定最大长度，以字符为单位，最大长度为 2000 字节。

（2）LONG RAW：能存储多达 2GB 的二进制信息。

5. 大对象数据类型

大对象数据类型存储大对象（Large Object，LOB），即大型的、未被结构化的数据，如二进制文件、图像、视频、音频和空间数据等。LOB 数据既可以直接存储在数据库内部，也可以将数据存储在数据库之外的外部文件中。

（1）CLOB：该数据类型用于存储可变长单字节字符数据。在一个 CLOB 列中可以存储的最大数据量是 128TB。在这种数据类型的定义中，不需要指定长度。

（2）NCLOB：该数据类型类似于 CLOB，用来存储可变长的 Unicode 字符集的字符数据。

（3）BLOB：该数据类型用于存储可变长的二进制数据，如图像、音频和视频文件。BLOB 数据在数据库之间或在客户机与服务器进程之间传递时不经历字符集转换。

（4）BFILE：该数据类型在数据库外面存储可变长二进制数据。BFILE 数据类型最多存储 4GB 数据。BFILE 数据类型的列中仅仅存储很小的定位器（即一种指针），并且该列是只读的，不能通过数据库对其中的定位器数据进行修改。

大对象数据类型的列不能出现在 WHERE、GROUP BY 或 ORDER BY 子句中。不能在 SQL*Plus 等环境中查询、显示大对象类型的数据，也不能通过 INSERT 语句插入大对象类型的数据，否则会有错误提示。

6. 行数据类型

（1）ROWID：ROWID 是表的伪列，该数据类型可以存储表中每一条记录的物理地址，是表中每一条记录内在的唯一标识。

（2）UROWID：用来存储索引组织的表或非 Oracle 数据库表的逻辑 ROWID。

5.1.2 用户与方案

Oracle 用户是指可以访问数据库的账号，每个用户都有口令和相应的权限。在创建 Oracle 数据库时会自动创建一些用户，如 SYS、SYSTEM、SCOTT 等。方案是指用户所拥有一系列逻辑数据结构或数据库对象的集合，在 Oracle 数据库中对象是以用户来组织的，一个方案对应一个数据库用户，每个用户都有一个单独的方案。用户与方案名称相同，而且是一一对应的关系。

通常情况下，用户所创建的数据库对象都保存在自己的方案中。在同一个方案中不能存在同名对象，但不同方案中对象可以同名，如用户 ADMIN 和 SCOTT 下可以拥有同名的表对象 TEMP，通常情况下分别表示为 ADMIN.TEMP 和 SCOTT.TEMP。默认情况下，用户引用的对象是与自己同名方案中的对象，如用户 ZCGL_OPER 对自己方案中的表 ZICHANMINGXI 执行查询操作，SQL 语句可以这样写：

```
SQL>SELECT * FROM ZICHANMINGXI;
```

如果该用户需要引用其他方案中的对象，则需要在该对象名之前指明对象所属方案，如对 SCOTT 方案中的 dept 表执行查询操作，SQL 语句需要这样写：

```
SQL>SELECT * FROM SCOTT.DEPT;
```

【例 5-1】在数据库 ZCGL 中创建用户 ZCGL_OPER，密码是 admin，默认表空间是 zcgl_tbs1，临时表空间是 zcgl_temp1，并为该用户在表空间 zcgl_tbs1 中分配 50M 的限额，并将 DBA 角色授予该用户。

① 创建用户。

```
SQL> CREATE USER ZCGL_OPER
  2    IDENTIFIED BY admin
  3    DEFAULT TABLESPACE zcgl_tbs1
  4    TEMPORARY TABLESPACE zcgl_temp1
  5    QUOTA 50M ON zcgl_tbs1;
```

用户已创建。

初始建立的数据库用户没有任何权限，不能执行任何数据库操作，所以必须为该用户赋予一定的权限和角色。

② 将 DBA 角色授予该用户，并使用该用户连接 Oracle。

```
SQL> GRANT DBA TO ZCGL_OPER;
```

授权成功。
```
SQL> CONNECT zcgl_oper/admin @zcgl;
```
已连接。

5.2 创建表

所谓创建表，实际上就是在数据库中定义表的结构。表的结构主要包括表与列的名称、列的数据类型，以及建立在表或列上的约束。

可以使用 CREATE TABLE 命令来完成表的创建，该命令带有许多选项，用于指定表的类型、约束等其他特性，其基本语法格式如下所示：

```
CREATE TABLE [schema.] table_name (
column1 datatype1 [DEFAULT exp1] [column1 constraint],
column2 datatype2 [DEFAULT exp2] [column2 constraint],
…)
[TABLESPACE tablespace_name];
```

语法说明：

（1）schema：指定表所属的用户方案名称。如果用户在自己的方案中创建表，要求该用户必须具有 CREATE TABLE 系统权限；如果要在其他方案中创建表，则要求该用户必须具有 CREATE ANY TABLE 系统权限。

（2）table_name：指定要创建的表的名称。

（3）column1 datatype1：用于指定列的名称及其数据类型。

（4）DEFAULT exp1：用于指定列的默认值。

（5）column1 constraint：用于为约束命名。如果不使用 column1 constraint 子句，Oracle 将自动为约束建立默认的约束名。

（6）TABLESPACE tablespace_name：用于指定存储表或索引的表空间。

5.2.1 创建标准表

标准表是存储用户数据最常使用的表。

【例 5-2】在用户 ZCGL_OPER 的方案中创建一个名为 ZICHANMINGXI 的标准表。

```
SQL> CREATE TABLE ZICHANMINGXI (
  2    zcid VARCHAR2(50) NOT NULL,        --资产 id
  3    flid VARCHAR2(50) NOT NULL,        --分类 id
  4    bmid VARCHAR2(50) NOT NULL,        --部门 id
  5    ztid VARCHAR2(50) NOT NULL,        --状态 id
  6    yhid VARCHAR2(50) NOT NULL,        --用户 id
  7    zcmc VARCHAR2(200) NOT NULL,       --资产名称
  8    synx NUMBER,                       --使用年限
  9    zcyz NUMBER(10,2),                 --资产原值
 10    grsj DATE,                         --购入时间
 11    bz   VARCHAR2(250),                --备注
 12    CONSTRAINT ZICHANMINGXI_PK PRIMARY KEY (ZCID)
 13  ) TABLESPACE ZCGL_TBS1;
```

表已创建。

说明：根据创建表 CREATE_TABLE 命令的语法格式，列的定义放在一对"()"括号中，每一列指定一种数据类型，各个列之间用","分隔。如果需要在 SCOTT 方案中创建 ZICHANMINGXI 表，则需将上述表名改成 SCOTT.ZICHANMINGXI。反之，如果在表名前没有加上方案名称，则表示该表属于当前方案。

【例 5-3】使用 DESC 命令来显示 ZICHANMINGXI 表的结构。

```
SQL> DESC ZICHANMINGXI;
 名称                                    是否为空?        类型
 ----------------------------------------  --------   ----------------------------
 ZCID                                    NOT NULL    VARCHAR2(50)
 FLID                                    NOT NULL    VARCHAR2(50)
 BMID                                    NOT NULL    VARCHAR2(50)
 ZTID                                    NOT NULL    VARCHAR2(50)
 YHID                                    NOT NULL    VARCHAR2(50)
 ZCMC                                    NOT NULL    VARCHAR2(200)
 SYNX                                                NUMBER
 ZCYZ                                                NUMBER(10,2)
 GRSJ                                                DATE
 BZ                                                  VARCHAR2(250)
```

5.2.2 创建临时表

如果在创建表时用关键字 TEMPORARY 或 GLOBAL TEMPORARY 指定了表的类型，Oracle 会生成一个临时表。临时表用于存放事务或会话的私有数据，其表结构会一直存在，但其数据只是在当前事务内或会话内有效。临时表分为事务临时表和会话临时表两种。事务临时表是指表中数据只在当前事务内有效的临时表，当使用 COMMIT 或 ROLLBACK 结束事务后，表中临时数据会被自动清除。会话临时表是指表中数据只在当前会话内有效的临时表，当会话终止时，表中数据会被删除。要创建会话临时表，必须在 CREATE GLOBAL TEMPORARY TABLE 命令后面加上关键字 ON COMMIT PRESERVE ROWS。默认情况下临时表是建立在临时表空间中的。

【例 5-4】创建事务临时表 temp1。

```
SQL> CREATE GLOBAL TEMPORARY TABLE temp1 (
  2   ID NUMBER(9) PRIMARY KEY,
  3   NAME VARCHAR2(20)
  4   );

表已创建。
SQL> INSERT INTO temp1 VALUES(1,'ABC');

已创建 1 行。

SQL> SELECT * FROM temp1;

        ID NAME
---------- --------------------
         1 ABC

SQL> COMMIT;

提交完成。

SQL> SELECT * FROM temp1;

未选定行
```

说明：本例中创建的临时表 temp1 是事务临时表，其中 GLOBAL 表示该临时表可以被所有用户看到。也可以在 CREATE GLOBAL TEMPORARY TABLE temp1(……)语句后面加上关键字 ON COMMIT DELETE ROWS 来表明创建的临时表是事务临时表。

【例 5-5】 创建会话临时表 temp2。

```
SQL> CREATE GLOBAL TEMPORARY TABLE temp2 (
  2    ID NUMBER(9) PRIMARY KEY,
  3    NAME VARCHAR2(20)
  4  )
  5  ON COMMIT PRESERVE ROWS;

表已创建。

SQL> INSERT INTO temp2 VALUES(2,'DEF');

已创建 1 行。

SQL> SELECT * FROM temp2;

ID      NAME
---------- --------------------
2       DEF

SQL> COMMIT;

提交完成。

SQL> SELECT * FROM temp2;

ID      NAME
---------- --------------------
2       DEF
```

说明：创建会话临时表必须加上 ON COMMIT PRESERVE ROWS 关键字。会话临时表中的数据在当前会话中有效，即使使用 COMMIT 提交事务，其数据仍然可以查询，只有在关闭当前会话（或进行新的连接）后数据才会被删除。

5.2.3 基于已有的表创建新表

通过在 CREATE TABLE 语句中嵌套 SELECT 子查询就可以基于已有的表或视图来创建新表，这种创建表的语法格式是：

```
CREATE TABLE table_name
[ (column1, column2, ……)]
AS SELECT <query>
```

语法说明：

（1）column1, column2, ……：定义新表的字段，新表中所有列的数据类型和长度都与原表中相应的列一样；如果省略该子句，那么新表的字段名与查询结果集中的字段名同名。

（2）AS SELECT <query>：在子查询中可以引用一个或多个表（或视图），查询结果集中包含的列即是新表中定义的列，并且查询到的记录都会插入到新表中。

【例 5-6】通过复制表 ZICHANMINGXI 的结构和数据来创建 NEW_ZICHANMINGXI 新表。

```
SQL> CREATE TABLE NEW_ZICHANMINGXI
  2    AS
  3    SELECT * FROM ZICHANMINGXI
  4    NOLOGGING;
```

表已创建。

说明：

（1）SELECT 语句中不能包含大对象数据和 long 数据类型。原表中列的约束条件和默认值不会被复制到新表中。

（2）该例中使用了 NOLOGGING 选项，意思是不产生重做日志信息。建议在创建大表时使用此选项，因为如果不使用该选项，往新表中插入每一条记录的操作都会产生一条重做日志信息，这样加大了系统的开销。

【例 5-7】创建新表 NEW_ZICHANMINGXI_1，其表结构同 ZICHANMINGXI 表，但不含有该表的任何记录。

```
SQL> CREATE TABLE NEW_ZICHANMINGXI_1
  2    AS SELECT * FROM ZICHANMINGXI
  3    WHERE 1=2;
```

表已创建。

说明：1=2 是一个永远为假的 WHERE 条件，对表 ZICHANMINGXI 执行带有这样一个 WHERE 条件的 SELECT 语句，不会检索出任何满足条件的记录，所以本题中创建的新表 NEW_ZICHANMINGXI_1 没有表 ZICHANMINGXI 的记录信息。

【例 5-8】通过复制表 ZICHANMINGXI 的 ZCID、FLID、BMID、ZTID、YHID 和 ZCMC 等列的结构和数据，来创建新表 NEW_ZICHANMINGXI_2，并将列 ZCMC 改名为 NAME。

```
SQL> CREATE TABLE NEW_ZICHANMINGXI_2
  2    AS
  3    SELECT ZCID,FLID,BMID,ZTID,YHID,ZCMC NAME
  4    FROM ZICHANMINGXI
  5    NOLOGGING;
```

表已创建。

```
SQL> DESC NEW_ZICHANMINGXI_2
```

名称	是否为空?	类型
ZCID	NOT NULL	VARCHAR2(50)
FLID	NOT NULL	VARCHAR2(50)
BMID	NOT NULL	VARCHAR2(50)
ZTID	NOT NULL	VARCHAR2(50)
YHID	NOT NULL	VARCHAR2(50)
NAME	NOT NULL	VARCHAR2(200)

5.3 维护表

表的结构创建完成以后，如果发现有不满意或者不符合实际需要的地方，可以对表的结构进行修改：可以添加或删除表中的列、修改表中列的名称、数据类型和长度等，还可以对表进行重新命名和重新组织。

普通用户只能对自己方案中的表进行更改，而具有 ALTER ANY TABLE 系统权限的用户可以修改任何方案中的表。

5.3.1 字段操作

1. 添加列

向一个现有的表中添加一个新列的语法格式是：

```
ALTER TABLE [schema.] table_name  ADD
 (column _definition1,column_definition2___);
```

语法说明：新添加的列总是位于表的末尾。column_definition 部分包括列名、列的数据类型及其默认值。

【例 5-9】 在 ZICHANMINGXI 表中添加一个新列：规格型号 GGXH。

```
SQL> ALTER TABLE ZICHANMINGXI ADD
  2  (
  3  GGXH VARCHAR2(20)        --规格型号
  4  );
```

表已更改。

```
SQL> DESC ZICHANMINGXI;
```

名称	是否为空?	类型
ZCID	NOT NULL	VARCHAR2(50)
FLID	NOT NULL	VARCHAR2(50)
BMID	NOT NULL	VARCHAR2(50)
ZTID	NOT NULL	VARCHAR2(50)
YHID	NOT NULL	VARCHAR2(50)
ZCMC	NOT NULL	VARCHAR2(200)
SYNX		NUMBER
ZCYZ		NUMBER(10,2)
GRSJ		DATE
BZ		VARCHAR2(250)
GGXH		VARCHAR2(20)

2. 更改列

如果需要调整一个表中某些列的数据类型、长度和默认值，就需要更改这些列的属性。更改表中现有列的语法格式是：

```
ALTER TABLE [schema.] table_name MODIFY
 (column_name1 new_attributesl, column_name2 new_attributes2___);
```

【例 5-10】将 ZICHANMINGXI 表的 BMID 列的数据类型改为 CHAR(8)，将 BZ 列的数据类型改为 VARCHAR2(90)。

```
SQL> ALTER TABLE ZICHANMINGXI MODIFY
  2  (
  3  BMID CHAR(8),
  4  BZ VARCHAR2(90)
  5  );
```

表已更改。

3. 删除列

当不再需要某些列时，可以将其删除。删除列时 Oracle 将删除表中每条记录内的相应列的值，并释放其占用的存储空间。在被删除列上建立的索引和约束也会被删除，如果被删除的列是一个多列约束的组成部分，那么就必须指定 CASCADE CONSTRAINTS 选项，这样才会删除相关的约束。直接删除列的语法是：

ALTER TABLE [schema.] table_name DROP
(column_name1, column_name2...) [CASCADE CONSTRAINTS];

说明：可以在括号中使用多个列名，每个列名用逗号分隔。

【例 5-11】下面的语句删除 ZICHANMINGXI 表中的 GGXH 列和 BZ 列。

```
SQL> ALTER TABLE ZICHANMINGXI DROP
  2  (GGXH,BZ)
  3  CASCADE CONSTRAINTS;
```

表已更改。

4. 将列标记为 UNUSED 状态

删除列时需要删除该列所在表的相应列数据并释放被删除列的存储空间，如果要删除一个大表中的列，删除操作可能会执行很长的时间。为了避免在数据库使用高峰期间由于执行删除列的操作而占用过多系统资源，可以暂时通过 ALTER TABLE…SET UNUSED 语句将要删除的列设置为 UNUSED 状态。当表中某列被设置为 UNUSED 状态后，用户将无法对该列进行各种 DML 操作，实际上 Oracle 并没有释放该列占用的存储空间，该列还是存在于数据库中。

该语句的语法格式为：

ALTER TABLE [schema.] table_name SET UNUSED
(column_name1, column_name2...) [CASCADE CONSTRAINTS];

【例 5-12】将 ZICHANMINGXI 表中的 ZCYZ 列和 GRSJ 列标记为 UNUSED 状态。

```
SQL> ALTER TABLE ZICHANMINGXI SET UNUSED
  2  (ZCYZ,GRSJ)
  3  CASCADE CONSTRAINTS;
```

表已更改。

说明：被设置为 UNUSED 状态的列与被删除的列之间是没有区别的，用户将无法对该列进行各种 DML 操作，并且可以为表添加与 UNUSED 状态的列具有相同名称的新列。

【例 5-13】在数据字典视图 USER_UNUSED_COL_TABS、ALL_UNUSED_COL_TABS 和 DBA_UNUSED_COL_TABS 中可以查看数据库中被标记为 UNUSED 状态的列所在表的信息。

```
SQL> SELECT * FROM USER_UNUSED_COL_TABS;

TABLE_NAME              COUNT
----------              ----------
ZICHANMING              2
```

说明：COUNT 列表示该表中处于 UNUSED 状态的列数。

如上所述，被设置为 UNUSED 状态的列仍然被保存在表中，如果要将这些列从数据库中删除掉并释放所占的存储空间，可以使用如下命令：

ALTER TABLE [schema.] table_name DROP UNUSED COLUMNS;

【例 5-14】将 ZICHANMINGXI 表中被标记为 UNUSED 状态的列删除。

```
SQL> ALTER TABLE ZICHANMINGXI
  2  DROP UNUSED COLUMNS;
```

表已更改。

```
SQL> SELECT * FROM ALL_UNUSED_COL_TABS;
```

未选定行

5.3.2 重命名表

当重新命名表时，Oracle 会自动把旧表上的视图、对象权限和约束条件转换到新表名上，但所有与旧表相关的视图、同义词、存储过程和函数等对象会失效。可以使用两种方法来重新命名表。

1. RENAME 语句

使用 RENAME 语句来修改一个表、视图、序列、专用同义词名称的语法格式为：

RNAME old_tablename TO new_tablename

【例 5-15】把 ZICHANMINGXI 表的名称更改为 ZICHANMINGXI_CHANGE：

```
SQL> RENAME ZICHANMINGXI TO ZICHANMINGXI_CHANGE;
```

表已重命名。

2. ALTER TABLE 语句

用 RENAME 语句只能更改自己方案中对象的名字，而不能重命名其他用户方案中对象的名字。可以使用带有 RENAME TO 子句的 ALTER TABLE 语句来重命名其他用户方案中对象的名字。但用户必须对该表拥有 ALTER 权限或者 ALTER ANY TABLE 系统权限才能实现这一操作。

【例 5-16】把 ZICHANMINGXI_CHANGE 表的名称更改为 ZICHANMINGXI。

```
SQL> ALTER TABLE ZICHANMINGXI_CHANGE RENAME TO ZICHANMINGXI;
```

表已更改。

5.3.3 删除表

当不再需要某个表时，可以将该表删除，删除表时该表中的数据也将被删除。其语法格式如下：

DROP TABLE [schema.]table_name [CASCADE CONSTRAINTS];

说明：如果在 table_name 前面没有加 schema，则表示删除自己方案中的表。如果要删除其他方案中的表，则必须加 schema，并且还必须具有 DROP ANY TABLE 系统权限。

【例 5-17】删除 ZICHANMINGXI 表。

SQL> DROP TABLE ZICHANMINGXI;

表已删除。

【例 5-18】删除表 ZICHANMINGXI，同时删除所有引用该表的视图，约束，索引和触发器。

SQL> DROP TABLE ZICHANMINGXI CASCADE CONSTRAINTS;

表已删除。

5.3.4 移动表

在创建表的时候如果没有指定表所属的表空间，Oracle 将把该表存储到默认表空间中。使用 ALTER TABLE…MOVE 语句将表从一个表空间移动到另一个表空间中。其语法格式为：

ALTER TABLE table_name MOVE TABLESPACE tablespace_name;

【例 5-19】将 ZICHANMINGXI 表从当前的表空间移动到 USERS 表空间中。

① 通过数据字典 user_tables，查看表 ZICHANMINGXI 所在的表空间。

SQL> SELECT table_name,tablespace_name FROM user_tables
  2 WHERE table_name='ZICHANMINGXI';

TABLE_NAME	TABLESPACE_NAME
ZICHANMINGXI	ZCGL_TBS1

说明：从上述 SQL 的执行结果可知 ZICHANMINGXI 表所在的表空间是 ZCGL_TBS1。

② ALTER TABLE…MOVE 语句将 ZICHANMINGXI 表移动到 USERS 表空间中。

SQL> ALTER TABLE zichanmingxi MOVE TABLESPACE USERS;

表已更改。

SQL> SELECT table_name,tablespace_name FROM user_tables
  2 WHERE table_name='ZICHANMINGXI';

TABLE_NAME	TABLESPACE_NAME
ZICHANMINGXI	USERS

5.3.5 查看表信息

创建表时，Oracle 会将表的定义存放到数据字典中，常用数据字典有：

（1）DBA_TABLES：描述数据库中所有关系表。

（2）ALL_TABLES：描述用户可以访问的所有表。

（3）USER_TABLES：描述当前用户拥有的表。

【例 5-20】查询用户 ZCGL_OPER 的 ZICHANMINGXI 表信息。

```
SQL> SELECT TABLE_NAME,NUM_ROWS,PCT_FREE
  2  FROM USER_TABLES
  3  WHERE TABLE_NAME='ZICHANMINGXI';

TABLE_NAME                       NUM_ROWS     PCT_FREE
------------------------------   ----------   ----------
ZICHANMINGXI                                  10
```

5.4 维护约束条件

数据库不但要存储数据，还必须保证所存储数据的完整性。数据库的完整性是指维护数据的正确性、一致性和安全性。例如，当用户执行 INSERT、DELETE 和 UPDATE 等操作时，如果将无效的数据添加到数据库的表中就破坏了数据库的完整性。约束条件是在表中定义的，用于维护数据库完整性的一些规则。可以在创建表时在单个表中或多个表之间定义一些约束条件来防止将错误的数据插入到表中，并可以保证数据的一致性。对表定义了各种约束条件以后，数据库自动完成对约束条件的检查，如果任何 DML 语句的执行结果会破坏已经定义的各种完整性约束条件，那么该语句将不被执行或被回退，并且返回一条错误信息。

约束条件的定义被保存在数据字典中。Oracle 数据库的完整性约束主要包括主键约束（PRIMARY KEY），非空约束（NOT NULL），唯一性约束（UNIQUE），检查约束（CHECK）和外键约束（FOREIGN KEY）。如果某约束只作用于一列，该约束可以定义为列约束或表约束；如果某约束作用于多个列，那么该约束应该定义为表约束。

5.4.1 约束条件的定义

1. 非空约束 NOT NULL

NOT NULL 即非空约束，该约束只能定义为列约束，用于限定一个字段的取值不能为空。如果在某列上定义了 NOT NULL 约束，插入数据时，必须为该列提供数据。同一个表中可以有多个列被定义为 NOT NULL 约束。

【例 5-21】在 BUMEN 表的 BMID 列上定义 NOT NULL 约束。

```
SQL> CREATE TABLE BUMEN (
  2  BMID VARCHAR2(20) NOT NULL,
  3  BMMC VARCHAR2(50),
  4  BZ VARCHAR2(100)
  5  ) TABLESPACE ZCGL_TBS;
```

表已创建。

可以使用 ALTER TABLE…MODIFY 语句对已经创建的表中的列删除或重新定义 NOT NULL 约束。

【例 5-22】在 BUMEN 表的 BMMC 列上定义 NOT NULL 约束。

```
SQL> ALTER TABLE BUMEN MODIFY(BMMC NOT NULL);
```

表已更改。

2. 唯一性约束 UNIQUE

UNIQUE 约束即唯一性约束，用于要求所约束的列中不能有重复值。可以为一列或者多列组合定义 UNIQUE 约束。Oracle 会自动为具有 UNIQUE 约束的列建立一个唯一索引（Unique Index），对同一个列，可以同时定义 UNIQUE 约束和 NOT NULL 约束。

【例 5-23】 在 BUMEN 表的 BMMC 列上定义 UNIQUE 约束。

```
SQL> CREATE TABLE BUMEN(
  2    BMID VARCHAR2(20),
  3    BMMC VARCHAR2(50) NOT NULL UNIQUE,
  4    constraint BUMEN_PK PRIMARY KEY(BMID)
  5  ) TABLESPACE ZCGL_TBS;
```

表已创建。

3. 检查约束 CHECK

CHECK 约束即检查约束，用于强制在约束中的列必须满足指定的条件表达式。该条件表达式需要引用表中的一列或多列，其计算结果是一个布尔值。定义 CHECK 约束列的值需要满足条件表达式，但可以是 NULL。CHECK 可以定义为列约束或者表约束。在单个列上，可以定义多个 CHECK 约束。

【例 5-24】 在表 BUMEN 的 BMID 列上定义 CHECK 约束"CK"。

```
SQL> CREATE TABLE BUMEN
  2  (
  3    BMID VARCHAR2(20),
  4    BMMC VARCHAR2(50),
  5    CONSTRAINT CK CHECK(BMID>=10)
  6  );
```

表已创建。

说明：本题中为列 BMID 定义了一个 CHECK 约束，CHECK 约束的名称为 CK，用于限定 BMID 的取值大于等于 10。在 CHECK 约束表达式中不能包含子查询、内置的 SQL 函数，也不能包含 ROWID、ROWNUM 等伪列。

4. 主键约束 PRIMARY KEY

PRIMARY KEY 约束为主键约束，用于唯一地标识出表中的每行数据。PRIMARY KEY 约束列的值不能重复，并且也不能为 NULL。定义 PRIMARY KEY 约束时，Oracle 会自动为具有 PRIMARY KEY 约束的列建立一个唯一索引和一个 NOT NULL 约束。一个表中只能有一个 PRIMARY KEY 约束。

【例 5-25】 在 BUMEN 表的 BMID 列上定义主键约束"BUMEN_PK"。

```
SQL> CREATE TABLE BUMEN
  2  (
  3    BMID VARCHAR2(20) CONSTRAINT BUMEN_PK PRIMARY KEY(BMID),
  4    BMMC VARCHAR2(50)
  5  );
```

表已创建。

说明：BUMEN_PK 为主键约束名。

5．外键约束 FOREIGN KEY

FOREIGN KEY 约束即外键约束，用于与其他表（父表）中的列（参照列）建立连接，定义主从表之间的联系。将父表中具有 PRIMARY KEY 约束或 UNIQUE 约束的列包含在另一个表（子表）中，这些列就构成了子表的外键。定义了 FOREIGN KEY 约束的列中只能包含相应的、在其他表中引用的列的值，或者为 NULL 值。在单个列上，可以同时定义 FOREIGN KEY 约束和 NOT NULL 约束。同样可以为一列定义 FOREIGN KEY 约束，也可以为多列的组合定义 FOREIGN KEY 约束。

【例 5-26】在 BUMEN 表中，将 BMID 列定义为 SJBM 列的外键约束。

```
SQL> CREATE TABLE BUMEN
  2  (
  3  BMID VARCHAR2(20) CONSTRAINT BUMEN_PK PRIMARY KEY,
  4  BMMC VARCHAR2(50) UNIQUE,
  5  SJBM VARCHAR2(20),              --上级部门
  6  CONTRAINT CKK FOREIGN KEY(SJBM) REFERENCES BUMEN(BMID)
  7  );
```

表已创建。

5.4.2 约束的状态

约束的状态分为启用状态（ENABLE）、禁用状态（DISABLE）和验证状态（VALIDATE）、非验证状态（NOVALIDATE）两大类。启用与禁用状态是指在对表进行插入或更新操作时，是否对约束条件进行检查。验证与非验证状态是指是否对表中已有的数据进行约束条件检查。

将上述两类状态进行相应的组合后就形成了 4 种约束状态：

（1）ENABLE VALIDATE（启用验证状态）

在定义或增加约束时如果不指定约束状态，则 ENABLE VALIDATE 为约束的默认状态。当将约束转变为此状态后，Oracle 会对新、旧数据进行约束检查。这种状态要求表中所有的记录都满足约束规则。

（2）ENABLE NOVALIDATE（启用非验证状态）

当将约束转变为此状态后，Oracle 会对新数据进行约束检查，但已存在的旧数据可以不满足约束规则。

（3）DISABLE VALIDATE（禁用验证状态）

当将约束转变为此状态后，约束被禁用，不允许对表进行任何 DML 操作。但是表中已存在的数据仍然满足约束规则。

（4）DISABLE NOVALIDATE（禁用非验证状态）

当将约束转变为此状态后，Oracle 对新、旧数据都不进行约束检查。这种状态下，表中所有的数据都可以不满足约束规则。

【例 5-27】对表 BUMEN 禁用主键。

```
SQL> ALTER TABLE BUMEN DISABLE PRIMARY KEY;
```

表已更改。

【例5-28】通过约束名称来改变约束状态。

```
SQL> ALTER TABLE BUMEN MODIFY
  2   CONSTRAINT BUMEN_PK VALIDATE;
```

表已更改。

【例5-29】对BUMEN表禁用主键并将对该主键的外键引用删除。

```
SQL> ALTER TABLE BUMEN DISABLE PRIMARY KEY CASCADE;
```

表已更改。

5.4.3 添加和删除约束

如果创建表时没有考虑全面，或者后来又有了新的业务规则，那么就有可能在创建表之后添加或删除约束。

1. 添加约束

为已经建立的表添加新的约束可以使用ALTER TABLE…ADD语句完成，其添加约束的语法格式是：

```
ALTER TABLE table_name ADD [CONSTRAINT constraint_name]
constraint_type (column1,column2,…) [condition]
```

语法说明：

（1）CONSTRAINT 关键字：用于指定约束名，如果没有为约束指定名称，Oracle会自动为约束命名为SYS_C。

（2）constraint_type 和 condition：分别用于指定约束类型和约束条件。

（3）column1 等：用于指定添加约束的列。

【例5-30】为BUMEN表添加主键约束。

```
SQL> ALTER TABLE BUMEN ADD PRIMARY KEY(BMID);
```

表已更改。

【例5-31】为表ZICHANMINGXI的BMID列添加外键约束：外键为BUMEN表的BMID列。

```
SQL> ALTER TABLE ZICHANMINGXI ADD FOREIGN KEY(BMID) REFERENCES BUMEN(BMID);
```

表已更改。

【例5-32】为表BUMEN的BMMC列添加UNIQUE约束。

```
SQL> ALTER TABLE BUMEN
  2   ADD UNIQUE(BMMC);
```

表已更改。

2. 删除约束

删除约束是通过执行ALTER TABLE…DROP语句来完成的。删除约束的命令格式为：

ALTER TABLE table_name DROP [CONSTRAINT constraint_name];

【例 5-33】 删除 BUMEN 表的 BMMC 列上的 UNIQUE 约束。

SQL> ALTER TABLE BUMEN DROP UNIQUE(BMMC);

表已更改。

【例 5-34】 删除 BUMEN 表的约束的名称 CKK。

SQL> ALTER TABLE BUMEN DROP CONSTRAINT CKK;

表已更改。

说明：当从表中删除 PRIMARY KEY 约束或者 UNIQUE 约束时，与约束所对应的索引将同时被删除。可以在 ALTER TABLE…DROP 语句中指定 KEEP INDEX 关键字来对索引进行保留。

如果要删除的主键约束的列正被另一个表的外键列关联，那么就要通过 ALTER TABLE…DROP…CASCADE 语句删除约束。

【例 5-35】 删除 BUMEN 表的主键约束。

SQL> ALTER TABLE BUMEN DROP PRIMARY KEY CASCADE;

表已更改。

5.4.4 查看约束信息

使用数据字典视图可以查看约束的信息。与约束相关的数据字典视图如表 5.1 所示。

表 5.1 与约束相关的数据字典视图

视图	描述
DBA_CONSTRAINTS	查看数据库中所有约束信息
ALL_CONSTRAINTS	查看当前用户可以访问的所有约束信息
USER_CONSTRAINTS	查看当前用户的所有约束信息
DBA_CONS_COLUMNS	查看数据库中所有约束对应列的信息
ALL_CONS_COLUMNS	查看当前用户可以访问的所有约束的列的信息

【例 5-36】 通过查询视图 USER_CONSTRAINTS 来查看当前用户的 BUMEN 表的所有约束。

```
SQL> SELECT table_name,constraint_name,constraint_type,deferred,status
  2  FROM USER_CONSTRAINTS
  3  WHERE table_name='BUMEN';

TABLE_NAME    CONSTRAINT_NAME        CONSTRAINT_TYPE    DEFERRED       STATUS
----------    ---------------        ---------------    ---------      -------
BUMEN         BUMEN_PK               P                  IMMEDIATE      ENABLED
BUMEN         SYS_C0011249           U                  IMMEDIATE      ENABLED
BUMEN         SYS_C0011250           R                  IMMEDIATE      ENABLED
```

说明：CONSTRAINT_TYPE 用于指定约束的类型（P 代表主键约束、R 代表外键约束、U 代表唯一键约束），DEFERRED 列用于指定约束检查时机，STATUS 列用于标识约束的状态，CONSTRAINT_NAME 用于标识约束名。

【例 5-37】通过查询视图 USER_CONS_COLUMNS 来查看表 BUMEN 的约束都定义在哪些列上。

```
SQL> COLUMN table_name FORMAT A20
SQL> COLUMN column_name FORMAT A20
SQL> SELECT table_name,constraint_name,column_name,position
  2  FROM USER_CONS_COLUMNS
  3  WHERE table_name='BUMEN';

TABLE_NAME         CONSTRAINT_NAME        COLUMN_NAME       POSITION
--------------     --------------------   --------------    ---------
BUMEN              SYS_C0011570           BMID
BUMEN              SYS_C0011571           BMMC
BUMEN              SYS_C0011572           BMID                  1
```

说明：COLUMN_NAME 用于标识约束对应的列名。

5.5 序列和同义词

5.5.1 创建和使用序列

序列（sequence）是定义在数据字典中用于生成一个整数序列的数据库对象，用来为表中数据类型的主键提供有序的唯一值。多个用户可以共享序列中的序号。序列不占用实际的存储空间，在数据字典中只存储序列的定义描述。

1. 创建序列

为了在自己的方案中创建序列，要求用户必须具有 CREATE SEQUENCE 系统权限；如果要在其他用户方案中创建序列，则用户必须具有 CREATE ANY SEQUENCE 系统权限。创建序列使用 CREATE SEQUENCE 语句完成，其语法格式是：

```
CREATE SEQUENCE sequence_name
[START WITH n1]
[INCREMENT BY n2]
[{MAXVALUE n3 | NOMAXVALUE}]
[{MINVALUE n4 | NOMINVALUE}]
[{CACHE n5 | NOCACHE}]
[{CYCLE | NOCYCLE}]
[ORDER];
```

语法说明：

（1）sequence_name：用于指定序列名。

（2）n1、n2、n3、n4、n5：表示整数。

（3）START WITH：用于指定序列中的序号从哪个数字开始，默认值为序列号的最小值。

（4）INCREMENT BY：用于指定序号的增量，序列号可以递增也可以递减。

（5）MAXVALUE：用来指定序列中的最大序列号，如果没有最大序列号，可用 NOMAXVALUE 代替。同样，MINVALUE 用于指定序列中的最小序列号，其最小值必须小于或等于 START WITH 中的开始值 nl。

（6）CACHE：用于缓冲预分配的序列号个数 n5。如果不需要对预分配的序列号个数进行缓冲，则可以使用 NOCACHE 代替。

（7）CYCLE：用于使序列中的序号可以循环使用，默认为 NOCYCLE。

（8）ORDER：用于指定按顺序生成序列号。

【例 5-38】SCOTT 用户创建 ZICHANMINGXI_SEQ 序列。

```
SQL> CREATE SEQUENCE ZICHANMINGXI_SEQ
  2    INCREMENT BY 1
  3    START WITH 200
  4    MAXVALUE 999999999
  5    MINVALUE 1
  6    CACHE 10
  7    NOCYCLE
  8    ORDER;
```

序列已创建。

说明：本题创建了 ZICHANMINGXI_SEQ 序列，其第一个序列号为 200，序列增量为 1，最大值为 999999999，并且指定按顺序生成序列号，每次生成 10 个序列号，到达最大值后不循环。

2. 使用序列

序列提供了 NEXTVAL 与 CURRVAL 两个伪列，用来访问序列中的序号。NEXTVAL 伪列返回序列生成的下一个值，而 CURRVAL 返回序列的当前值。

在首次使用序列中的序号时，必须引用一次序列的 NEXTVAL 伪列，用于初始化序列的值，否则会出现错误提示。

【例 5-39】对序列 ZICHANMINGXI_SEQ 执行 SELECT 语句查看其当前序列值。

```
SQL> SELECT ZICHANMINGXI_SEQ.CURRVAL FROM DUAL;
SELECT ZICHANMINGXI_SEQ.CURRVAL FROM DUAL
       *
第 1 行出现错误:
ORA-08002: 序列 ZICHANMINGXI_SEQ.CURRVAL 尚未在此会话中定义
```

执行了以上语句，即引用过一次 NEXTVAL 伪列之后，就可以引用 CURRVAL 伪列了。

【例 5-40】对于已创建的序列 ZICHANMINGXI_SEQ 执行 SELECT 语句。

```
SQL> SELECT ZICHANMINGXI_SEQ.NEXTVAL FROM DUAL;

   NEXTVAL
----------
       300

SQL> SELECT ZICHANMINGXI_SEQ.CURRVAL FROM DUAL;

   CURRVAL
----------
```

```
        300

SQL> SELECT ZICHANMINGXI_SEQ.NEXTVAL FROM DUAL;

    NEXTVAL
    ----------
        301

SQL> SELECT ZICHANMINGXI_SEQ.CURRVAL FROM DUAL;

    CURRVAL
    ----------
        301
```

【例 5-41】创建序列 zcseq，然后使用序列 zcseq 向 ZICHANMINGXI 表中插入几条记录，最后查询 ZICHANMINGXI 表。

① 创建序列 zcseq。

```
SQL> create sequence zcseq
  2   start with 74
  3   increment by 1
  4   nocache
  5   nocycle
  6   order;

序列已创建。
```

② 利用序列 zcseq 向 ZICHANMINGXI 表中插入两条新记录。

```
SQL> INSERT INTO zichanmingxi values
  2   (zcseq.nextval,'xcb','wx01','zcc001','dnsb','台式机电脑',10,6000,'7-3月-2009','');

已创建 1 行。
SQL> INSERT INTO zichanmingxi values
  2   (zcseq.nextval,'xcb','bf01','zcc001','dnsb','刻录机',8,500,'7-3月-2009','');

已创建 1 行。
```

③ 查看新插入的记录信息。

```
SQL> COLUMN zcid FORMAT A12
SQL> COLUMN bmid FORMAT A12
SQL> COLUMN ztid FORMAT A12
SQL> COLUMN yhid FORMAT A12
SQL> COLUMN flid FORMAT A12
SQL> COLUMN zcmc FORMAT A12
SQL> SELECT zcid,bmid,ztid,yhid,flid,zcmc,synx,zcyz,grsj
  2   FROM zichanmingxi
  3   WHERE zcid=74 OR zcid=75;
```

ZCID	BMID	ZTID	YHID	FLID	ZCMC	SYNX	ZCYZ	GRSJ
74	xcb	wx01	zcc001	dnsb	台式机电脑	10	6000	07-3月-09
75	xcb	bf01	zcc001	dnsb	刻录机	8	500	07-3月-09

3. 修改和删除序列

当需要修改序列的时候，可以使用 ALTER SEQUENCE 命令完成。如果用户要修改其他方案的序列，则该用户必须具有 ALTER ANY SEQUENCE 系统权限。

【例 5-42】对 ZICHANMINGXI_SEQ 序列进行更改。

```
SQL> ALTER SEQUENCE ZICHANMINGXI_SEQ
  2     INCREMENT BY 2
  3     MAXVALUE 99999
  4     MINVALUE 100
  5     CACHE 8
  6     CYCLE;
```

序列已更改。

当不再需要某个序列时，可以使用 DROP SEQUENCE 命令对其进行删除。如果用户要删除其他方案的序列，则该用户必须具有 DROP ANY SEQUENCE 系统权限。

【例 5-43】删除 ZICHANMINGXI_SEQ 序列。

SQL> DROP SEQUENCE ZICHANMINGXI_SEQ;

序列已删除。

5.5.2 同义词

同义词（synonym）是为表、索引和视图等数据库对象定义的别名，使用同义词可以简化 SQL 语句的书写。同义词的定义存储在数据字典中，不占用任何实际的存储空间。同义词分为以下两种类型：

（1）公用同义词：可以被数据库中所有用户使用的同义词。
（2）专用同义词：默认情况下只能由创建者和被授权的用户使用的同义词。

1. 创建同义词

如果用户需要在自己方案中创建同义词，他必须具有 CREATE SYNONYM 权限。如果要在其他用户方案中创建同义词，该用户必须具有 CREATE ANY SYNONYM 权限。公用同义词一般由 DBA 创建，如果普通用户需要创建公用同义词，用户必须具有 CREATE PUBLIC SYNONYM 系统权限。创建同义词的语法如下：

CREATE [OR REPLACE] [PUBLIC] SYNONYM [schema.] synonym_name
FOR [schema.] object_name

语法说明：

（1）synonym_name：用于标识新建的同义词名称。
（2）object_name：用于标识原对象名称。

当创建了同义词后，用户可以使用该同义词，并可以根据自己的需要进行删除和查询操作。

【例 5-44】为 ZCGL 数据库的 ZICHANMINGXI 表创建一个公用同义词 zc_mingxi。并使用该同义词执行查询操作。

①为 ZCGL 数据库的 ZICHANMINGXI 表创建一个公用同义词 zc_mingxi。

SQL> CREATE OR REPLACE PUBLIC SYNONYM zc_mingxi

```
  2    FOR zichanmingxi;
```

同义词已创建。

②使用同义词 zc_mingxi 执行查询操作。

```
SQL> SELECT zcid,zcmc,synx,zcyz,grsj
  2    FROM zc_mingxi
  3    WHERE zcid<=80;
```

ZCID	ZCMC	SYNX	ZCYZ	GRSJ
67	台式机电脑	10	5000	01-7月 -12
68	笔记本电脑	15	8000	02-7月 -12
69	笔记本电脑	30	20000	03-7月 -12
70	移动硬盘	10	1000	04-7月 -12
71	刻录机	8	500	04-3月 -10
74	台式机电脑	10	6000	07-3月 -09
75	刻录机	8	500	07-3月 -09
76	台式机电脑	10	6000	02-6月 -08
77	笔记本电脑	15	7000	02-6月 -08
78	刻录机	8	500	02-6月 -08
79	台式机电脑	15	8000	03-5月 -06
80	移动硬盘	10	1000	03-5月 -06

已选择 12 行。

2. 删除同义词

当用户不需要使用同义词时，可以将其删除。使用 DROP SYNONYM 命令进行删除操作。如果要删除其他用户创建的同义词，必须具有 DROP ANY SYNONYM 系统权限。普通用户删除公用同义词时，必须具有 DROP PUBLIC SYNONYMS 系统权限。删除同义词的语法格式：

DROP [PUBLIC] SYNONYMS synonym_name

【例 5-45】删除同义词 zcmx。

```
SQL> DROP PUBLIC SYNONYM zcmx;
```

同义词已删除。

3. 与同义词相关的数据字典

与同义词相关的数据字典主要有：USER_SYNONYMS、ALL_SYNONYMS 和 DBA_SYNONYMS。通过 USER_SYNONYMS 可以查询当前用户所拥有的同义词，通过 ALL_SYNONYMS 可以查询当前用户所能使用的所有同义词，通过 DBA_SYNONYMS 可以查询数据库中所有的同义词。

习题五

1. 创建数据库 WRITER，以 SYSTEM 用户登录到 WRITER 数据库，建立用户 Timmy。
   - 验证方式：数据库验证，口令：admin
   - 默认表空间：DATA01

- 为 Timmy 用户授予角色：CONNECT 和 RESOURCE

2. 以 Timmy 用户登录到 WRITER 数据库，建立普通表 author。

表名	列名	数据类型
author	ID	NUMBER(3)
	NAME	VARCHAR2(10)
	SAL	NUMBER(6,2)

3. 检查表段 author 所在表空间及尺寸。
4. 扩展表段 author（为其分配空间为 100K 的区），重新检查表段 AUTHOR 的尺寸。
5. 执行以下语句为 author 表插入两条数据，然后确定作者行（ID=2）所在文件号、块号以及行号。

INSERT INTO author VALUES(1,'张强',1200);
INSERT INTO author VALUES(2,'马芸',1300);
COMMIT;

6. 以 Timmy 用户登录到 WRITER 数据库，建立索引表 prisoner，将 REMARK 列放到溢出段，并将溢出段放到 DATA02 表空间上。

表名	列名	数据类型
prisoner	ID	NUMBER(5)
	NAME	VARCHAR2(10)
	SEX	CHAR(2)
	PUT_DATE	DATE
	REMARK	VARCHAR2(500)

7. 在 Timmy 方案中建立外部表 emp。假定 d:\ext 目录下包含有文本文件 emp.dat，该文件中包含雇员号、雇员名、雇员岗位、雇佣日期、工资以及部门号，具体数据如下：

　　100 | Jane | CLERK | 17-MAY-2001 | 3000 | 10
　　111 | Mark | MANAGER | 17-MAY-2001 | 8000 | 20
　　102 | Brenda | ANALYST | 17-MAY-2001 | 5500 | 30
　　104 | Scott | CLERK | 17-MAY-2001 | 9000 | 10
　　105 | Smith | ANALYST | 17-MAY-2001 | 5500 | 20
　　106 | Blake | CLERK | 17-MAY-2001 | 9000 | 30

8. 显示外部表 emp 的所有数据。
9. 显示 Timmy 用户所包含的所有表名及类型。
10. 建立序列后，首次调用序列时应该使用哪个伪列？（　　）
　　A．ROWID　　　　B．ROWNUM　　　　C．NEXTVAL　　　　D．CURRVAL
11. 基于 SCOTT.EMP 表建立公用同义词后，所有用户都可以查询该公用同义词显示雇员信息吗？（　　）
　　A．可以　　　　B．不可以

实验五　表管理——为 myxkxt 创建表

一、实验目的

练习在 SQL*Plus 中创建表，根据表的设计要求添加各种约束关系，能熟练地进行表的各种维护。

二、实验内容

1．表的创建

为当前数据库 myxkxt 创建下列表：用户表 sysuser，角色表 sysrole，用户—角色对应表 sysact，专业表 professional，学生信息表 student，教师信息表 teacher，课程信息表 course，教师授课表 lecture，学生选课表 choice 等，添加各种完整性约束。

2．表的简单维护

（1）修改学生表 student，删除其中的列 address、cardid 和 isvalid。
（2）将学生选课表 choice 移动到表空间 myxkxt_tbs 中。
（3）分别将表 teacher 和 student 的 sex 字段由 VARCHAR2(2)改为 VARCHAR2(4)。
（4）将表 choice 的 score 字段由 NUMBER 改为 NUMBER(6,2)。

三、实验步骤

1．以 SYSDBA 身份连接数据库，创建数据库用户 COURSE_OPER，并授予其 DBA 角色。

（1）以 SYSDBA 身份连接数据库。

```
C:\>SQLPLUS system/ly1234LY AS SYSDBA;

SQL*Plus: Release 11.2.0.1.0 Production on 星期日 7 月 22 22:43:10 2012

Copyright (c) 1982, 2010, Oracle.    All rights reserved.


连接到：
Oracle Database 11g Enterprise Edition Release 11.2.0.1.0 - Production
With the Partitioning, OLAP, Data Mining and Real Application Testing options
```

（2）创建数据库用户 COURSE_OPER。

```
SQL> CREATE USER COURSE_OPER
  2    IDENTIFIED BY admin
  3    DEFAULT TABLESPACE myxkxt_tbs
  4    TEMPORARY TABLESPACE myxkxt_temp
  5    QUOTA 50M ON myxkxt_tbs;
```

用户已创建。

（3）将 DBA 角色授予用户 COURSE_OPER。

```
SQL> GRANT DBA TO COURSE_OPER;
```

授权成功。

SQL> connect course_oper/admin;
已连接。

2．创建数据库 myxkxt 中诸表。

（1）创建用户表 sysuser。

```
-- 用户表
CREATE TABLE course_oper.sysuser (
    userid VARCHAR2(50) NOT NULL PRIMARY KEY,    --用户 id
    password VARCHAR2(50) NOT NULL,              --密码
    username VARCHAR2(50) NOT NULL,              --用户姓名
    note VARCHAR2(500)                           --备注
)TABLESPACE myxkxt_tbs;
表已创建。
```

（2）创建角色表 sysrole。

```
-- 角色表
CREATE TABLE course_oper.sysrole (
    roleid VARCHAR2(50) NOT NULL PRIMARY KEY,    --角色 id
    rolename VARCHAR2(50) NOT NULL,              --角色名称
    note VARCHAR2(500)                           --备注
) Tablespace myxkxt_tbs;
表已创建。
```

（3）创建用户－角色对应表 sysact。

```
-- 用户－角色对应表
CREATE TABLE course_oper.sysact (
    actid VARCHAR2(50) NOT NULL PRIMARY KEY,     --id
    roleid VARCHAR2(50) NOT NULL,                --角色 id
    userid VARCHAR2(50) NOT NULL,                --用户 id
    FOREIGN KEY (roleid) references sysrole(roleid),
    FOREIGN KEY (userid) references sysuser(userid),
    CONSTRAINT unique_act UNIQUE (roleid,userid )
)Tablespace myxkxt_tbs;
表已创建。
```

（4）创建专业表 professional。

```
-- 专业表
CREATE TABLE course_oper.professional (
    profid VARCHAR2(50) NOT NULL PRIMARY KEY,    --专业 id
    profname VARCHAR2(50) NOT NULL,              --专业名称
    note VARCHAR2(500)                           --备注
)Tablespace myxkxt_tbs;
表已创建。
```

（5）创建学生信息表 student。

```
-- 学生信息表
CREATE TABLE course_oper.student (
    stuid VARCHAR2(50) NOT NULL PRIMARY KEY,                --学生 id
```

```
    stuname VARCHAR2(50) NOT NULL,                              --学生姓名
    profid VARCHAR2(50),                                        --专业 id
    sex VARCHAR2(2) NOT NULL CHECK ( sex IN ('男','女') ),      --性别
    birth DATE,                                                 --出生日期
    address VARCHAR2(200),                                      --住址
    cardid VARCHAR2(18),                                        --身份证号
    isvalid VARCHAR2(1) NOT NULL CHECK ( isvalid IN ('0','1') ),
    note VARCHAR2(500),                                         --备注
    FOREIGN KEY ( profid ) references professional(profid)
)Tablespace myxkxt_tbs;
表已创建。
```

（6）创建教师信息表 teacher。

```
-- 教师信息表
CREATE TABLE course_oper.teacher (
    teacherid VARCHAR2(50) NOT NULL PRIMARY KEY,                --教师 id
    teachername VARCHAR2(50) NOT NULL,                          --教师姓名
    sex VARCHAR2(2) NOT NULL CHECK ( sex IN ('男','女') ),      --性别
    position VARCHAR(50) NOT NULL,                              --职称
    note VARCHAR2(500)                                          --备注
)Tablespace myxkxt_tbs;表已创建。
```

（7）创建课程表 course。

```
-- 课程信息表
CREATE TABLE course_oper.course (
    courseid VARCHAR2(50) NOT NULL PRIMARY KEY,                 --课程编号
    coursename VARCHAR2(50) NOT NULL,                           --课程名称
    credit NUMBER,                                              --学分
    note VARCHAR2(500)                                          --备注
)Tablespace myxkxt_tbs;
表已创建。
```

（8）创建教师授课表 lecture。

```
-- 教师授课表
CREATE TABLE course_oper.lecture (
    lectureid VARCHAR2(50) NOT NULL PRIMARY KEY,                --授课 id
    teacherid VARCHAR2(50) NOT NULL,                            --教师 id
    courseid VARCHAR2(50) NOT NULL,                             --课程 id
    maxstu NUMBER NOT NULL,                                     --最大选课学生数
    currentstu NUMBER,                                          --当前已选学生数
    checked VARCHAR2(1) NOT NULL CHECK ( checked IN ('0','1','2') ),
    -- 审核状态 0：尚未审核 1：审核通过 2：审核未通过
    state VARCHAR2(1) NOT NULL CHECK ( state IN ('0','1','2','3') ),
    --0：未开课，1：已开课，2：已停课，3：已录入成绩，4：已结课
    YEAR NUMBER NOT NULL,                                       --开课学年
    term VARCHAR2(1) NOT NULL CHECK ( term IN ('1','2') ),      --开课学期
    note VARCHAR2(500),                                         --备注
    FOREIGN KEY ( courseid ) references course(courseid),
    FOREIGN KEY ( teacherid ) references teacher(teacherid)
)Tablespace myxkxt_tbs;
表已创建。
```

（9）创建学生选课表 choice。

```sql
-- 学生选课表
CREATE TABLE course_oper.choice (
    choiceid VARCHAR2(50) NOT NULL PRIMARY KEY,      --选课 id
    stuid VARCHAR2(50) NOT NULL,                     --学生 id
    courseid VARCHAR2(50) NOT NULL,                  --课程 id
    score NUMBER,                                    --成绩
    note VARCHAR2(500),                              --备注
        FOREIGN KEY ( stuid ) references student(stuid),
        FOREIGN KEY (courseid ) references course(courseid)
) Tablespace myxkxt_tbs;
```

（10）查看刚才创建的所有表。

```
SQL> select owner,table_name from dba_tables where owner='COURSE_OPER';

OWNER                          TABLE_NAME
------------------------------ ------------------------------
COURSE_OPER                    CHOICE
COURSE_OPER                    LECTURE
COURSE_OPER                    STUDENT
COURSE_OPER                    TEACHER
COURSE_OPER                    COURSE
COURSE_OPER                    PROFESSIONAL
COURSE_OPER                    SYSACT
COURSE_OPER                    SYSROLE
COURSE_OPER                    SYSUSER
```

已选择 9 行。

3．表的简单维护。

（1）修改学生表 student，删除其中的列 address、cardid 和 isvalid。

```
SQL> ALTER TABLE student DROP (address,cardid,isvalid);

表已更改。
SQL> DESC student;
 名称                                       是否为空?    类型
 ----------------------------------------- --------- ----------------------------
 STUID                                     NOT NULL  VARCHAR2(50)
 STUNAME                                   NOT NULL  VARCHAR2(50)
 PROFID                                              VARCHAR2(50)
 SEX                                       NOT NULL  VARCHAR2(1)
 BIRTH                                               VARCHAR2(8)
 NOTE                                                VARCHAR2(500)
```

（2）将学生选课表 choice 移动到表空间 users 中。

① 通过数据字典 user_tables，查看 choice 表当前所在的表空间。

```
SQL> SELECT table_name,tablespace_name FROM user_tables
  2   where table_name='CHOICE';
```

```
TABLE_NAME                      TABLESPACE_NAME
------------------------------  ------------------------------
CHOICE                          MYXKXT_TBS
```

② 使用 ALTER TABLE 将 choice 移动到 users 表空间中。

```
SQL> ALTER TABLE choice MOVE TABLESPACE users;
表已更改。
SQL> SELECT table_name,tablespace_name FROM user_tables
  2  where table_name='CHOICE';

TABLE_NAME                      TABLESPACE_NAME
------------------------------  ------------------------------
CHOICE                          USERS
```

（3）分别将表 teacher 和 student 的 sex 字段由 VARCHAR2(2)改为 VARCHAR2(4)。

① 显示 teacher 表的字段信息。

```
SQL> DESC teacher;
 名称                              是否为空?         类型
 ------------------------------   --------------   ----------------
 TEACHERID                        NOT NULL         VARCHAR2(50)
 TEACHERNAME                      NOT NULL         VARCHAR2(50)
 SEX                              NOT NULL         VARCHAR2(4)
 POSITION                         NOT NULL         VARCHAR2(50)
 NOTE                                              VARCHAR2(500)
```

② 执行下面命令修改列的数据类型。

```
SQL> ALTER TABLE teacher MODIFY SEX VARCHAR2(4);

表已更改。

SQL> ALTER TABLE student MODIFY SEX VARCHAR2(4);

表已更改。
```

（4）将表 choice 的 score 字段由 NUMBER 改为 NUMBER(6,2)。

```
SQL> ALTER TABLE choice MODIFY score NUMBER(6,2);

表已更改。
```

实验六 表管理——向表中插入记录信息及其验证完整性约束

一、实验目的

掌握向表中插入记录的方法，掌握表的各种完整性约束条件，掌握自增序列的用法。

二、实验内容

1. 创建下列自增序列，掌握自增序列的用法。

seq_act：actid（用户－角色对应表 sysact）

seq_lec：lectureid（教师授课表 lecture）

seq_choice：choiceid（学生选课表 choice）

2. 在 SQL*Plus 中向表中添加数据，掌握各种完整性约束条件：NOT NULL 约束、UNIQUE 约束、PRIMARY KEY 约束、CHECK 约束和 FOREIGN KEY 约束的含义和用法。

三、实验步骤

1. 登录数据库。

SQL> CONNECT course_oper/admin;
已连接。

2. 创建下列自增序列。

（1）创建自增序列 seq_act（用户－角色对应表 sysact 中字段 actid 使用的自增序列）。

```
SQL> CREATE SEQUENCE seq_act
  2    START WITH 1
  3    INCREMENT BY 1
  4    MINVALUE 1
  5    NOMAXVALUE;
```

序列已创建。

（2）创建自增序列 seq_lec（教师授课表 lecture 中字段 lectureid 使用的自增序列）。

```
SQL> CREATE SEQUENCE seq_lec
  2    START WITH 1
  3    INCREMENT BY 1
  4    MINVALUE 1
  5    NOMAXVALUE;
```

序列已创建。

（3）创建序列 seq_choice（学生选课表 choice 中字段 choiceid 使用的自增序列）。

```
SQL> CREATE SEQUENCE seq_choice
  2    START WITH 1
  3    INCREMENT BY 1
  4    MINVALUE 1
  5    NOMAXVALUE;
```

序列已创建。

3. 依次向下列各个表中插入数据。

（1）向表 sysrole 中插入数据。

```
SQL> INSERT INTO sysrole(ROLEID,ROLENAME,NOTE)
  2    VALUES('student','学生','');
```

已创建 1 行。

```
SQL> INSERT INTO sysrole(ROLEID,ROLENAME,NOTE)
  2    VALUES('teacher','教师','');
```

已创建 1 行。
```
SQL> INSERT INTO sysrole(ROLEID,ROLENAME,NOTE)
  2  VALUES('teacher_admin','教师管理员','');
```

已创建 1 行。

（2）向表 sysuser 中插入数据，并验证列的 NOT NULL 约束。

① 查看表 sysuser 的结构，可以看到 USERID、PASSWORD 和 USERNAME 列添加了 NOT NULL 约束。

```
SQL> DESC sysuser;
名称                                      是否为空?        类型
----------------------------------------- --------------- ----------------------------
USERID                                    NOT NULL        VARCHAR2(50)
PASSWORD                                  NOT NULL        VARCHAR2(50)
USERNAME                                  NOT NULL        VARCHAR2(50)
NOTE                                                      VARCHAR2(500)
```

② 执行 INSERT INTO 命令插入数据，在 USERNAME 列插入空串将出现错误。

```
SQL> INSERT INTO sysuser(USERID,PASSWORD,USERNAME,NOTE)
  2  VALUES('admin','admin','','');
VALUES('admin','admin','','')
                       *
第 2 行出现错误:
ORA-01400: 无法将 NULL 插入 ("COURSE_OPER"."SYSUSER"."USERNAME")


SQL> INSERT INTO sysuser(USERID,PASSWORD,USERNAME,NOTE)
  2  VALUES('admin','admin','系统管理员','');
```

已创建 1 行。
```
SQL> INSERT INTO sysuser(userid,password,username,note)
  2  VALUES('stu_user','123456','李辉','');
```

已创建 1 行。

（3）向表 sysact 中插入数据，使用自增序列，并验证 UNIQUE 约束和 FOREIGN KEY 约束。

① 向表 sysact 插入如下数据，并验证 FOREIGN KEY 约束。

```
SQL> INSERT INTO sysact(actid, roleid,userid)
  2  VALUES(seq_act.nextval,'stud','oper');
INSERT INTO sysact(actid, roleid,userid)
            *
第 1 行出现错误:
ORA-02291: 违反完整约束条件 (COURSE_OPE.SYS_C0010817) - 未找到父项关键字
```

说明：作为外键，roleid 列执行表 sysrole 的 roleid 列，而 userid 列指向表 sysuser 的 userid 列，向表 sysact 添加数据时，必须保证 roleid 和 userid 的值分别存在于表 sysrole 和 sysuser 中。

```
SQL> INSERT INTO sysact(actid, roleid,userid)
  2  VALUES(seq_act.nextval,'teacher_admin','admin');
```

已创建 1 行。

② 向表 sysact 插入如下数据，并验证 UNIQUE 约束。

```
SQL> INSERT INTO sysact(actid, roleid,userid)
  2   VALUES(seq_act.nextval,'teacher_admin','admin');
INSERT INTO sysact(actid, roleid,userid)
*
第 1 行出现错误:
ORA-00001: 违反唯一约束条件 (COURSE_OPE.UNIQUE_ACT)
```

说明：在定义表 sysact 时，添加了如下 UNIQUE 约束条件：

CONSTRAINT unique_act UNIQUE (roleid,userid)

而（'teacher_admin','admin'）已经存在于表中了，所以该记录取值后，将其加入表中。

```
SQL> INSERT INTO sysact(actid,roleid,userid)
  2   VALUES(seq_act.nextval,'student','stu_user');

已创建 1 行。
```

③ 查看 sysact 中的所有记录。

```
SQL> COLUMN actid FORMAT A10
SQL> COLUMN roleid FORMAT A20
SQL> COLUMN userid FORMAT A20
SQL> SELECT actid,roleid,userid FROM sysact;

ACTID       ROLEID                USERID
----------  --------------------  --------------------
3           teacher_admin         admin
5           student               stu_user
```

④ 使用 currval 查看自增序列 seq_act 的当前值。

```
SQL> SELECT seq_act.currval FROM dual;

  CURRVAL
----------
        5
```

说明：dual 是 Oracle 自带的虚拟表格，包含一行，用于临时显示单行的查询结果。

问题：在本部分实验中，一共往表 sysact 中成功插入了两条记录，为什么自增序列 seq_act 的当前值不是 2 呢？

（4）向其他表中插入数据，并验证 PRIMARY KEY 约束。

① 向专业表 professional 中插入数据。

```
SQL> INSERT INTO professional
  2   VALUES('computer','计算机','');

已创建 1 行。

SQL> INSERT INTO professional
  2   VALUES('civil engineering','土木工程','');

已创建 1 行。
```

```
SQL> INSERT INTO professional
  2  VALUES('civil engineering','理学院','');
INSERT INTO professional
            *
第 1 行出现错误:
ORA-00001: 违反唯一约束条件 (COURSE_OPE.SYS_C0010820)
```

说明：PRIMARY KEY 是指主键约束，用于唯一标识一行记录，定义了 PRIMARY KEY 约束的列或列的组合不能有重复值，也不能有 NULL 值。

```
SQL> INSERT INTO professional
  2  VALUES('Faculty','理学院','');

已创建 1 行。
```

依次向专业表 professional 中插入其他记录。执行 Select 语句查看表中记录信息。

```
SQL> Column profid Format A20
SQL> Column profname Format A20
SQL> SELECT profid,profname FROM professional;
PROFID               PROFNAME
-------------------- --------------------
computer             计算机
civil engineering    土木工程
faculty              理学院
Business             商学院
Architecture         建筑城规学院
Management           管理学院
Arts                 艺术学院

已选择 7 行。
```

② 向学生信息表 student 中插入数据。

```
SQL> INSERT INTO student(stuid,stuname,profid,sex,birth,note)
  2  values('2007111150','侯娟','computer','女','03-12 月-1987','');

已创建 1 行。
```

参照上面依次将其他记录添加到表 student 中。

③ 向教师信息表 teacher 中插入数据。

```
SQL> INSERT INTO teacher(teacherid,teachername,sex,position,note)
  2  values('comp_001','王冰','男','副教授','');

已创建 1 行。
```

参照上面依次将其他记录添加到表 teacher 中。

④ 向课程信息表 course 中插入数据。

```
SQL> INSERT INTO course(courseid,coursename,credit,note)
  2  VALUES('comp_1','c#程序设计','3','');

已创建 1 行。
```

参照上面依次将其他记录添加到表 choice 中。

⑤ 向教师授课表 lecture 中插入数据。

```
SQL> INSERT INTO lecture
  2  (lectureid,teacherid,courseid,maxstu,currentstu,checked, state, year,term,note)
  3  VALUES(seq_lec.nextval,'comp_001','comp_1',100,80,'1','1','2011','1','');
```

已创建 1 行。

参照上面依次将其他记录添加到表 lecture 中。

⑥ 向学生选课表 choice 中插入记录信息。

```
SQL> INSERT INTO choice
  2  (choiceid,stuid,courseid,score,note)
  3  VALUES(seq_choice.nextval,'2007111150','comp_1','0','');
```

已创建 1 行。

参照上面依次将其他记录添加到表 choice 中。

⑦ 参照上述步骤,依次向其他表中添加记录。

第六章 SQL 语言

　　SQL（Structured Query Language）是一种结构化的查询语言，它是实现与关系数据库通信的标准语言，用于完成对数据库的数据查询、插入、修改和删除等操作。Oracle 数据库的诸多强大且实用的功能都是由 SQL 语言来体现的，所以，在 Oracle 的日常维护和应用中，从管理员到普通用户，要熟练使用 Oracle 数据库，一定要掌握 SQL 语言。本章首先对 SQL 语言进行简单介绍，然后介绍了查询、插入、修改和删除等 SQL 语句的作用和用法，并对数据库事务提交、回退及各种常用函数的用法进行介绍。

- 数据查询
- 数据操作
- 事务管理
- 常用函数

6.1 SQL 语言简介

1．SQL 语言的分类

　　SQL 是一种目前最流行的结构化查询语言，是实现用户与数据库通信的基础。作为关系数据库操作的标准语言，SQL 集数据定义语言（Data Definition Language，DDL）、数据查询语言（Data Query Language，DQL）、数据操纵语言（Data Manipulation Language，DML）、数据控制语言（Data Control Language，DCL）和事务控制语言等功能于一体。

　　（1）DML：主要用来处理数据库中的数据内容。常用的 DML 语句有 SELECT、INSERT、UPDATE、DELETE、COMMIT 等。

　　（2）DDL：主要用于创建和定义表、视图、索引和序列等数据库对象。常用的 DDL 语句有 CREATE、ALTER、DROP、RENAME 和 TRUNCATE 等。DDL 的具体使用方法在前面相关章节已经有详细的介绍，这里不再重复。

　　（3）DCL：主要用于修改数据库的各种操作权限。常用的 DCL 语句有 GRANT 和 REVOKE。

2．SQL 语言的特点

　　SQL 之所以被用户和业界广泛接受，成为国际标准，是因为它是一个综合的、通用的、功能极强同时又简洁易学的语言。SQL 充分体现了关系数据语言的特点，主要如下：

（1）综合统一。SQL 集 DDL、DML 和 DCL 等功能于一体，语言风格高度统一，可以独立完成数据库生命周期中的全部活动。

（2）高度非过程化。使用 SQL 进行数据操作，用户只需要提出"做什么"而不必指明"怎么做"，这不但减轻了用户的负担，而且有利于提高数据的独立性。

（3）面向集合的操作方式。SQL 采用集合的操作方式，操作对象、查找结果、插入、删除和更新操作的对象都可以是记录的集合。

（4）以同一种语法结构提供多种使用方式。SQL 可以直接以命令方式联机交互使用，也可以嵌入到程序设计语言中以程序方式使用。

（5）语言简洁，易学易用。SQL 功能极强，但语言却十分简洁，完成核心功能的动词只有 9 个；且 SQL 接近英语口语，容易学习和使用。

6.2 数据查询

SQL 语言最主要、最核心的功能之一就是它的数据查询功能。在实际应用中，需要对数据库进行大量的查询操作，查询是通过执行 SELECT 语句对数据库中的数据按照特定的组合、条件表达式或顺序进行的检索操作。

6.2.1 基本查询

1. SELECT 语句的结构

SELECT 语句的完整语法格式如下所示：

SELECT [DISTINCT]目标表的列名或列表达式序列
FROM 基本表名或视图名序列
[WHERE 行条件表达式]
[GROUP BY 列名 1 序列[HAVING 组条件表达式]]
[ORDER BY 列名 2[ASC|DESC]序列]

语法说明：

（1）SELECT：查询操作的关键字，必需的选项。

（2）FROM 子句：指出要查询的数据来自哪个表或哪些表。

（3）WHERE 子句：指明查询结果应满足的条件。

（4）GROUP BY 子句：将结果按指定字段分组，此子句通常与聚集函数组合使用。

（5）HAVING 子句：用来对分组后的结果按条件进行筛选。

（6）ORDER BY 子句：按一个或多个（最多 16 个）字段对查询结果进行排序，排序方式可以是升序（ASC）也可以是降序（DESC），缺省时是升序。

2. 应用举例

本章将以资产管理系统数据库 ZCGL 中的资产明细表（zichanmingxi）、部门表（bumen）、资产状态表（zichanzhuangtai）为例来说明各种查询操作的用法。

（1）各个表的基本信息。

① 部门表（BUMEN），如表 6.1 所示。

表 6.1 部门表

字段名称	字段类型	能否为空	注释
BMID	VARCHAR2(50)	否	部门 ID，主键
BMMC	VARCHAR2(50)	否	部门名称

② 资产状态表（ZICHANZHUANGTAI），如表 6.2 所示。

表 6.2 资产状态表

字段名称	字段类型	能否为空	注释
ZTID	VARCHAR2(50)	否	状态 ID，主键
ZTMC	VARCHAR2(50)	否	状态名称

③ 资产明细表（ZICHANMINGXI），如表 6.3 所示。

表 6.3 资产明细表

字段名称	字段类型	能否为空	注释
ZCID	VARCHAR2(50)	否	资产 ID，主键
FLID	VARCHAR2(50)	否	分类 ID，外键
BMID	VARCHAR2(50)	否	部门 ID，外键
ZTID	VARCHAR2(50)	否	状态 ID，外键
YHID	VARCHAR2(50)	否	用户 ID，外键
ZCMC	VARCHAR2(200)	否	资产名称
SYNX	NUMBER	能	使用年限
ZCYZ	NUMBER(10,2)	能	资产原值
GRSJ	DATE	能	购入时间
BZ	VARCHAR2(250)	能	备注

（2）用 SELECT * FROM 子句进行单表查询。

进行数据查询时，SELECT 语句中的 FROM 子句是必不可少的，SELECT 关键字用于指定要查询的列，FROM 关键字用来指定所要查询的表和视图。在执行 SELECT 语句时，如果没有加 WHERE 子句对查询条件进行限制，将会显示表中的所有记录。

【例 6-1】查询资产状态表 zichanzhuangtai 中所有状态信息。

```
SQL> SELECT * FROM zichanzhuangtai;

ZTID       ZTMC
---------- ----------
zc01       正常
zy01       转移
jc01       借出
wx01       维修
bf01       报废
```

说明：当查询表中所有列的信息时，可以使用*代替所有列名以简化书写，当然也可以依次列出所有列名，即使用语句：SELECT ztid,ztmc FROM zichanzhuangtai。

(3) 加 WHERE 子句的单表查询。

很多情况下，用户在执行查询操作时，只希望获取某数据表的一部分数据，而不是所有的记录，这时可以在 SELECT 语句中使用 WHERE 子句，对查询条件进行限制。

【例 6-2】查询资产原值为 5000 的所有资产的名称。

```
SQL> SELECT zcmc FROM zichanmingxi
  2   WHERE zcyz=5000;

ZCMC
------------------------------------------
台式机电脑
台式机电脑
激光式打印机
扫描仪
柜式空调
柜式空调
柜式空调
柜式空调
柜式空调

已选择 9 行。
```

说明：WHERE 指定查询条件。

(4) 带有 DISTINCT 关键字的单表查询。

上题中的执行结果中资产原值 zcyz 等于 5000 的柜式空调记录一共有 5 条。对于查询结果中的重复记录，如果希望只显示其中一条记录，消除重复的记录，可以使用 DISTINCT 关键字。

【例 6-3】利用 DISTINCT 关键字改写例 6-2，排除名称重复的资产。

```
SQL> SELECT DISTINCT zcmc FROM zichanmingxi
  2   WHERE zcyz=5000;

ZCMC
------------------------------------------
激光式打印机
台式机电脑
扫描仪
柜式空调

已选择 4 行。
```

(5) 在 WHERE 子句中使用逻辑运算符 AND、OR 和 NOT。

在 WHERE 子句中可以使用逻辑运算符把多个查询条件连接起来，以实现复杂的查询。其中 AND 是逻辑与，用于查询结果必须满足多个条件的 SELECT 语句中；OR 是逻辑或，用于查询结果满足多个条件之一的 SELECT 语句中；NOT 是逻辑非，用于查询结果不满足给定条件的 SELECT 语句中。

【例6-4】查询部门ID为zcc且状态ID为zc01的所有资产的资产id，资产名称，状态id，使用年限，购入时间和资产原值等信息。

```
SQL> COLUMN zcid FORMAT A10
SQL> COLUMN zcmc FORMAT A20
SQL> COLUMN ztid FORMAT A10
SQL> SELECT zcid,zcmc,ztid,synx,grsj,zcyz
  2  FROM zichanmingxi
  3  WHERE bmid='zcc' AND ztid='zc01';
```

ZCID	ZCMC	ZTID	SYNX	GRSJ	ZCYZ
67	台式机电脑	zc01	10	01-7月-12	5000
68	笔记本电脑	zc01	15	02-7月-12	8000
69	笔记本电脑	zc01	30	03-7月-12	20000
70	移动硬盘	zc01	10	04-7月-12	1000
……					
171	立式空调	zc01	15	06-6月-07	8800
174	立式空调	zc01	15	06-6月-07	8800

已选择15行。

说明：这里的逻辑运算符AND表示前后两个条件同时满足，还可以用OR表示满足至少一个条件。

【例6-5】查询部门ID为zcc或sjc的所有资产的资产id，名称，状态id，使用年限，购入时间等信息。

```
SQL> SELECT zcid,zcmc,bmid,ztid,synx
  2  FROM zichanmingxi
  3  WHERE bmid='zcc' OR bmid='sjc';
```

ZCID	ZCMC	BMID	ZTID	SYNX
67	台式机电脑	zcc	zc01	10
68	笔记本电脑	zcc	zc01	15
69	笔记本电脑	zcc	zc01	30
……				
135	办公桌	zcc	zy01	12
141	文件柜	sjc	wx01	10
144	文件柜	zcc	zc01	10
……				
174	立式空调	zcc	zc01	15

已选择24行。

说明：本题的SQL语句也可以这样写：IN操作可以查询属性值属于指定集合的记录。

```
SELECT zcmc
FROM zichanmingxi
WHERE bmid IN('zcc','sjc');
```

【例6-6】检索使用年限在10~20年（包括10和20）范围内的资产id和名称。

```
SQL> SELECT zcid,zcmc FROM zichanmingxi
```

```
  2    WHERE synx>=10 AND synx<=20;
```

ZCID	ZCMC
----------	------------------
67	台式机电脑
68	笔记本电脑
70	移动硬盘
72	台式机电脑
……	
176	柜式空调
177	柜式空调
178	柜式空调
179	柜式空调

已选择 68 行。

说明：该查询操作还可以使用范围查询条件 BETWEEN…AND 语句实现。

```
SELECT zcmc
FROM zichanmingxi
WHERE synx BETWEEN 10 AND 20
```

（6）使用 LIKE 操作符进行模糊查询。

比较操作符 LIKE 用来做模糊查询，用来查看某一列中的字符串是否符合指定的模式。LIKE 语法格式为：<属性名>LIKE<字符串常量>。

LIKE 后面跟通配符"%"或者"_"，其中通配符"%"表示 0 个到多个字符；通配符"_"（下划线）表示单个字符。

如配置模式'_A%'：匹配的字符串中，第一个字符可以是任意字符，第二个字符必须是字符 A，从第三个字符往后可以是任意字符。

【例 6-7】 查询"分类编号"flid 以字母 d 开头的所有资产 id，资产名称，部门 id 和分类 id 等信息。

```
SQL> SELECT zcid,zcmc,bmid,flid
  2    FROM zichanmingxi
  3    WHERE flid LIKE 'd%';
```

ZCID	ZCMC	BMID	FLID
----------	------------------	------------------	------------------
67	台式机电脑	zcc	dnsb
68	笔记本电脑	zcc	dnsb
69	笔记本电脑	zcc	dnsb
70	移动硬盘	zcc	dnsb
71	刻录机	zcc	dnsb
……			
163	固定电话机	kjc	dhsb
……			
170	移动电话	zcc	dhsb

已选择 34 行。

(7) 使用 ORDER BY 子句。

如果希望对显示的数据进行排序,可以使用 ORDER BY 子句。ORDER BY…ASC 是对查询结果按照升序排序;ORDER BY…DESC 是对查询结果按照降序排序。

【例 6-8】检索出使用年限在 10～15(包括 10 和 15)年范围内的资产 id,资产名称和相应使用年限等记录信息,并按年限从高到低显示。

```
SQL> SELECT zcid,zcmc,synx
  2  FROM zichanmingxi
  3  WHERE synx BETWEEN 10 AND 15
  4  ORDER BY synx DESC;
```

ZCID	ZCMC	SYNX
68	笔记本电脑	15
178	柜式空调	15
……		
120	办公椅	12
121	办公椅	12
……		
154	防盗门	10
70	移动硬盘	10

已选择 59 行。

说明:如果不使用 ORDER BY 子句对查询的结果进行排序,查询的结果记录是按照存储在表中的物理顺序显示的。

6.2.2 分组查询

1. GROUP BY 子句

在前面的例子中,都是对表中的每行数据进行单独操作的。但有些时候,需要将表中的数据按照某些字段值分成多个组,然后将每组作为一个整体,对其进行统计,以得到汇总结果。GROUP BY 子句就是用来将查询结果按某些字段值进行分组的。在分组查询时,经常用到聚合函数;聚合函数经常与 SELECT 语句的 GROUP BY 子句一同使用。常用的聚合函数有:

(1) COUNT:计数;
(2) SUM:求和;
(3) AVG:计算列值的平均值;
(4) MAX:求最大值;
(5) MIN:求最小值。

【例 6-9】查询各个部门的资产总数。

```
SQL> SELECT bmid,COUNT(*) AS TOTAL
  2  FROM zichanmingxi
  3  GROUP BY bmid;
```

BMID	TOTAL
fzghc	12

kjc	14
jjc	7
sjc	8
jwc	10
zzb	12
cwc	18
zcc	16
xcb	12

已选择 9 行。

【例 6-10】 查询各个部门的资产平均使用年限。

```
SQL> SELECT bmid,AVG(synx)as average
  2  FROM zichanmingxi
  3  GROUP BY bmid;
```

BMID	AVERAGE
fzghc	11.3333333
kjc	10.7857143
jjc	11
sjc	9
jwc	11.7
zzb	11
cwc	12.2222222
zcc	11.875
xcb	9.58333333

已选择 9 行。

说明：从上面的例子中可以看出，使用 GROUP BY 子句将记录按照字段值相同的行分组后，每组只返回一个汇总结果，不再返回该组各个记录的详细信息。

2. HAVING 子句

HAVING 子句通常与 GROUP BY 子句一起使用，其功能是按照一定的条件对 GROUP BY 子句分组后的结果进行筛选。

【例 6-11】 查询拥有资产数在 10 个以上的部门 ID 及资产数。

```
SQL> SELECT bmid,COUNT(*) AS total
  2  FROM zichanmingxi
  3  GROUP by bmid
  4  HAVING(COUNT(*)>10);
```

BMID	TOTAL
fzghc	12
kjc	14
zzb	12
cwc	18
zcc	16
xcb	12

已选择 6 行。

说明：本题中 SQL 语句的执行顺序如下：

（1）首先执行 SELECT…FROM 子句。

（2）GROUP BY 子句对（1）中的查询结果按照部门编码字段 bmid 进行分组，相同部门编码的记录将被分在一组中。

（3）统计函数 COUNT(*)对（2）中的每组记录进行统计计数，统计出每个部门拥有的资产总数。

（4）HAVING 子句对（3）中每组统计计数的结果进行过滤，最终只输出资产总数在 10 个以上部门的部门 ID 及资产数等信息。

【例 6-12】查询资产明细表中购入时间 GRSJ 在 2008 年 1 月 1 日以后、拥有资产数在 5 个及以上的部门 ID 及资产数量等信息。

```
SQL> COLUMN  部门编号  FORMAT A20
SQL> SELECT bmid AS "部门编号",COUNT(*) AS "资产数量"
  2  FROM zichanmingxi
  3  WHERE grsj>'1-1 月-2008'
  4  GROUP BY bmid
  5  HAVING COUNT(*)>=5;
```

部门编号	资产数量
fzghc	7
kjc	8
cwc	5
zcc	10
xcb	7

说明：当 SELECT 语句中同时存在 GROUP BY、HAVING 和 WHERE 子句时，其执行顺序为：先执行 WHERE 子句，然后 GROUP BY 子句，最后再执行 HAVING 子句。

（1）在本题中，先执行 SELECT…FROM 子句。

（2）然后 WHERE 子句中的条件筛选出（1）中符合条件的记录，即查询出 2008 年 1 月 1 日以后购入资产的记录信息。

（3）GROUP BY 子句对（2）中的查询结果按照部门编码字段 bmid 进行分组，相同部门编码的记录将被分在一组中。

（4）统计函数 COUNT(*)对（3）中的每组进行统计计数，统计出每个部门拥有的资产总数。

（5）HAVING 子句对（4）中每组统计计数的结果进行过滤，最终只输出资产总数在 5 个及以上部门的部门 ID 及资产数量等信息。

6.2.3 连接查询

数据库的各个表中存放着不同的数据，用户往往需要从多个表的数据中筛选出所需要的信息。如果一个查询需要对多个表进行操作，就称为连接查询。

1. 一般连接

常规的两个表或多个表之间的连接查询，称为一般连接。

【例6-13】查询并显示使用年限超过10年的资产id，资产名称，使用年限和所属部门名称等信息。

```
SQL> COLUMN bmmc FORMAT A20
SQL> SELECT zcid,zcmc,synx,bmmc
  2  FROM zichanmingxi zcmx,bumen bm
  3  WHERE synx>10
  4  AND zcmx.bmid=bm.bmid;
```

ZCID	ZCMC	SYNX	BMMC
68	笔记本电脑	15	资产处
……			
84	激光式打印机	20	科技处
85	喷墨式打印机	20	科技处
87	一体机	20	发展规划处
88	复印机	15	财务处
……			
135	办公桌	12	资产处
145	防盗门	20	财务处
……			
174	立式空调	15	资产处
175	柜式空调	15	发展规划处
……			

已选择48行。

说明：本题是多个表之间的简单连接查询，zcmc字段来自于zichanmingxi表，而bmmc字段来自于bumen表，连接条件为zichanmingxi.bmid=bumen.bmid。

【例6-14】查询并显示宣传部状态为报废的资产id，资产名称，部门名称和状态名称等信息。

```
SQL> SELECT zcid,zcmc,bmmc,ztmc
  2  FROM bumen bm,zichanmingxi zcmx,zichanzhuangtai zt
  3  WHERE zcmx.bmid=bm.bmid AND zcmx.ztid=zt.ztid
  4  AND bmmc='宣传部' AND ztmc='报废';
```

ZCID	ZCMC	BMMC	ZTMC
75	刻录机	宣传部	报废

说明：本题要查询的信息来源于三张表，资产id和资产名称来源于表zichanmingxi，部门名称来源于表bumen，状态名称来源于表zichanzhuangtai。要查找到满足条件的记录，除了条件bmmc='宣传部' AND ztmc='报废'，还需要条件zcmx.bmid=bm.bmid AND zcmx.ztid=zt.ztid从三张表查询出公共字段相等的记录。

2. 嵌套查询

当一个表与其自身进行连接操作时，称为表自身连接（查询的嵌套）。

【例6-15】查询所有比67号资产的资产原值高的资产的资产id，名称和资产原值，并将查询结果按照资产原值降序排列。

```
SQL> COLUMN zcid FORMAT A10
SQL> COLUMN zcmc FORMAT A20
SQL> COLUMN bmid FORMAT A10
SQL> COLUMN bmmc FORMAT A15
SQL> SELECT zcid,zcmc,bm.bmid,bmmc,zcyz
  2  FROM zichanmingxi zcmx,bumen bm
  3  WHERE zcmx.bmid=bm.bmid
  4  AND zcyz>(
  5  SELECT zcyz FROM zichanmingxi
  6  WHERE zcid='67')
  7  ORDER BY zcyz DESC;
```

ZCID	ZCMC	BMID	BMMC	ZCYZ
69	笔记本电脑	zcc	资产处	20000
172	立式空调	kjc	科技处	8800
……				
87	一体机	fzghc	发展规划处	8000
68	笔记本电脑	zcc	资产处	8000
……				
94	复印机	cwc	财务处	6000
76	台式机电脑	fzghc	发展规划处	6000
82	笔记本电脑	jwc	教务处	6000

已选择 18 行。

6.2.4 合并查询

合并查询就是将不同查询语句返回的结果组合起来,形成一个具有综合信息的查询结果,它需要使用关键字 UNION 来实现。UNION 操作会自动剔除综合结果中重复的数据行,执行 UNION 操作的各个子查询使用的表结构应该相同。

【例 6-16】查询组织部使用年限大于 10 年的资产 id,资产名称,部门名称和使用年限以及资产处使用年限大于 15 年的资产 id,资产名称,部门名称和使用年限等信息。

```
SQL> SELECT zcid,zcmc,bmmc,synx
  2  FROM zichanmingxi zcmx,bumen bm
  3  WHERE zcmx.bmid=bm.bmid
  4  AND bmmc='组织部' AND synx>10
  5  UNION(
  6  SELECT zcid,zcmc,bmmc,synx
  7  FROM zichanmingxi zcmx,bumen bm
  8  WHERE zcmx.bmid=bm.bmid
  9  AND bmmc='资产处' AND synx>15)
```

ZCID	ZCMC	BMMC	SYNX
121	办公椅	组织部	12
122	办公椅	组织部	12
130	办公桌	组织部	12
150	防盗门	组织部	20

178	柜式空调	组织部	15
69	笔记本电脑	资产处	30
79	台式机电脑	组织部	15

已选择 7 行。

6.2.5 子查询

在 WHERE 子句中包含一个形如 SELECT…FROM…WHERE 的查询块,此查询块称为子查询或嵌套查询,包含子查询的语句称为父查询或外部查询。利用嵌套查询可以完成较为复杂的查询操作。子查询的嵌套层次最多可达 255 层,以层层嵌套的方式构造查询充分体现了 SQL "结构化"的特点。

嵌套查询是由里向外执行的,即每个子查询是在上一级父查询执行之前完成的,父查询需要用到子查询的返回结果。

1. 单行子查询

当子查询的返回值为单行单列数据时,称为单行子查询。可以使用比较运算符将父查询和子查询连接起来。常用的比较操作符有=、>、>=、<、<=、<>、!=。

【例 6-17】查询并显示与资产编号为 70 的资产同属一个部门资产的资产 id,资产名称,部门 id 和部门名称等信息。

```
SQL> COLUMN zcid FORMAT A15
SQL> COLUMN zcmc FORMAT A20
SQL> COLUMN bmid FORMAT A15
SQL> COLUMN bmmc FORMAT A20
SQL> SELECT zcid,zcmc,bm.bmid,bmmc
  2  FROM zichanmingxi zcmx,bumen bm
  3  WHERE zcmx.bmid=bm.bmid AND
  4  zcmx.bmid=(
  5  SELECT bmid FROM zichanmingxi
  6  WHERE zcid='70');
```

ZCID	ZCMC	BMID	BMMC
67	台式机电脑	zcc	资产处
174	立式空调	zcc	资产处
69	笔记本电脑	zcc	资产处
……			
171	立式空调	zcc	资产处
68	笔记本电脑	zcc	资产处

已选择 16 行。

说明: 本题的执行过程为,先执行子查询,返回 zcid 等于 70 的资产的部门编号 bmid,然后将子查询的结果带入到外部查询,执行外部查询过程。

2. 多行子查询

当子查询的返回值不止一个,而是一个集合时,称为多行子查询。这种情况下不能直接使用比较运算符,而应该在比较运算和子查询之间插入 ANY、ALL、IN、NOT IN 等操作符。

（1）IN：用来检查多行子查询返回的集合中是否包含指定的值。

（2）NOT IN：用来检查多行子查询返回的集合中是否不包含指定的值。

（3）ANY：ANY 必须与比较操作符=，>，>=，<，<=，<>，!=组合起来使用。用来将一个值与多行子查询返回的集合中的所有值进行比较，只需匹配集合中任一值就可返回满足条件的记录。

（4）ALL：ALL 同 ANY 一样，也必须与比较操作符=，>，>=，<，<=，<>，!=组合起来使用。用来将一个值与多行子查询返回的集合中的所有值进行比较，必须匹配集合中所有值时方可返回满足条件的记录。

【例 6-18】查询资产原值大于科技处的任意资产的资产原值的下列信息：资产 id，资产名称，资产原值和部门名称，并将查询结果按照部门名称进行排序。

```
SQL> SELECT zcid,zcmc,zcyz,bmmc
  2  FROM zichanmingxi zcmx,bumen bm
  3  WHERE zcmx.bmid=bm.bmid
  4  AND zcyz>ANY (
  5  SELECT zcyz FROM zichanmingxi zcmx,bumen bm
  6  WHERE zcmx.bmid=bm.bmid
  7  AND bmmc='科技处')
  8  ORDER by bmmc;
```

ZCID	ZCMC	ZCYZ	BMMC
106	路由器	500	财务处
……			
105	路由器	500	发展规划处
……			
100	交换机	400	基建处
82	笔记本电脑	6000	教务处
……			
172	立式空调	8800	科技处
……			
74	台式机电脑	6000	宣传部
……			
68	笔记本电脑	8000	资产处
……			
150	防盗门	2100	组织部

已选择 100 行。

【例 6-19】查询其他部门中比基建处所有资产原值都高的资产的下列信息：资产 id，资产名称，资产原值和部门名称

```
SQL> SELECT zcid,zcmc,zcyz,bmmc
  2  FROM zichanmingxi zcmx,bumen bm
  3  WHERE zcmx.bmid=bm.bmid
  4  AND zcyz>ALL (
  5  SELECT zcyz FROM zichanmingxi zcmx,bumen bm
  6  WHERE zcmx.bmid=bm.bmid
  7  AND bmmc='基建处');
```

ZCID	ZCMC	ZCYZ	BMMC
84	激光式打印机	4500	科技处
85	喷墨式打印机	4500	科技处
83	激光式打印机	5000	教务处
……			
173	立式空调	8800	宣传部
69	笔记本电脑	20000	资产处

已选择 24 行。

6.3 其他 DML 操作

SQL 使用 DML 实现对数据库的插入、修改和删除等基本操作。

6.3.1 插入数据

向表中插入数据可以使用 INSERT INTO 语句，其语法格式为：

INSERT INTO Table_name [(Column_name1 [,<Column_name2>…])]
VALUES(<value1|NULL|DEFAULT>[,…])

语法说明：

（1）Table_name：要插入数据的表的名称。

（2）Column_name1，Column_name2：要插入的列的名称。如果需要往表中所有字段插入数据，字段名可以省略。

（3）value1|NULL|DEFAULT：相对应的列中插入的数据。关键字 NULL 表示将该字段值设置为空值。

【例 6-20】向资产明细表中插入一条新的资产信息，('67','zcc','zc01','zcc001','dnsb','台式机电脑',10,5000,'1-7 月-2012','')。

（1）插入记录时未使用主键的自增序列。

```
SQL> INSERT INTO zichanmingxi(zcid,bmid,ztid,yhid,flid,zcmc,synx,zcyz,grsj,bz)
  2    values
  3    ('67','zcc','zc01','zcc001','dnsb','台式机电脑',10,5000,'1-7 月-2012','');
```

已创建 1 行。

说明： 在使用 INSERT INTO 语句向表中插入新记录时，字符型和日期型常量需要加单引号，如部门编码 bmid 对应的值为'zcc'，而日期型字段购入时间 grsj 对应的值为'1-7 月-2012'，表示 2012 年 7 月 1 日。Oracle 日期型常量的默认格式是'dd-mm 月-yyyy'。

（2）使用主键的自增序列插入记录。

可以使用序列为表中的数据类型的主键 zcid 提供有序的唯一值。这里创建一个初始值为 68，每次增加 1 的序列 zcid_seq。创建自增序列的过程如下所示：

```
SQL> create sequence zcid_seq
  2    start with 68
  3    increment by 1
```

```
    4  nocache
    5  nocycle
    6  order;
```

序列已创建。

使用主键的自增序列插入记录：

```
SQL> INSERT INTO zichanmingxi(zcid,bmid,ztid,yhid,flid,zcmc,synx,zcyz,grsj,bz)
  2  values
  3  (zcseq.nextval,'zcc','zc01','zcc001','dnsb','笔记本电脑',15,8000,'2-7月-2012','');
```

说明：使用序列时，以序列名.nextval 的方式插入主键值，而且序列每次以序列名.nextval 被调用一次，其值就自动加 1。

（3）在插入数据时，还需要注意遵循创建表时设置的各种数据约束。

① 向 zichanmingxi 表中插入如下记录 ('67','kjc1','zc011','zcc0011','dnsb','笔记本',8,3880,'9-3月-2009',''), 其执行过程为：

```
SQL> INSERT INTO zichanmingxi
  2  VALUES(
  3  '67','kjc1','zc011','zcc0011','dnsb','笔记本',8,3880,'9-3月-2009','');
INSERT INTO zichanmingxi
            *
第 1 行出现错误：
ORA-00001: 违反唯一约束条件 (ZCGL_OPER.SYS_C0011586)
```

说明：数据库中已经存在主键 zcid 等于 67 的记录，这里显示"ORA-00001: 违反唯一约束条件"错误提示。

② 向 zichanmingxi 表中插入如下记录(zcseq.nextval,'kjc1','zc011','zcc0011','dnsb','笔记本',8,3880,'9-3月-2009','')，其执行过程为：

```
SQL> INSERT INTO zichanmingxi
  2  VALUES(
  3  zcseq.nextval,'kjc1','zc011','zcc0011','dnsb','笔记本',8,3880,'9-3月-2009', '');
INSERT INTO zichanmingxi
            *
第 1 行出现错误：
ORA-02291: 违反完整约束条件 (ZCGL_OPER.SYS_C0011590) - 未找到父项关键字
```

说明：bmid – 'kjc1'，flid – 'zc011'，yhid – 'zcc0011'都违反了外键约束。

6.3.2 更新数据

如果需要对表中已有的数据进行修改，可以使用 UPDATE 语句，其语法格式为：

```
UPDATE Table_name
SET Column_name1= expression [,Column_name2= expression…]
[WHERE condition]
```

语法说明：

（1）Table_name：需要进行数据修改的表名。

（2）Column_name：要修改的字段。

（3）expression：修改后的数据。

（4）WHERE condition：只对满足 WHERE 条件的记录进行修改。如果省略了 WHERE 子句，则表示要修改表中的所有记录。

【例 6-21】 将 id 号为 67 的资产的状态 ID 改为 zy01。

```
SQL> COLUMN zcid FORMAT A15
SQL> COLUMN zcmc FORMAT A20
SQL> COLUMN ztid FORMAT A15
SQL> SELECT zcid,zcmc,ztid FROM zichanmingxi WHERE zcid='67';

ZCID              ZCMC                 ZTID
---------------   --------------------  ---------------
67                台式机电脑            zc01

SQL> UPDATE zichanmingxi
  2    SET ztid='zy01'
  3    WHERE zcid='67';

已更新 1 行。

SQL> SELECT zcid,zcmc,ztid FROM zichanmingxi WHERE zcid='67';

ZCID              ZCMC                 ZTID
---------------   --------------------  ---------------
67                台式机电脑            zy01
```

6.3.3 删除数据

当表中的某些数据不再需要时，可以使用 DELETE 语句将其删除并释放该数据占用的空间，其语法格式为：

```
DELETE FROM [Schema.]Table_name
[WHERE<condition>]
```

语法说明：WHERE<condition>：指明要删除的记录满足的条件。在执行 DELETE 语句时，如果没有加 WHERE 条件子句，将删除表中的所有记录。

【例 6-22】 删除资产明细表中状态为报废的所有资产信息。

```
SQL> DELETE FROM zichanmingxi
  2    WHERE ztid='bf01';

已删除2行。
```

说明：

（1）DELETE 语句只删除记录，不删除表或表结构。

（2）使用 DELETE 语句删除数据时，有可能会破坏数据的参照完整性。当删除被参照表中的记录时，系统会拒绝执行删除操作。

6.4 常用函数

Oracle 提供了大量的函数来帮助用户完成特定的运算和操作。Oracle 中常用的 SQL 函数主要有数学函数、字符函数、日期时间函数和转换函数等。

6.4.1 数学函数

数学函数用于对数字类型的数据进行特定的数学计算，并返回计算结果。Oracle 中常用的几种数学函数如表 6.4 所示，这些数学函数不仅可以在 SQL 语句中引用，也可以直接在 PL/SQL 块中引用。

表 6.4 oracle 常用数学函数

函数名	含义
ABS(n)	返回数字 n 的绝对值
CEIL(n)	返回大于等于数字 n 的最小整数
EXP(n)	返回 e 的 n 次幂（e=2.71828183…）
FLOOR(n)	返回小于等于数字 n 的最大整数
LN(n)	返回数字 n 的自然对数，其中数字 n 必须大于 0
LOG(m,n)	返回以数字 m 为底的数字 n 的对数，数字 m 可以是除 0 和 1 以外的任何正整数，数字 n 可以是任何正整数
SIN(n)	返回数字 n 的正弦值
COS(n)	返回数字 n 的余弦值
SQRT(n)	返回数字 n 的平方根，并且数字 n 必须大于等于 0
TAN(n)	返回数字 n 的正切值。

【例 6-23】查看编号为 111 的资产原值，如果不为整数，则显示小于等于这个数的最大整数。

```
SQL> SELECT zcyz FROM zichanmingxi WHERE zcid='111';

ZCYZ
----------
895.67

SQL> SELECT FLOOR(zcyz) FROM zichanmingxi WHERE zcid='111';

FLOOR(ZCYZ)
----------
   895
```

6.4.2 字符函数

字符函数的输入参数为字符类型，其返回值是字符类型或数字类型。字符函数既可以在 SQL 语句中使用，也可以直接在 PL/SQL 块中引用。Oracle 常用的字符函数如表 6.5 所示。

表 6.5 Oracle 常用字符函数

函数名	含义
ASCII(char)	返回字符串首字符的 ASCII 码值
CHR(n)	将 ASCII 码值转变为字符
CONCAT	连接字符串，其作用与连接操作符（||）完全相同
LENGTH(char)	返回字符串的长度
LOWER(char)	将字符串转换为小写格式
REPLACE(char,search_string [,replacement_string])	将字符串的子串替换为其他子串。如果 replacement_string 为 null，则会去掉指定子串；如果 search_string 为 null，则返回原有字符串
SUBSTR(char,m[,n])	取得字符串的子串，其中数字 m 是字符开始位置，数字 n 是子串的长度。如果 m 为 0，则从首字符开始；如果是负数，则从尾部开始
TRIM(char FROM string)	从字符串的头部、尾部或两端截断特定字符，参数 char 为要截去的字符。string 是源字符串
UPPER(char)	将字符串转换为大写格式

【例 6-24】 显示 100 号资产的资产名称长度。

```
SQL> SELECT zcmc, LENGTH(zcmc) FROM zichanmingxi WHERE zcid='100';

ZCMC                  LENGTH(ZCMC)
--------------------  ------------
交换机                           3
```

6.4.3 日期时间函数

日期时间函数用于处理 DATE 和 TIMESTAMP 类型的数据。除了函数 MONTHS_BETWEEN 返回数字值外，其他日期函数均返回 DATE 类型的数据。Oracle 是以 7 位数字格式来存放日期数据的，包括世纪、年、月、日、时、分、秒，默认日期显示格式为 "dd-mm 月-yyyy"。主要的日期时间函数如表 6.6 所示。

表 6.6 Oracle 常用日期时间函数

函数名	含义
ADD_MONTHS(d,n)	返回特定日期 d 之后（或之前）的 n 个月所对应的日期时间（n 为正整数表示之后；n 为负整数表示之前）
CURRENT_DATE	用于返回当前会话时区所对应的日期时间
DBTIMESONE	用于返回数据库所在时区
EXTRACT	用于从日期时间值中取得所需要的特定数据（如年份、月份等）
LAST_DAY(d)	用于返回特定日期所在月份的最后一天
ROUND(d[,fmt])	用于返回日期时间的四舍五入结果
SYSDATE	用于返回当前系统的日期时间
SYSTIMESTAMP	用于返回当前系统的日期时间及时区

【例6-25】 显示系统当前时间及两个月后的时间。

```
SQL> SELECT sysdate, ADD_MONTHS(sysdate,2) FROM dual;

SYSDATE          ADD_MONTHS(SYS
---------------  ---------------
03-8月 -12       03-10月-12
```

6.4.4 转换函数

转换函数用于将字段或变量的值从一种数据类型转换为另一种数据类型。在某些情况下，Oracle会隐含地转换数据类型。但在编写应用程序时，为了防止出现编译错误，如果数据类型不同，那么应该使用转换函数进行类型转换。Oracle中常用的一些转换函数如表6.7所示。

表6.7 Oracle常用转换函数

函数名	含义
ASCIISTR(string)	用于将任意字符集的字符串转变为数据库字符集的ASCII字符串
COMPOSE(string)	该函数用于将输入字符串转变为Unicode字符串值
CONVERT(char,dest_char_set,source_char_set)	用于将字符串从一个字符集转变为另一个字符集
TO_CHAR(date[,fmt[,nls_param]])	该函数用于将日期值转变为字符串，其中fmt用于指定日期格式，nls_param用于指定NLS参数
TO_DATE(char[,fmt[,nls_param]])	该函数用于将符合特定日期格式的字符串转变为DATE类型的值
TO_MULTI_BYTE(char)	该函数用于将单字节字符串转变为多字节字符串
TO_SINGLE_BYTE(char)	该函数用于将多字节字符集数据转变为单字节字符集
TO_NUMBER(char,[fmt[,nls_param]])	用于将符合特定数字格式的字符串值转变为数字值
UNISTR(string)	该函数用于输入字符串并返回相应的Unicode字符

【例6-26】 查询100号资产的购入时间，以字符型显示。

```
SQL> SELECT TO_CHAR(grsj) FROM zichanmingxi WHERE zcid='100';

TO_CHAR(GRSJ)
---------------
03-6月 -09
```

6.5 事务管理

6.5.1 事务的基本概念

事务是由一系列相关的SQL语句组成的对数据库执行的一系列操作，这些SQL语句被看作一个整体，一个事务中的语句要么都执行成功，要么都执行失败。我们通常所说的"一荣俱荣，一损俱损"这句话很好地体现了数据库中事务的思想。现实世界中，很多复杂的事情需要分步来做，只有其中的每一步都顺利完成，整件事情才能够完成；其中任何一个步骤出错，这件事情就无法顺利完成。这种思想反映到数据库上，就是多个 SQL 语句，要么都执行成功，要么都执行失败。事务有以下四个特性：

（1）原子性（Atomic）：表示组成一个事务的多个数据库操作是一个不可分隔的整体，只有所有的操作执行成功，整个事务才提交，事务中任何一个数据库操作失败，已经执行的任何操作都必须撤销。

（2）一致性（Consistency）：事务操作成功后，数据库所处的状态和它的业务规则是一致的，即数据不会被破坏。

（3）隔离性（Isolation）：在并发数据操作时，不同的事务的操作是相互独立的，不会对对方产生干扰。

（4）持久性（Durability）：一旦事务提交成功后，事务中所有的数据操作都必须被持久化到数据库中；即使提交事务后，数据库马上崩溃，在数据库重启时，也必须能保证通过某种机制恢复数据。

根据事务 ACID 属性，Oracle 提供了如下的事务控制语句：

（1）SET TRANSACTION：设置事务属性。

（2）SET CONSTRAINS：设置事务的约束模式，它用来指定数据库中的约束是应该立即应用于数据，还是推迟到事务结束后应用。

（3）SAVEPOINT：在事务中建立的一个保存点。当事务处理发生异常而回退事务时，可指定事务回退到某保存点，然后从该保存点重新执行。

（4）RELEASE SAVEPOINT：删除保存点。

（5）ROLLBACK：回退事务，取消最近一次 COMMIT 后对数据库所作的所有操作。

（6）COMMIT：提交事务，对数据库所做的全部操作都将永久地保存在数据库中。

6.5.2 提交事务

COMMIT 是事务提交命令。为了保证数据的一致性，Oracle 在内存中为每个客户机建立一个工作区，客户机对数据库进行的操作处理都在各自的工作区内完成，只有在输入 COMMIT 命令后，工作区内的修改操作才写入数据库。这样可以保证在任一客户机没有提交修改以前，其他客户机所读取到数据库中的数据是完整的、一致的。

6.5.3 回退事务

在尚未使用 COMMIT 命令提交事务之前，如果发现 DELETE、INSERT 和 UPDATE 等操作需要撤销的话，可以使用 ROLLBACK 命令回退到上次 COMMIT 时的状态。事务中还可以设置保存点，用以保存当时的数据库状态。在设置了保存点后，可以使用"ROLLBACK TO 保存点"的方式回退到数据库的指定状态。

如图 6-1 所示，在上一次 COMMIT 操作之后，用户对数据库又先后进行了 DELETE、INSERT、INSERT 和 DELETE 四次操作，并在操作过程中设置了两个保存点 A 和 B。如果想撤销这些操作，可以使用 ROLLBACK TO A（或 ROLLBACK TO B）将数据库的状态恢复到相应保存点处，也可以直接使用 ROLLBACK 将数据库恢复到上一次 COMMIT 时的状态。

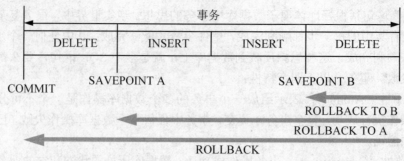

图 6-1 事务回退示意图

【例 6-27】设置保存点,删除资产明细表中状态为 bf01 的记录信息,然后执行回滚操作。

```
SQL> SAVEPOINT sp2;

保存点已创建。

SQL> DELETE FROM zichanmingxi WHERE ztid='bf01';

已删除 4 行。

SQL> SELECT zcid,zcmc,ztid FROM zichanmingxi WHERE ztid='bf01';

未选定行

SQL> ROLLBACK TO sp2;

回退已完成。

SQL> SELECT zcid,zcmc,ztid FROM zichanmingxi WHERE ztid='bf01';

ZCID            ZCMC                ZTID
--------------  ------------------  --------------
75              刻录机              bf01
78              刻录机              bf01
133             办公桌              bf01
151             防盗门              bf01
```

说明:查询结果显示,资产明细表中状态为 zf01 的记录信息依然存在,说明例 6-27 的操作使事务成功回退到操作之前的保存点。

 习题六

1. SQL 语言的特点有哪些?
2. 基于以下三个表进行相应查询:

学生表

学号	姓名	性别	系别
101001	王丽	女	信息系
101002	刘辉	男	信息系
102001	孙小娟	女	外语系
103001	李欣	女	计算机系
103002	张开明	男	计算机系
103003	王鹏	男	计算机系

活动表

活动编号	活动名称
1	篮球赛
2	歌唱比赛
3	计算机技能大赛
4	征文大赛

活动参加表

学号	活动编号	参加日期
101001	1	2010-9-1
101001	4	2010-12-4
101002	1	2011-3-4
102001	3	2011-1-1
102001	2	2010-5-5
103001	2	2010-7-8
103001	4	2011-6-8
103002	3	2011-1-1
103003	1	2010-3-2

（1）查找所有参加篮球赛的学生信息。
（2）查找在 2011 年 3 月 1 日前参加活动的学生姓名。
（3）查找参加计算机技能大赛的学生人数。
（4）查找既参加歌唱比赛又参加征文比赛的学生姓名。
（5）查找信息系参加活动的人数。

3．说明事务的四个特性。
4．常用 SQL 函数有哪些？

实验七 SQL 语言——单表查询

一、实验目的

掌握常用 SQL 单表数据查询的方法，熟悉 BWTWEEN，IN，LIKE 等关键字的用法，掌握 ORDER BY，GROUP BY，HAVING 等子句的用法。

二、实验内容

根据数据库 MYXKXT 中的下列表：用户表 sysuser，角色表 sysrole，用户－角色对应表 sysact，专业表 professional，学生信息表 student，教师信息表 teacher，课程信息表 course，教师授课表 lecture，学生选课表 choice 等，完成以下操作：

（1）显示学生表 student 中的信息。

（2）查询专业 id 是 computer 的学生的学号，姓名，专业，性别和出生日期等信息。

（3）查询专业 id 是 Arts 的所有男生的学号，姓名，专业，性别和出生日期等信息。

（4）查询 teacher 表，为这个表指定别名为 t，查询职称是副教授的所有教师的编号，姓名，性别和职称等信息，并对输出的列分别使用别名"编号"，"姓名"，"性别"和"职称"。

（5）从 choice 表中查询并显示成绩小于 60 分的同学的选课 id 号，学号，授课 id 号，成绩等信息。

（6）从 choice 表中选择成绩在 70～90 分之间的同学的选课 id 号，学号，授课 id 号，成绩等信息。

（7）查询 student 表，显示姓李的所有记录的学号，姓名，专业，性别和出生日期等信息。

（8）对 student 表进行检索，查询并显示专业 id 是 computer 或 Arts 的下列信息：学号，姓名，专业，性别和出生日期等信息。

（9）对 choice 表进行查询操作，查询成绩在 90 分以上的同学的选课 id 号，学号，授课 id 号，成绩等信息，并将查询结果按照成绩的升序进行排列。

（10）统计 student 表中每个专业的学生人数。

（11）统计 student 表中每个专业的学生人数在 5 人及以上的专业及学生人数信息。

三、实验步骤

1. 连接数据库。

```
SQL> CONNECT course_oper/admin;
已连接。
```

2. 执行下列 SQL 语句。

（1）显示学生表 student 中的信息。

```
SQL> SELECT * FROM STUDENT;
STUID        STUNAME     PROFID      SEX   BIRTH         ADDRESS       NOTE
----------   ---------   ---------   ---   -----------   -----------   ------
2007111150   侯娟                    computer    女     03-12 月-87
```

| 2007111151 | 刘沛沛 | computer | 女 | 06-6月-88 |

......

已选择 37 行。

(2) 查询专业 id 是 computer 的学生的学号，姓名，专业，性别和出生日期等信息。

```
SQL> COLUMN stuid FORMAT A15
SQL> COLUMN stuname FORMAT A15
SQL> COLUMN profid FORMAT A15
SQL> SELECT stuid, stuname, profid, sex, birth FROM student WHERE profid='computer';
```

STUID	STUNAME	PROFID	SEX	BIRTH
2007111150	侯娟	computer	女	03-12月-87
2007111151	刘沛沛	computer	女	06-6月-88
2007111152	张创	computer	男	06-7月-86
2007111153	李鹏	computer	男	12-12月-87
2007111154	袁飞	computer	男	20-8月-87
2007111155	张建平	computer	男	02-9月-88

已选择 6 行。

(3) 查询专业 id 是 Arts 的所有男生的学号，姓名，专业，性别和出生日期等信息。
① 先执行下面这个 SQL 语句。

```
SQL> SELECT stuid,stuname,profid,sex,birth
  2  FROM student
  3  WHERE sex='男' AND profid='arts';
```

未选定行

因为上述 profid 中的字符串 arts 与表 student 中的列 profid 中存储的值的大小写不一致，所以无法查询到满足条件的记录。在书写 SQL 语句中列的取值时，一定要特别注意其大小写。
② 下面的 SQL 语句能够查询出满足条件的记录。

```
SQL> SELECT stuid,stuname,profid,sex,birth
  2  FROM student
  3  WHERE sex='男' AND profid='Arts';
```

STUID	STUNAME	PROFID	SEX	BIRTH
2007611174	王辉	Arts	男	01-2月-87
2007611175	姜维	Arts	男	11-7月-88
2007611176	梁文轩	Arts	男	10-12月-86
2007611177	崔永斌	Arts	男	20-1月-87

③ 也可以使用函数 LOWER，在查询时将遇到的值都转换为小写，然后再进行比较，这样就避免了大小写不同而导致值不同的问题。

```
SQL> SELECT stuid,stuname,profid,sex,birth
  2  FROM student
  3  WHERE sex='男' AND LOWER(profid)='arts';
```

STUID	STUNAME	PROFID	SEX	BIRTH

```
---------------- ---------------- ----------------    ----    ----------------
2007611174       王辉             Arts               男      01-2月 -87
2007611175       姜维             Arts               男      11-7月 -88
2007611176       梁文轩           Arts               男      10-12月-86
2007611177       崔永斌           Arts               男      20-1月 -87
```

（4）查询 teacher 表，为这个表指定别名为 t，查询职称是副教授的所有教师的编号，姓名、性别和职称等信息，并对输出的列分别使用别名"编号"，"姓名"，"性别"和"职称"。

```
SQL> COLUMN 编号 FORMAT A20
SQL> COLUMN 职称 FORMAT A20
SQL> COLUMN 姓名 FORMAT A20
SQL> SELECT t.teacherid "编号", t.teachername "姓名",
  2    t.sex "性别", t.position "职称"
  3  FROM teacher t
  4  WHERE t.position='副教授';

编号                    姓名                   性别   职称
--------------------    --------------------   ----   --------------------
comp_001                王冰                   男     副教授
civi_003                李伟                   男     副教授
facu_001                王忠                   男     副教授
facu_003                姜维田                 男     副教授
busi_001                侯豫                   女     副教授
arch_002                刘于修                 男     副教授
arts_001                田丽娜                 女     副教授

已选择 7 行。
```

（5）从 choice 表中查询并显示成绩小于 60 分的同学的选课 id 号，学号，授课 id 号，成绩等信息。

```
SQL> SET PAGESIZE 25
SQL> COLUMN choiceid FORMAT A20
SQL> COLUMN stuid FORMAT A20
SQL> COLUMN lectureid FORMAT A20
SQL> SELECT choiceid,stuid,lectureid,score
  2  FROM choice
  3  WHERE score<60;

CHOICEID            STUID                  LECTUREID              SCORE
------------------  --------------------   --------------------   ----------
51                  2007711197             3                      56
52                  2007711198             3                      43
……
99                  2007211165             6                      46.5
106                 2007611175             6                      53

已选择 13 行。
```

（6）从 choice 表中选择成绩在 70～90 分之间的同学的选课 id 号，学号，授课 id 号，成绩等信息。

```
SQL> SELECT choiceid,stuid,lectureid,score
  2  FROM choice
  3  WHERE score BETWEEN 70 AND 90;
```

CHOICEID	STUID	LECTUREID	SCORE
21	2007111151	3	87
22	2007111152	3	83
……			
108	2007711196	6	83
110	2007811201	6	77.5

已选择 44 行。

说明：BETWEEN 操作符用于检索列值包含在指定区间内的数据行，这个区间是闭区间，在本题中是指查询成绩大于等于 70 并且小于等于 90 的记录信息。

（7）查询 student 表，显示姓李的所有记录的学号，姓名，专业，性别和出生日期等信息。

```
SQL> COLUMN stuid FORMAT A15
SQL> COLUMN stuname FORMAT A15
SQL> COLUMN profid FORMAT A20
SQL> SELECT stuid,stuname,profid,sex,birth
  2  FROM student
  3  WHERE stuname LIKE '李_%';
```

STUID	STUNAME	PROFID	SEX	BIRTH
2007711198	李亮	civil engineering	男	17-5月-88
2007111153	李鹏	computer	男	12-12月-87
2007611172	李晓静	Arts	女	08-7月-88

说明：LIKE 操作符用于查看某一列的字符串是否匹配指定的模式。
WHERE stuname LIKE '李_%'：对于 stuname 字段，第一个字必须是李，后面的内容可以是任意的字符。

（8）对 student 表进行检索，查询并显示专业 id 是 computer 或 Arts 的下列信息：学号，姓名，专业，性别和出生日期等信息。

```
SQL> SELECT stuid,stuname,profid,sex,birth
  2  FROM student
  3  WHERE LOWER(profid) IN('computer','arts');
```

STUID	STUNAME	PROFID	SEX	BIRTH
2007111150	侯娟	computer	女	03-12月-87
2007111151	刘沛沛	computer	女	06-6月-88
……				
2007611176	梁文轩	Arts	男	10-12月-86
2007611177	崔永斌	Arts	男	20-1月-87

已选择 12 行。

说明：in 操作符用于检索某列的值在某个列表中的数据行。

（9）对 choice 表进行查询操作，查询成绩在 90 分以上的同学的选课 id 号，学号，授课 id 号，成绩等信息，并将查询结果按照成绩的升序进行排列。

```
SQL> SELECT choiceid,stuid,lectureid,score
  2  FROM choice
  3  WHERE score>=90 ORDER BY score;
```

CHOICEID	STUID	LECTUREID	SCORE
46	2007611174	3	90
71	2007611174	4	90.5
62	2007211162	4	90.5
……			
109	2007711199	6	94.3
39	2007511221	3	97

已选择 13 行。

说明：使用 ORDER BY 子句，可以使查询结果按照某一字段或某几个字段的升序或者降序进行排列。但服务器完成排序工作需要额外的开销。

（10）统计 student 表中每个专业的学生人数。

```
SQL> COLUMN  专业  FORMAT A20
SQL> SELECT profid AS "专业",COUNT(*) AS "学生人数"
  2  FROM student
  3  GROUP BY profid;
```

专业	学生人数
Business	6
Management	5
computer	6
Architecture	5
Arts	6
civil engineering	4
faculty	5

已选择 7 行。

说明：GROUP BY 子句可以根据表中的某一字段或某几个字段对表中的数据行进行分组，将一组作为一个整体，获取该组的一些信息。

COUNT 函数用来返回记录的统计数量。

HAVING 通常与 GROUP BY 子句一起使用，用 GROUP BY 完成对分组结果的统计后，使用 HAVING 对分组的结果进行筛选。

（11）统计 student 表中每个专业的学生人数在 5 人及以上的专业及学生人数信息。

```
SQL> SELECT profid AS "专业",COUNT(*) AS "学生人数"
  2  FROM student
  3  GROUP BY profid
  4  HAVING COUNT(*) > 4;
```

专业	学生人数
Business	6
Management	5
computer	6
Architecture	5
Arts	6
faculty	5

已选择 6 行。

实验八　SQL 语言——多表查询

一、实验目的

掌握常用 SQL 多表数据查询的方法，熟悉各种子查询的使用。

二、实验内容

根据数据库 MYXKXT 中的下列表：用户表 sysuser，角色表 sysrole，用户－角色对应表 sysact，专业表 professional，学生信息表 student，教师信息表 teacher，课程信息表 course，教师授课表 lecture，学生选课表 choice 等，完成以下操作：

（1）查询并显示 2011 学年开设课程的排课 id，课程 id，课程名称，学分，开课学年和开课学期等信息。

（2）查询并显示教授 C#课程的教师的 id，姓名，职称等信息。

（3）查询并显示选修课成绩低于 60 分的学生学号，姓名，成绩。

（4）查询并显示学号为 2007211165 的学生所在专业的所有学生的学号，姓名，出生日期，专业名称等信息。

（5）显示根据学号查询某个同学学号，姓名，选修课程的教师姓名，课程 id，课程名称，成绩等信息。

（6）查询并显示选修课名为 "C#程序设计" 和 "趣味微积分" 的课程编号，课程名称，课程分数和开课学年等信息。

三、实验步骤

1．连接数据库。

```
SQL> CONNECT course_oper/admin;
已连接。
```

2．执行下列 SQL 语句。

（1）查询并显示 2011 学年开设课程的课程 id，课程名称，学分，开课学年和开课学期等信息。

```
SQL> COLUMN courseid FORMAT A15
SQL> COLUMN coursename FORMAT A15
SQL> SELECT c.courseid,c.coursename,c.credit,l.year,l.term
```

```
  2  FROM course c,lecture l
  3  WHERE c.courseid=l.courseid AND l.year=2011;
```

COURSEID	COURSENAME	CREDIT	YEAR	T
comp_1	c#程序设计	3	2011	1
arch_1	艺术欣赏	3	2011	1
civi_1	趣味微积分	3	2011	1
busi_1	电子商务概论	2	2011	1
comp_2	网页制作	2.5	2011	2
civi_2	数学建模	2	2011	2
arch_2	建筑学概论	4	2011	2
busi_2	会计学	2.5	2011	2

已选择 8 行。

（2）查询并显示教授 C#课程的教师的 id，姓名，职称等信息。

```
SQL> COLUMN teacherid FORMAT A15
SQL> COLUMN teachername FORMAT A15
SQL> COLUMN position FORMAT A15
SQL> COLUMN courseid FORMAT A15
SQL> COLUMN coursename FORMAT A15
SQL> SELECT t.teacherid,t.teachername,t.position,c.courseid,c.coursename
  2  FROM teacher t,lecture l,course c
  3  WHERE t.teacherid=l.teacherid AND l.courseid=c.courseid
  4  AND LOWER(c.coursename) LIKE 'c#_%';
```

TEACHERID	TEACHERNAME	POSITION	COURSEID	COURSENAME
comp_001	王冰	副教授	comp_1	c#程序设计

（3）查询并显示选修课成绩低于 60 分的学生学号，姓名，成绩。

```
SQL> SELECT s.stuid,s.stuname,c.coursename,ch.score
  2  FROM student s,choice ch,course c
  3  WHERE s.stuid=ch.stuid AND ch.courseid=c.courseid
  4  AND ch.score<60;
```

STUID	STUNAME	COURSENAME	SCORE
2007211161	于洁	电子商务概论	53.5
2007211163	刘今今	趣味微积分	55
2007211165	张晓辉	电子商务概论	46.5

……
已选择 13 行。

（4）查询并显示学号为 2007211165 的学生所在专业的所有学生的学号，姓名，出生日期，专业名称等信息。

```
SQL> SELECT s.stuid,s.stuname,s.sex,s.birth,p.profname
  2  FROM student s,professional p
  3  WHERE s.profid=(
  4  SELECT profid FROM student WHERE stuid='2007211165')
```

```
  5   AND s.profid=p.profid;
```

STUID	STUNAME	SEX	BIRTH	PROFNAME
2007211166	孙振华	男	07-6月-87	商学院
2007211165	张晓辉	男	19-11月-87	商学院
……				
2007211161	于洁	女	02-9月-87	商学院

已选择6行。

说明：在 SELECT 语句的 WHERE 子句中使用了子查询，将子查询返回的结果作为外部查询的 WHERE 条件。

（5）显示根据学号查询某个同学学号，姓名，选修课程的教师姓名，课程 id，课程名称，成绩等信息。

```
SQL> SELECT s.stuid,s.stuname,c.courseid,c.coursename,t.teachername,ch.score
  2   FROM student s,course c,teacher t,choice ch,lecture l
  3   WHERE s.stuid=&stuno AND s.stuid=ch.stuid
  4   AND ch.courseid=c.courseid AND c.courseid=l.courseid
  5   AND l.teacherid=t.teacherid;
输入 stuno 的值： 2007211161
原值    3: WHERE s.stuid=&stuno AND s.stuid=ch.stuid
新值    3: WHERE s.stuid=2007211161 AND s.stuid=ch.stuid
```

STUID	STUNAME	COURSEID	COURSENAME	TEACHERNAME	SCORE
2007211161	于洁	comp_1	c#程序设计	王冰	80
2007211161	于洁	comp_2	网页制作	张军	
2007211161	于洁	civi_1	趣味微积分	徐鹏辉	72
2007211161	于洁	busi_1	电子商务概论	催晓晓	53.5

（6）查询并显示选修课名为"c#程序设计"和"趣味微积分"的课程编号，课程名称，教师姓名，课程分数和开课学年等信息。

```
SQL> SELECT c.courseid,c.coursename,t.teachername,ch.score,l.year
  2   FROM course c,choice ch,teacher t,lecture l
  3   WHERE c.courseid=ch.courseid AND c.courseid=l.courseid
  4   AND l.teacherid=t.teacherid
  5   AND c.courseid IN
  6   (SELECT courseid FROM course
  7   WHERE coursename IN('c#程序设计','趣味微积分'))
```

COURSEID	COURSENAME	TEACHERNAME	SCORE	YEAR
comp_1	c#程序设计	王冰	92	2011
comp_1	c#程序设计	王冰	87	2011
……				
civi_1	趣味微积分	徐鹏辉	55	2011
……				
civi_1	趣味微积分	徐鹏辉	56.3	2011

已选择54行。

第七章 索引管理和视图管理

第五章介绍了表、序列和同义词等方案对象，本章将介绍另外两种重要的方案对象——索引和视图。索引是建立在数据库表上的方案对象，用于加速数据存取。合理地使用索引可以大大提高数据表的查询速度。除了索引，用户还会经常用到另外一种方案对象就是视图，视图是从一个或多个基础表中通过查询语句生成的虚拟表。本章将详细介绍索引和视图的创建和维护方法。

- 索引的创建和维护
- 视图的创建和维护

7.1 创建索引

7.1.1 索引概述及创建方法

1. 索引概述

假设一个数据库表中存放了很多条记录（比如 10000 条以上），当用户需要查询该表中的某条记录信息时，如果要查询的记录位于表的最后，那么需要扫描整张表方可得到所需的数据，这样会导致较长的检索时间。为了提高查询速度，可以在该表上建立索引。索引是建立在数据表的一列或多个列（也称为索引关键字）上的方案对象，它类似于书的目录，目的是通过加快 SQL 语句的查询速度来提高访问表中数据的效率。

通常情况下，索引是由索引关键字和这些关键字的取值所在行的 ROWID 组成的，存放于独立的物理存储空间中，其中 ROWID 是表的伪列，存储表中每一条记录的物理地址，是表中每一条记录内在的唯一标识。在没有建立索引的情况下，查询操作必须遍历整个表；建立了索引之后，首先根据索引关键字的取值在索引表中找到 ROWID，然后通过 ROWID 找到记录的物理地址，通过该物理地址就可以快速找到表中对应的记录。因此，建立和使用索引，可以降低 I/O 次数，提高数据访问性能。

2. 创建索引的一般方法

创建索引之前首先需要考虑数据库中的哪些表需要建立索引，并考虑表中的哪些列作为索引关键字。索引可以由用户使用 CREATE INDEX 命令显式创建，也可以由 Oracle 自动创建，例如 Oracle 会自动为表中具有 UNIQUE 约束的列添加一个唯一索引。

创建索引的一般语法格式如下所示:

```
CREATE [UNIQUE|BITMAP] INDEX [Schema.] index_name
ON [Schema.] table_name (Column_name1 [|expression] [ASC|DESC],…)
[TABLESPACE tablespace_name]
[STORAGE storage]
```

语法说明:

（1）UNIQUE|BITMAP：UNIQUE 表示建立唯一索引，索引关键字的取值必须是唯一的；BITMAP 表示建立位图索引。如果使用 CREATE INDEX 命令创建索引时没有加这两个关键字，表示创建的是 B 树索引。

（2）[Schema.] table_name：表示要创建索引的表及其所属方案。

（3）Column_name1 [|expression]：表示要创建索引的列，也就是索引关键字。

（4）[ASC|DESC]：ASC 表示创建的索引为升序排列；DESC 表示索引为降序排列。

（5）[TABLESPACE tablespace_name]：表示要创建的索引所属的表空间。

（6）[STORAGE storage]：设置存储 initial、next、minextents、maxextents 和 pctincrease 等参数。

Oracle 中的索引有多种分类方法，通常按照索引数据的存储方式，可分为 B 树索引、位图索引、反向索引和函数索引。

7.1.2 创建 B 树索引

B 树索引（B-Tree Index）是一种树型结构的索引，是 Oracle 中默认的索引类型。如图 7-1 所示，B 树索引结构由根块、分支块和叶子节点三部分组成，其组织结构类似于一棵树，其主要数据都集中在树的叶子节点上。每个叶子节点中包含了索引关键字的值及其在数据表中对应行的 ROWID。对于根块和分支块来说，每个索引记录都具有两个字段。第一个字段表示该记录所链接的下一级索引块中所包含的最小键值；第二个字段表示所链接的下一级索引块的地址。一个索引块所能容纳的记录数是由索引块大小以及索引键值的长度决定的。

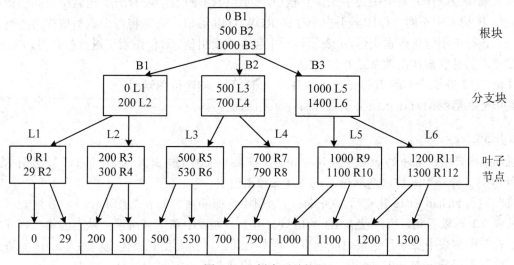

图 7-1 B 树索引结构图

在图 7-1 中，根块包含三条记录，分别为（0 B1）、（500 B2）、（1000 B3），这三条记录分别指向三个分支块（B1、B2 和 B3）。记录中的 0、500 和 1000 分别表示这三个分支块所包含的最小键值，B1、B2 和 B3 则分别表示这三个分支块的地址。而对于页块，例如 L1，有两条记录（0 R1）和（29 R2），其中的 0 和 29 是索引的键值，而 R1 和 R2 则记录了 0 和 29 所属的记录行在表中的物理地址。

假设某一数据表按照某一索引关键字建立了 B 树索引，如果要查询键值为 790 的节点，其检索过程如下：

（1）首先从根块开始，根据所要查找的键值 790，因为 790 大于 500 小于 1000，从而知道其所在的下一层的分支块是 B2。

（2）访问分支块 B2，查询得到键值 790 所在的叶子节点是 L4。

（3）从叶子节点 L4 的记录中查找到键值 790 的物理地址，根据此物理地址，就可以快速定位所查找记录在原数据表中的详细信息。

【例 7-1】在资产明细表（zichanmingxi）的资产名称（zcmc）列上创建 B 树索引。

SQL> CREATE INDEX zichan_name ON zichanmingxi(zcmc);

索引已创建。

说明：如果在 WHERE 子句中经常用到某列或某几列，应该基于这些列建立 B 树索引。下列情况也适合建立 B 树索引：

（1）如果需要访问的行在表中占很小比例，使用 B 树索引可以快速定位。

（2）如果要查询的列就是索引列。所需查询的数据全部在索引中，直接访问 B 树索引就可以快速得到结果。

7.1.3　创建位图索引

B 树索引适合于对索引关键字取值存在大量不同数据的情况，如果表中的某些列的可取值比较少，比如性别一般只能取男、女两个值，成绩可以分为 A、B、C 三个等级，如果要使用性别或者成绩等级作为索引关键字来建立索引，创建位图索引能获得比 B 树索引更高的检索效率。与 B 树索引不同，位图索引中不存储 ROWID 和键值，而是将每个索引值作为一列，用 0 表示该行中不包含该索引值，1 表示该行中包含该索引值。对位图索引进行操作时，Oracle 服务器使用的是位操作，效率是非常高的。

【例 7-2】在资产明细表的资产状态 ID（ztid）列上创建位图索引。

SQL> CREATE BITMAP INDEX zichan_state ON zichanmingxi(ztid);

索引已创建。

说明：资产明细表中的 ztid 字段只有 bf01（报废）、jc01（借出）、wx01（维修）、zc01（正常）和 zy01（转移）五种状态取值，适合建立位图索引。

位图索引 zichan_state 建立后，Oracle 在索引中存储的内容如表 7.1 所示。

从表 7.1 可以看到，资产状态 ID 的值只有五个，如表中第一列所示；从表的第二列开始显示了资产明细表中每一行记录对应的资产状态 ztid 值。如果我们想查询状态为 zc01 的资产记录，位图索引能根据 zc01 行上的索引值 1 和 0 快速判断出哪些记录符合要求。

表 7.1　zichan_state 索引的存储内容

值＼行	1	2	3	4	5	6	7	8	…	110
zc01	1	1	1	1	1	0	1	0	…	1
zy01	0	0	0	0	0	1	0	0	…	0
jc01	0	0	0	0	0	0	0	0	…	0
wx01	0	0	0	0	0	0	0	1	…	0
bf01	0	0	0	0	0	0	0	0	…	0

需要注意的是，创建位图索引的关键字应该是那些取值较少而且不经常改变的字段。在实际应用中，如果某个字段的取值需要频繁更新，那么该字段就不适合用来创建位图索引。

7.1.4 创建反向索引

Oracle 会自动为表的主键列建立一个 B 树索引，对于主键值采用序列编号按序递增或递减往表中插入新记录的情况，B 树索引并不理想。这是因为相邻的若干键值通常分布在同一个叶块，当用户批量插入数据时，由于这些数据的索引键值是相邻的，页块就会产生争用现象。反向索引是 B 树索引的一个分支，它主要是为了解决在并行服务器环境下对索引页块的争用问题。

反向索引就是将正常的键值头尾调换后再进行存储，比如原值是"1234"，将会以"4321"的形式进行存储，这样做可以高效地打散连续的索引键值在索引叶块中的分布位置，减少对索引页块的争用，从而有效提高 I/O 访问性能。

【例 7-3】在资产明细表的编号列（zcid）上建立反向索引。

SQL> CREATE INDEX zichan_id ON zichanmingxi(zcid) REVERSE;

索引已创建。

说明：资产明细表（zichanmingxi）的主键资产编号（zcid）列是顺序递增的，为了均衡索引数据分布，可以在该列上建立反向索引。

需要强调的是如果字段 zcid 上已经建立了索引，本题创建反向索引的命令会失败，并报出如下错误：

SQL> CREATE INDEX zichan_id ON zichanmingxi(zcid) REVERSE;
CREATE INDEX zichan_id ON zichanmingxi(zcid) REVERSE
　　　　　　　　　　　　　　　　　　　*
第 1 行出现错误：
ORA-01408: 此列列表已索引

7.1.5 创建函数索引

函数索引是基于函数或表达式所建立的索引。如果在数据库的查询操作中经常用到基于某一列的函数或表达式，那么应该建立该列的函数索引。函数索引能够计算出函数或表达式的值，并将结果保存在索引中，有利于提高相关 SQL 语句的性能。需要注意，建立函数索引要求用户必须具有 QUERY REWRITE 系统权限。

【例 7-4】在资产明细表（zichanmingxi）的购入时间（grsj）列上创建函数索引。

SQL> CREATE INDEX buy_time ON zichanmingxi(TO_CHAR(grsj));

索引已创建。

7.2 维护索引

7.2.1 重命名索引

重命名索引的语法形式为：
ALTER INDEX index_name RENAME TO new_index_name;

【例 7-5】将资产明细表（zichanmingxi）上的主键索引重命名为 zichan_pk。

为表创建主键 PRIMARY KEY 约束时，如果没有指定主键名称，Oracle 会自动为该主键约束命名，名称类似"SYS_C00421221"，同时生成一个同名的主键索引，可以修改该主键索引的名称。

① 在数据字典 user_constraints 查看资产明细表（zichanmingxi）上的主键索引信息，得到该主键索引的索引名。

```
SQL> COLUMN 约束名 FORMAT A20
SQL> COLUMN 约束类型 FORMAT A15
SQL> COLUMN 表名 FORMAT A20
SQL> COLUMN 索引名 FORMAT A20
SQL> select constraint_name 约束名,constraint_type 约束类型,
  2  table_name 表名,index_name 索引名
  3  FROM user_constraints
  4  WHERE table_name='ZICHANMINGXI' AND constraint_type='P';
```

约束名	约束类型	表名	索引名
SYS_C0011586	P	ZICHANMINGXI	SYS_C0011586

②将该主键索引 SYS_C0011586 重新命名为 zichan_pk。

SQL> ALTER INDEX SYS_C0011586 RENAME TO zichan_pk;

索引已更改。

7.2.2 重建索引

如果经常在索引列上执行 DML 操作，则索引中会产生很多索引碎片，这时就需要通过重建索引来消除索引碎片。重建索引不仅可以提高查询性能，还可以提高索引的空间利用率，因为重建索引可以释放已删除记录对应的索引项所占用的数据块空间。重建索引的一般语法格式如下：

ALTER [UNIQUE] INDEX index_name REBUILD
[INITRANS n]

[MAXTRANS n]
[PCTFREE n]
[STORAGE storage]
[TABLESPACE tablespace_name]

【例 7-6】重建资产明细表的 zichan_pk 索引，以提高其空间利用率。

SQL> ALTER INDEXzichan_pk REBUILD;

索引已更改。

说明：使用 REBUILD 选项重建索引时，如果其他用户正在该表上执行 DML 操作，那么重建索引将会失败，并显示错误消息"ORA-00054：资源正忙，但指定以 NOWAIT 方式获取资源"。为了最小化 DML 操作的影响，可以使用 REBUILD ONLINE 选项联机重建索引。

7.2.3 合并索引

合并索引也可以用来清除索引中的存储碎片。当相邻索引叶块都存在剩余空间，并且它们的索引数据可以存入到同一个索引叶块时，通过合并索引可以提高索引空间的利用率。如图 7-2 所示，最左边的两个索引叶块都存在 50%的剩余空间，通过合并索引可以将它们的索引数据合并到一个索引叶块中。合并索引的一般语法如下：

ALTER [UNIQUE] INDEX index_name COALESCE [DEALLOCATE UNUSED]

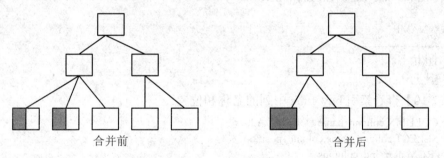

图 7-2　合并索引示意图

【例 7-7】合并例 7-1 创建的 zichan_name 索引。

SQL> ALTER INDEX zichan_name COALESCE;

索引已更改。

7.2.4 删除索引

在 Oracle 数据库中，合理地使用索引虽然可以大大提高数据表的查询速度，但是索引通常需要占用大量的存储空间，在表中执行插入、删除等 DML 操作时，数据库还需要花费额外的开销来更新索引，因此，当数据库中不再需要某些索引时，应该尽快地将这些索引删除掉，以释放存储空间，降低系统开销。需要删除索引的情况有：

（1）大批量的导入数据时，可以先将索引删掉，数据导入后再重新建立索引。

（2）该索引不经常用，可以在需要时再建。

（3）无效的索引。

删除索引需要使用 DROP INDEX 语句，其语法格式如下：
DROP INDEX index_name;

【例 7-8】删除 zichan_name 索引。
SQL> DROP INDEX zichan_name;

索引已删除。

注意：在表的主键上创建的索引是无法被删除的。另外，在删除表时，所有基于该表创建的索引也会被自动删除。

7.2.5 查看索引信息

对于已经存在的索引，可以通过以下数据字典视图来查看相关信息。
（1）DBA_INDEXES：显示数据库的所有索引；
（2）ALL_INDEXES：显示当前用户可访问的索引；
（3）USER_INDEXES：显示当前用户的索引信息；
（4）USER_IND_COLUMNS：显示索引中列的信息。

【例 7-9】显示 zichanmingxi 表的所有索引。
SQL> SELECT index_name FROM user_indexes
  2 WHERE table_name='ZICHANMINGXI';

INDEX_NAME

BUY_TIME
ZICHAN_PK

【例 7-10】查看索引 buy_time 中列的名称和位置。
SQL> COLUMN column_name FORMAT A20
SQL> SELECT column_name,column_position
  2 FROM user_ind_columns
  3 WHERE index_name='BUY_TIME';

COLUMN_NAME   COLUMN_POSITION
--------------------   ---------------
SYS_NC00011$ 1

7.3 创建视图

7.3.1 视图概述

如果经常在表中重复执行某些比较复杂的数据查询操作，可以对该 SQL 语句建立视图，将其作为数据库对象存储起来，反复使用。视图是从一个或多个基础表中通过查询语句生成的虚拟表，它对应于一条 SELECT 语句，可以像操作基表一样操作视图，视图的查询结果随基表数据的变化而自动更新。但与基表不同，视图本身并不包含任何数据，也不占用实际的存储空间，它只包含存储在数据字典中的一条 SELECT 语句。

使用视图可以简化复杂查询，使用视图还可以限制数据访问，提供额外的数据安全保证。因为访问视图时，只能访问视图所对应的查询语句所涉及的列，对基表中的其他列起到安全和保密的作用。

7.3.2 创建视图

创建视图通过 CREATE VIEW 语句完成，具体语法如下：

```
CREATE [OR REPLACE] [FORCE|NOFORCE] VIEW view_name[(alias[,alias…])]
AS subquery
[WITH {CHECK OPTION| READ ONLY} CONSTRAINT constraint_name];
```

语法说明：

（1）OR replace：表示如果要创建的视图已经存在，用此选项代替原有的视图。

（2）VIEW_NAME：要创建的视图名称，alias 是定义视图中列的别名。

（3）SUBQUERY：建立视图的查询语句。

（4）CHECK OPTION：需要通过视图对基表进行某种 DML 操作时，此选项表示只对视图子查询中能够检索的记录进行该 DML 操作。

（5）READ ONLY：表示创建的视图是只读的，不能执行 DML 操作。

1. 创建简单视图

最简单的视图，其查询语句是基于单表的，且不包含任何函数运算、表达式或分组函数。

【例 7-11】创建基于资产明细表的资产视图 zichan_view_zcc，并对该视图进行查询。

① 创建视图 zichan_view_zcc。

```
SQL> CREATE OR REPLACE VIEW zichan_view_zcc(id,name,year,value,time)
  2  AS
  3  SELECT zcid,zcmc,synx,zcyz,grsj FROM zichanmingxi
  4  WHERE bmid='zcc';
```

视图已创建。

② 对该视图执行查询操作。

```
SQL> COLUMN id FORMAT A15
SQL> COLUMN name FORMAT A20
SQL> SELECT * FROM zichan_view_zcc;
```

ID	NAME	YEAR	VALUE	TIME
67	台式机电脑	10	5000	01-7月-12
68	笔记本电脑	15	8000	02-7月-12
69	笔记本电脑	30	20000	03-7月-12
70	移动硬盘	10	1000	04-7月-12
……				
174	立式空调	15	8800	06-6月-07

已选择 16 行。

2. 创建复杂视图

将基于多个表的查询创建视图称为复杂视图。

【例 7-12】 创建部门—资产视图 dept_zichan，并查询宣传部所有资产的详细信息。

① 创建视图 dept_zichan。

```
SQL> CREATE OR REPLACE VIEW dept_zichan
  2  AS
  3  SELECT zcmx.zcid,zcmx.zcmc,zcmx.zcyz,bm.bmid,bm.bmmc
  4  FROM zichanmingxi zcmx,bumen bm
  5  WHERE zcmx.bmid=bm.bmid;
```

视图已创建。

② 从部门资产视图 dept_zichan 中查询宣传部的所有资产的详细信息。

```
SQL> COLUMN zcid FORMAT A15
SQL> COLUMN zcmc FORMAT A20
SQL> COLUMN bmid FORMAT A15
SQL> COLUMN bmmc FORMAT A20
SQL> SELECT * FROM dept_zichan
  2  WHERE bmmc='宣传部';
```

ZCID	ZCMC	ZCYZ	BMID	BMMC
74	台式机电脑	6000	xcb	宣传部
75	刻录机	500	xcb	宣传部
86	喷墨式打印机	3000	xcb	宣传部
……				
173	立式空调	8800	xcb	宣传部

已选择 12 行。

创建视图的 SELECT 语句还可以包含函数、表达式或 GROUP BY 子句。

【例 7-13】 创建部门资产数视图 bumen_zichan_num。

```
SQL> CREATE OR REPLACE VIEW bumen_zichan_num(bmid,zichan_total)
  2  AS
  3  SELECT bmid,COUNT(*)
  4  FROM zichanmingxi
  5  GROUP BY bmid;
```

视图已创建。

7.4 维护视图

7.4.1 修改视图

当视图所对应的子查询不再满足需求，或需要修改视图中包含的列时，可以使用 CREATE OR REPLACE 语句来修改视图。

【例 7-14】 修改视图 zichan_view_zcc。

```
SQL> CREATE OR REPLACE VIEW
  2  zichan_view_zcc(zcid,zcname,year,value,buy_time)
  3  AS
```

```
    4   SELECT zcid,zcmc,synx,zcyz,grsj FROM zichanmingxi
    5   WHERE bmid='xcb' AND ztid='zc01';
```

视图已创建。

7.4.2 删除视图

当不再需要某个视图时，可以使用 DROP VIEW 语句将其删除。语法如下：

```
DROP VIEW view_name;
```

【例 7-15】删除 dept_zichan 视图。

```
SQL> DROP VIEW dept_zichan;
```

视图已删除。

7.4.3 查看视图信息

通过相关数据字典可以查看视图信息，和视图相关的数据字典主要有 USER_OBJECTS、USER_VIEWS 和 USER_UPDATE_COLUMNS。

【例 7-16】从数据字典 USER_OBJECTS 中查看已定义的视图。

```
SQL> SELECT object_name FROM user_objects
  2    WHERE object_type='VIEW';

OBJECT_NAME
------------------------------------------

ZICHAN_VIEW_ZCC
ZICHAN_VIEW
DEPT_ZICHAN
BUMEN_ZICHAN_NUM
```

【例 7-17】从数据字典 USER_VIEWS 中查看部门资产视图的名称和基本查询的长度。

```
SQL> SELECT view_name,text_length FROM user_views
  2    WHERE view_name='DEPT_ZICHAN';

VIEW_NAME                       TEXT_LENGTH
------------------------------  -----------
DEPT_ZICHAN                             108
```

【例 7-18】从数据字典 USER_UPDATABLE_COLUMNS 中查看资产视图的各列是否可插入、更新和删除。

```
SQL> SELECT column_name,insertable,updatable,deletable
  2    FROM user_updatable_columns
  3    WHERE table_name='ZICHAN_VIEW_ZCC';

COLUMN_NAME           INS     UPD     DEL
-------------------   ---     ---     ---
ZCID                  YES     YES     YES
ZCNAME                YES     YES     YES
```

YEAR	YES	YES	YES
VALUE	YES	YES	YES
BUY_TIME	YES	YES	YES

习题七

1. 简述创建索引的目的。
2. 和索引相关的数据字典有哪些？
3. 说明适合使用位图索引的情况。
4. 为什么要使用反向索引？
5. 基于资产类型表及资产明细表的连接建立资产类型视图 zichan_type。
6. 从资产类型视图中查询所有打印设备的信息。
7. 通过数据字典 USER_UPDATABLE_COLUMNS 查看 zichan_type 视图列的信息。

实验九　表管理——使用索引和视图

一、实验目的

掌握建立索引和视图的方法，掌握使用索引和视图的方法。

二、实验内容

给数据库 MYXKXT 创建索引和视图。

三、实验步骤

1. 登录数据库。

SQL> CONNECT course_oper/admin;
已连接。

2. 创建索引。
（1）为 student 表的 name 列创建名为 name_index 的索引。
① 建立索引 name_index。
一般情况下，当单次查询结果的行数不少于整个表行数的 15%时，使用索引会大大提高检索效率。

SQL> CREATE INDEX name_index
  2   on student(stuname)
  3   TABLESPACE　myxkxt_tbs;

索引已创建。

② 打开 student 表中的 name 列上的索引 name_index 的监视状态。
监视索引是为了了解索引的使用情况，确保索引得到了有效的利用。

SQL> ALTER INDEX name_index MONITORING USAGE;

索引已更改。
```
SQL> COLUMN index_name FORMAT A20;
SQL> COLUMN TABLE_name FORMAT A20;
SQL> SELECT index_name,table_name,monitoring,used,
  2  start_monitoring,end_monitoring
  3  FROM v$object_usage;
INDEX_NAME           TABLE_NAME           MON USE START_MONITORING    END_MONITORING
-------------------- -------------------- --- --- ------------------- -------------------
NAME_INDEX           STUDENT              YES NO  07/08/2012 15:31:57
```

③ 关闭监视。

```
SQL> ALTER INDEX name_index NOMONITORING USAGE;
```

索引已更改。

（2）为学生表 student 创建一个名为 prof_index 的 B 树索引，按字段值的升序排列。

```
SQL> CREATE INDEX prof_index ON student(profid ASC)
  2  TABLESPACE myxkxt_tbs;
```

索引已创建。

（3）为学生选课表 choice 创建一个名为 lec_index 的位图索引。

当表中某一字段的唯一值个数比较少时，可以通过在该字段上建立位图索引来提高检索效率。如目前 choice 表中的 lectureid 字段的取值只有 8 个，适合建立位图索引。

```
SQL> CREATE BITMAP INDEX lec_index on choice(lectureid)
  2  TABLESPACE myxkxt_tbs;
```

索引已创建。

3. 创建和使用视图。

（1）创建一个基于 student 表的视图 stu_view，查询所有女生的详细信息。

① 创建索引。

```
SQL> CREATE VIEW stu_view
  2  AS
  3  SELECT stuid,stuname,profid,sex,birth
  4  FROM student WHERE sex='女';
```

视图已创建。

② 查询视图。

```
SQL> SElECT * FROM stu_view;
```

STUID	STUNAME	PROFID	SEX	BIRTH
2007111150	侯娟	computer	女	03-12月-87
2007111151	刘沛沛	computer	女	06-6月 -88
2007211161	于洁	Business	女	02-9月 -87
……				

已选择 13 行。

（2）创建一个视图 stu_comp，查询计算机专业学生的详细信息。

```
SQL> CREATE OR REPLACE VIEW stu_comp
  2  AS
  3  SELECT s.stuid,s.stuname,p.profid,p.profname
  4  FROM student s,professional p
  5  WHERE s.profid=p.profid AND p.profname='计算机'

视图已创建。
```

查询视图 stu_comp。

```
SQL> COLUMN stuid FORMAT A20;
SQL> COLUMN stuname FORMAT A20;
SQL> COLUMN profid FORMAT A10;
SQL> COLUMN profname FORMAT A20;
SQL> SELECT * FROM stu_comp;
```

STUID	STUNAME	PROFID	PROFNAME
2007111150	侯娟	computer	计算机
2007111151	刘沛沛	computer	计算机
2007111152	张创	computer	计算机
2007111153	李鹏	computer	计算机
2007111154	袁飞	computer	计算机
2007111155	张建平	computer	计算机

已选择 6 行。

（3）创建一个能够根据学号、课程编号、课程名和成绩查询的视图 stuid_score_view。

```
SQL>CREATE OR REPLACE VIEW stuid_score_view
  2  AS
  3  SELECT s.stuid,s.stuname,c.courseid,c.coursename,ch.score
  4  FROM student s,course c,choice ch
  5  WHERE ch.stuid=s.stuid AND ch.courseid=c.courseid

视图已创建。
```

```
SQL> COLUMN stuid FORMAT A15;
SQL> COLUMN stuname FORMAT A10;
SQL> COLUMN courseid FORMAT A10;
SQL> SELECT * FROM stuid_score_view;
```

STUID	STUNAME	COURSEID	COURSENAME	SCORE
2007111150	侯娟	comp_1	c#程序设计	92
2007111151	刘沛沛	comp_1	c#程序设计	87
……				
2007211162	王川川	arch_1	艺术欣赏	90.5
2007211164	张晓伟	arch_1	艺术欣赏	83
……				

2007111155	张建平	civi_1	趣味微积分	65	
2007211161	于洁	civi_1	趣味微积分	72	
……					
2007111152	张创	busi_1	电子商务概论	76.3	
2007111155	张建平	busi_1	电子商务概论	82.5	
……					

已选择 152 行。

（4）创建一个视图 tea_course_lec_view，查询职称为副教授的教师所教课程的详细信息。

```
SQL> CREATE OR REPLACE VIEW tea_course_lec_view
  2  AS
  3  SELECT t.teacherid,t.teachername,t.sex,t.position,
  4  c.courseid,c.coursename,l.currentstu
  5  FROM teacher t,course c,lecture l
  6  WHERE t.position='副教授' AND t.teacherid=l.teacherid
  7  AND l.courseid=c.courseid
```

视图已创建。

使用视图 tea_course_lec_view 进行查询。

```
SQL> COLUMN teacherid FORMAT A20
SQL> COLUMN teachername FORMAT A20
SQL> COLUMN position FORMAT A20
SQL> COLUMN courseid FORMAT A20
SQL> COLUMN coursename FORMAT A20
SQL> SELECT teacherid,teachername,position,courseid,coursename FROM tea_course_lec_view;
```

TEACHERID	TEACHERNAME	POSITION	COURSEID	COURSENAME
comp_001	王冰	副教授	comp_1	c#程序设计
civi_003	李伟	副教授	civi_2	数学建模
arch_002	刘于修	副教授	arch_2	建筑学概论
busi_001	侯豫	副教授	busi_2	会计学

（5）创建教师选课视图 tea_course。

```
SQL> CREATE OR REPLACE VIEW tea_course
  2  AS
  3  SELECT t.teacherid,t.teachername,t.position,
  4  c.courseid,c.coursename,c.credit,l.lectureid,l.currentstu,l.state,
  5  l.year,l.term
  6  FROM teacher t,course c,lecture l
  7  WHERE t.teacherid=l.teacherid AND l.courseid=c.courseid
```

视图已创建。

使用视图 tea_course 进行查询。

```
SQL> COLUMN lectureid FORMAT A10
SQL> COLUMN courseidid FORMAT A10
SQL> COLUMN teacherid FORMAT A10
```

```
SQL> COLUMN teachername FORMAT A15
SQL> COLUMN coursename FORMAT A20
SQL> SELECT lectureid,courseid,coursename,teacherid,teachername
  2  FROM tea_course;
```

LECTUREID	COURSEID	COURSENAME	TEACHERID	TEACHERNAME
3	comp_1	c#程序设计	comp_001	王冰
7	comp_2	网页制作	comp_002	张军
5	civi_1	趣味微积分	civi_002	徐鹏辉
8	civi_2	数学建模	civi_003	李伟
10	busi_2	会计学	busi_001	侯豫
6	busi_1	电子商务概论	busi_002	催晓晓
4	arch_1	艺术欣赏	arch_001	王亮
9	arch_2	建筑学概论	arch_002	刘于修

已选择 8 行。

（6）创建学生选课视图 stu_course。

将创建视图的语句保存在一个文本文件中，如存放在 e:\oracle\SQL_user\stu_course.sql 中，创建视图语句如下：

```
CREATE OR REPLACE VIEW stu_course
AS
SELECT c.courseid,c.coursename,c.credit,
ch.choiceid,ch.score,
s.stuid,s.stuname,s.sex,p.profid,p.profname,
l.lectureid,l.currentstu,l.checked,l.year,l.term,
t.teacherid,t.teachername,t.position
FROM course c,choice ch,student s,teacher t,lecture l,professional p
WHERE c.courseid=l.courseid AND l.teacherid=t.teacherid
AND c.courseid=ch.courseid AND ch.stuid=s.stuid
AND s.profid=p.profid;
```

然后在 SQL* Plus 中运行这个文本文件。

```
SQL> start e:\ oracle\SQL_user\stu_course.sql
```

视图已创建。

4．管理视图。

（1）查看视图的定义信息：通过数据字典 user_views 可以了解已经定义的视图的信息。

```
SQL> SET LONG 200
SQL> COLUMN view_name FORMAT A15
SQL> COLUMN text FORMAT A60
SQL> SELECT view_name,text,read_only
  2  FROM user_views
  3  WHERE view_name='TEA_COURSE_LEC_VIEW';
```

VIEW_NAME	TEXT	R
TEA_COURSE_LEC_VIEW	SELECT t.teacherid,t.teachername,t.sex,t.position, c.courseid,c.coursename,l.currentstu FROM teacher t,course c,lecture l WHERE t.position='副教授' AND t.teacherid=l.teacherid AND l.courseid=c.coursei	N

（2）删除视图 tea_course_lec_view

```
SQL> drop view tea_course_lec_view;

视图已删除。
```

第八章 PL/SQL 编程

PL/SQL 是 Oracle 特有的过程化编程语言，是 Oracle 对 SQL 语言的扩展，能运行在任何 Oracle 环境中。它将 SQL 语言处理数据的功能和过程化程序设计处理数据的功能有机地结合在一起，不仅具有过程编程语言的基本特征，而且还具有对象编程语言的高级特征，使用户能够更加灵活地完成数据库任务。Oracle 中的许多开发工具都是基于 PL/SQL 语言的。本章将讲述 PL/SQL 的基本语法、数据结构、控制结构，以及如何使用游标、异常处理和触发器。

本章要点

- PL/SQL 块结构
- 控制结构：顺序，条件和循环结构
- 游标
- 异常处理
- 触发器

8.1 PL/SQL 结构

8.1.1 PL/SQL 语言

PL/SQL 的全称是 Procedural Language/Structured Query Language，是过程语言与 SQL 语言结合而成的编程语言。PL/SQL 支持所有的数据处理命令，支持各种 SQL 数据类型及 SQL 函数，还支持 Oracle 的对象类型和集合类型。和其他编程语言一样，PL/SQL 语言有字符集，运算符，可以定义变量和常量，有赋值语句和表达式，可以使用条件和循环等控制结构，可以捕获异常。与其他编程语言不同的是，PL/SQL 程序中可以嵌入 SQL 语句，帮助用户灵活高效地完成各种数据库操作任务。

8.1.2 PL/SQL 块结构

1．PL/SQL 块

PL/SQL 程序的基本单元是程序块，一个 PL/SQL 程序是由一个或多个程序块组成的。编写 PL/SQL 程序实际上就是编写 PL/SQL 程序块，在块中定义各种变量和常量，选择合适的控制结构，使用 SELECT、INSERT、UPDATE、DELETE 等 DML 语句、事务控制语句以及 SQL

函数等，将逻辑上相关的声明和语句组合在一起以完成特定的应用功能。PL/SQL 程序块分为三部分：声明部分、可执行部分和异常处理部分，如下所示：

```
[DECLARE]
/* 声明部分：用于声明 PL/SQL 程序库中需要使用的变量*/
BEGIN
/*可执行部分：PL/SQL 块中的可执行语句*/
[EXCEPTION]
/*异常处理部分：用于处理 PL/SQL 块运行过程中可能出现的各种错误*/
END;
/
```

说明：

（1）声明部分：用来声明 PL/SQL 块中需要用到的变量、游标和自定义异常。这些变量的作用域仅限于它们所在的块。声明部分是 PL/SQL 程序块的可选部分。

（2）可执行部分：执行相关语句并操作在声明部分已声明的变量和游标。可执行部分可以嵌套，这部分是 PL/SQL 所必需的。

（3）异常处理部分：处理可执行部分引发的异常，这部分也可以嵌套子块。异常处理部分是 PL/SQL 程序块的可选部分。

（4）PL/SQL 程序块使用正斜杠"/"表示这是程序的结尾部分。

（5）在上面所示的 PL/SQL 程序块结构中，DECLARE，BEGIN，EXCEPTION 等关键字后面没有分号，而 END 后则必须要带有分号。

2．PL/SQL 块的分类

当使用 PL/SQL 开发应用模块时，根据需要实现的应用模块功能，可以将 PL/SQL 块划分为匿名块、命名块、子程序和触发器等四种类型。

（1）匿名块

匿名块是指没有特定名称的 PL/SQL 块，它既可以内嵌到相关应用程序中使用，也可以在交互式环境中直接使用。

（2）命名块

命名块是指具有特定名称标识的 PL/SQL 块，命名块与匿名块非常类似，但在 PL/SQL 块前需要使用<<>>加以标记。命名块通常用于程序嵌套当中，以区分多级嵌套层次关系。

（3）子程序

子程序包括过程、函数和包。当开发 PL/SQL 子程序时，既可以开发客户端的子程序，也可以开发服务器端的子程序。客户端子程序主要用在 Developer 中，而服务器端子程序可以用在任何应用程序中。

（4）触发器

触发器是指隐含执行的存储过程。当定义触发器时，必须要指定触发事件以及触发操作，常用的触发事件包括 INSERT、UPDAE 和 DELETE 语句，而触发操作实际是一个 PL/SQL 块。

3．PL/SQL 程序注释

在 PL/SQL 程序块中添加适当的注释可以提高代码的可阅读性。

（1）双减号--：表示单行注释符。

（2）/*……*/：表示添加一行或多行注释符。

8.1.3 变量与常量

1. 变量

变量用来保存程序需要处理的数据，为了给变量分配适当的内存空间，变量在使用之前需要声明其数据类型。

（1）声明变量

声明变量的语句格式如下：

Variable_Name [CONSTANT] databyte [NOT NUL] [:=DEFAULT EXPRESSION]

注意：如果在声明变量的同时给变量加上 NOT NULL 约束条件，此变量在初始化时必须赋值。

（2）给变量赋值

① 直接给变量赋值：

zichan_id zichanmingxi.zcid%TYPE:=20;

② 用户交互赋值：

zichan_id zichanmingxi.ZCID%TYPE:=&id;

说明：用户输入的变量 id 的值将存入 zichan_id 变量中。

&id 表示变量 id 是 Oracle 系统中的一个临时变量，执行该变量所在的 SQL 语句时，系统会提示用户为 id 赋值。

③ 通过 SQL SELECT INTO 或 FETCH INTO 语句给变量赋值：

SELECT zcmc INTO zichan_name FROM zichanmingxi;

说明：该语句将 SELECT 语句的查询结果赋给了变量 zichan_name。

2. 常量

常量用于声明一个不可更改的值。常量在声明时被赋值，该值在程序内部不允许改变。声明常量时必须包括关键字 CONSTANT。例如：

zichan_synx CONSTANT NUMBER:=10;

说明：这个语句定义了一个名为 zichan_synx 的常量，该常量的类型是 NUMBER，常量值是 10。

8.1.4 数据类型

Oracle 的数据类型分为四类，分别是标量类型，复合类型，参照类型和 LOB 类型。其中，标量类型没有内部分量；复合类型则包含了可以被单独操作的内部组件；参照类型类似于 C 语言中的指针，能够引用一个数据值；LOB 类型的值就是一个 LOB 定位器，能够指示出大对象的存储位置。

1. 标量类型

在 PL/SQL 程序的各类变量中，最常用的是标量类型的变量。当定义标量类型变量时，必须要指定该变量的标量数据类型。标量数据类型包括数字、字符、布尔值和日期时间值等 4 类数据类型，如表 8.1 所示。

表 8.1 常用标量类型

名称	类型	说明
NUMBER	数字类型	能存放整数值和实数值,并且可以定义精度和取值范围
BINARY_INTEGER	数字类型	可存储带符号整数,为整数计算优化性能
DEC	数字类型	NUMBER 的子类型,小数
DOUBLE PRECISION	数字类型	NUMBER 的子类型,高精度实数
INTEGER	数字类型	NUMBER 的子类型,整数
INT	数字类型	NUMBER 的子类型,整数
NUMERIC	数字类型	NUMBER 的子类型,与 NUMBER 等价
REAL	数字类型	NUMBER 的子类型,与 NUMBER 等价
SMALLINT	数字类型	NUMBER 的子类型,取值范围比 INTEGER 小
VARCHAR2	字符类型	存放可变长字符串,有最大长度
CHAR	字符类型	定长字符串
LONG	字符类型	变长字符串,最大长度可达 32,767
DATE	日期类型	以数据库相同的格式存放日期值
BOOLEAN	布尔类型	TRUE 或 FALSE
ROWID	ROWID	存放数据库的行号

说明:数字类型存储的数据为数值,通常用于数学计算,它类似于 SQL 中的 NUMBER 数据类型;字符类型用于存储字符或字符串;日期时间类型用于存储日期和时间值;布尔数据类型只有一种类型,即 BOOLEAN 类型,它用于存储逻辑值(TRUE、FALSE 和 NULL)。

2. 复合类型

复合类型变量是指用于存放多个值的变量。PL/SQL 的复合数据类型包括 PL/SQL 记录、PL/SQL 表、嵌套表以及 VARRAY 可变数组。

(1)%TYPE 和%ROWTYPE

在 PL/SQL 中,有时需要定义变量来存放数据库表中的某个字段值或者一条记录的值,此时必须保证该变量的数据类型和它所要存储数据的类型完全一致,否则就会出现 PL/SQL 运行错误。在编程时通常使用%TYPE、%ROWTYPE 方式声明变量,使变量的类型与它所要存储的表的数据保持同步,随表的变化而变化,这样可以使程序具有更强的通用性。

① %TYPE 的用法:将数据库表中的某个字段或 PL/SQL 中已经声明过的变量名作为参照,使用%TYPE 属性来声明一个变量。如果定义%TYPE 变量时以表的某个字段作为参照,系统会按照指定列的类型来确定该变量的类型和长度,其语法形式为:

variable_name table_name.column_name%TYPE
[[NOT NULL] {:= | DEFAULT} value]

【例 8-1】显示资产编号为 100 的资产名称信息。

SQL> SET SERVEROUTPUT ON
SQL> DECLARE

```
  2    zichan_id zichanmingxi.zcid%TYPE:=100;
  3    zichan_name zichanmingxi.zcmc%TYPE;
  4    BEGIN
  5    SELECT zcmc INTO zichan_name
  6    FROM zichanmingxi WHERE zcid=zichan_id;
  7    DBMS_OUTPUT.PUT_LINE('资产编号为:'||zichan_id);
  8    DBMS_OUTPUT.PUT_LINE('资产名称为:'||zichan_name);
  9    END;
 10    /
资产编号为:100
资产名称为:喷墨式打印机

PL/SQL 过程已成功完成。
```

② %ROWTYPE 的用法：%ROWTYPE 将定义一个由数据库表的字段集合构成的记录类型的变量，该变量可以用来存储表中的一行数据。%ROWTYPE 类型变量的域与它所参照表的字段名称、个数、数据类型及长度完全相同。该变量的赋值必须是表中某条记录的全部列值；可以使用"变量名.字段名"来引用其中的某一字段值。%ROWTYPE 定义变量的语法形式为：

variable_name table_name%ROWTYPE;

【例 8-2】显示指定编号资产的资产编号和名称。

```
SQL> DECLARE
  2    zichan_id zichanmingxi.zcid%TYPE:=&id;
  3    zichan_record zichanmingxi%ROWTYPE;
  4    BEGIN
  5    SELECT * INTO zichan_record
  6         FROM zichanmingxi
  7         WHERE zcid=zichan_id;
  8         DBMS_OUTPUT.PUT_LINE('资产名称为：'||zichan_record.zcmc);
  9         DBMS_OUTPUT.PUT_LINE('资产原值为：'||zichan_record.zcyz);
 10    END;
输入 id 的值： 78
原值    2: zichan_id zichanmingxi.zcid%TYPE:=&id;
新值    2: zichan_id zichanmingxi.zcid%TYPE:=78;
资产名称为：刻录机
资产原值为：500

PL/SQL 过程已成功完成。
```

说明：&id 为临时变量，SQL 语句执行时会提示"输入 id 的值:"，用户输入 id 变量的值后，系统会将其赋值给变量 zichan_id；%ROWTYPE 类型的变量 zichan_record 用来存储 zichanmingxi 表中的一条记录信息；SQL 语句执行结束后，SELECT 语句的查询结果就会存储在变量 zichan_record，通过 zichan_record.zcmc 和 zichan_record.zcyz 来输出其资产名称和资产原值等信息。

（2）PL/SQL 记录类型

PL/SQL 记录类似于高级语言中的结构体类型，每个 PL/SQL 记录一般都包含多个成员。当引用记录成员时，必须要加记录变量作为前缀，即使用"记录变量.记录成员"的形式。

① PL/SQL 记录类型的声明语法：

```
TYPE record_name IS RECORD(
field_name1 data_type1,
field_name2 data_type2,
… …
field_namen data_typen);
```

语法说明：

1）record_name：记录类型名称。

2）IS RECORD：表示创建的是记录类型。

3）field_name：表示记录类型中的字段名称。

② 定义记录类型变量的语法：

```
variable_name record_name;
```

【例 8-3】显示指定编号资产的下列信息：资产名称、资产部门、资产状态和使用年限等。

```
SQL> DECLARE
  2    TYPE zichan_info_type IS RECORD (
  3      name zichanmingxi.zcmc%TYPE,
  4      dept bumen.bmmc%TYPE,
  5      state zichanzhuangtai.ztmc%TYPE,
  6      num_of_year zichanmingxi.synx%TYPE
  7    );
  8    zichan zichan_info_type;
  9    zichan_id zichanmingxi.zcid%TYPE:=&id;
 10  BEGIN
 11    SELECT zcmc,bmmc,ztmc,synx INTO zichan
 12    FROM zichanmingxi,bumen,zichanzhuangtai
 13    WHERE zichanmingxi.bmid=bumen.bmid
 14    AND zichanmingxi.ztid=zichanzhuangtai.ztid
 15    AND zcid=zichan_id;
 16    DBMS_OUTPUT.PUT_LINE('资产名称为:'||zichan.name);
 17    DBMS_OUTPUT.PUT_LINE('资产部门为:'||zichan.dept);
 18    DBMS_OUTPUT.PUT_LINE('资产状态为:'||zichan.state);
 19    DBMS_OUTPUT.PUT_LINE('资产使用年限为:'||zichan.num_of_year);
 20  END;
输入 id 的值: 99
原值    9: zichan_id zichanmingxi.zcid%TYPE:=&id;
新值    9: zichan_id zichanmingxi.zcid%TYPE:=99;
资产名称为:交换机
资产部门为:财务处
资产状态为:正常
资产使用年限为:6

PL/SQL 过程已成功完成。
```

说明： 本题中定义了一个名为 zichan_info_type 的记录类型，该类型有四个字段；然后声明了一个 zichan_info_type 的变量 zichan，并在程序体中将 zichanmingxi 表中指定资产编号的资产的 zcmc、bmmc、ztmc 和 synx 等列的值赋值给该变量。

（3）PL/SQL 表类型

记录类型的变量一次只能保存一行数据。如果用记录类型变量存储 PL/SQL 块的 SELECT 语句返回的多行数据，就需要使用循环结构和游标技术。Oracle 表类型类似于表，允许处理多行数据。

①声明 PL/SQL 表类型对象语法：

```
TYPE table_name IS TABLE OF data_type [NOT NULL]
INDEX BY BINARY_INTEGER;
```

语法说明：

1）table_name：创建的表类型名称。

2）IS TABLE：表示创建的是表类型。

3）data_type：PL/SQL 数据类型。

4）INDEX BY BINARY_INTEGER：表示由系统创建一个主键索引，来引用表类型变量中的特定行。

②声明 PL/SQL 表类型的变量：

```
variable_name table_name;
```

【例 8-4】 查看用户刘金山所在的部门。

```
SQL> DECLARE
  2    TYPE user_table_type IS TABLE OF bumen.bmmc%TYPE
  3    INDEX BY BINARY_INTEGER;
  4    user_dept user_table_type;
  5  BEGIN
  6    SELECT bmmc INTO user_dept(-1)
  7    FROM bumen,yonghu
  8    WHERE bumen.bmid=yonghu.bmid AND yhmc='刘金山';
  9    DBMS_OUTPUT.PUT_LINE('用户刘金山所在的部门是:'||user_dept(-1));
 10  END;
 11  /
用户刘金山所在的部门是:科技处

PL/SQL 过程已成功完成。
```

说明： PL/SQL 表类似于高级语言中的数组，但 PL/SQL 表的下标可以为负值，而且没有上下限，其元素个数没有限制，如本题中将从 zichanmingxi 表中查询到的部门名称存放在 user_dept(-1)中。

3. 参照类型

参照类型用于存放数值指针，可以通过参照类型的变量来共享相同对象。在 PL/SQL 中有两种参照类型变量：游标变量（REF CURSOR）和对象类型变量（REF obj_type）。

（1）游标变量

当 PL/SQL 中的 SELECT 语句需要返回多行查询结果时，就需要使用游标变量。游标变量存放着指向内存地址的指针，这个指针指向多行查询结果集的当前行。使用游标变量时，需要指定它所对应的 SELECT 语句，这样系统就会将该 SELECT 语句返回的查询结果放到游标结果集中。

（2）对象类型变量

当编写对象类型应用时，可以使用 REF 引用对象类型来共享相同对象，REF 实际是指向对象实例的指针。

4. LOB 类型

LOB 类型即大对象类型，用来存储文本文件或二进制文件、图像或者音频信息等大量数据（一个 LOB 字段可存储多达 4GB 的数据）。LOB 数据类型由数据和定位器组成，其数据库列用于存储定位器，由定位器指向大型对象的存储位置。PL/SQL 通过定位器对 LOB 数据类型进行操作。

8.2 控制结构

8.2.1 顺序控制语句

顺序控制语句是程序设计中最基本的一种控制结构。在 PL/SQL 中，顺序控制语句按照其在程序中的先后顺序依次执行，直到程序结束为止。例如，本章例题 8.1 至例题 8.4，可执行部分 BEGIN…END 之间的语句都属于顺序控制语句。

8.2.2 条件语句

条件语句用于根据特定情况选择要执行的操作流程。

1. IF-THEN 语句

IF-THEN 语句是条件语句最简单的形式，用于执行单一条件判断：

```
IF condition THEN
    sequence_of_statements
END IF;
```

说明：该语句只有在条件 condition 为真的时候才会执行 THEN 后面的语句序列 sequence_of_statements。如果条件 condition 为假或是空，则跳过 THEN 和 END IF 之间的语句序列，直接执行 END IF 后面的语句。

【例 8-5】编写 PL/SQL 过程：如果给定资产的资产原值大于 5000，则输出提示为重要资产。

```
SQL> DECLARE
  2    zichan_value zichanmingxi.zcyz%TYPE:=&v;
  3  BEGIN
  4    IF zichan_value>5000 THEN
  5      DBMS_OUTPUT.PUT_LINE('重要资产');
  6    END IF;
  7  END;
  8  /
输入 v 的值：  8000
原值    2: zichan_value zichanmingxi.zcyz%TYPE:=&v;
新值    2: zichan_value zichanmingxi.zcyz%TYPE:=8000;
```

重要资产

PL/SQL 过程已成功完成。

说明：如果输入的资产原值超过 5000，则程序会执行 IF…END IF 间的语句，输出"重要资产"，否则程序不输出任何内容。这里我们输入的资产原值是 8000，所以程序输出"重要资产"。

2. IF-THEN-ELSE 语句

第二种形式的 IF 语句使用关键字 ELSE 添加了一个额外的处理选项，语句执行时会根据条件来选择两种可能性。其语句格式如下：

```
IF condition THEN
    sequence_of_statements1
ELSE
    sequence_of_statements2
END IF;
```

说明：当条件 condition 为真时则第一组语句序列 sequence_of_statements1 会被执行；当条件 condition 为假或空时，ELSE 子句中的语句序列 sequence_of_statements2 就会被执行。

【例 8-6】编写 PL/SQL 过程，输入资产 id 号，查询给定 zcid 号的资产的资产名称和资产原值，并根据资产原值判定此资产是重要资产还是普通资产。

```
SQL> DECLARE
  2    zichan_id zichanmingxi.zcid%TYPE:=&id;
  3    zichan_name zichanmingxi.zcmc%TYPE;
  4    zichan_value zichanmingxi.zcyz%TYPE;
  5  BEGIN
  6    SELECT zcmc,zcyz
  7    INTO zichan_name,zichan_value
  8    FROM zichanmingxi
  9    WHERE zcid=zichan_id;
 10    IF zichan_value>=5000 THEN
 11        DBMS_OUTPUT.PUT_LINE('id 号是'||zichan_id||'，名称是'||
 12        zichan_name||'，资产原值是'||zichan_value||'的资产是重要资产');
 13    ELSE
 14        DBMS_OUTPUT.PUT_LINE('id 号是'||zichan_id||'，名称是'||
 15        zichan_name||'，资产原值是'||zichan_value||'的资产不是重要资产');
 16    END IF;
 17  END;
输入 id 的值：77
原值    2: zichan_id zichanmingxi.zcid%TYPE:=&id;
新值    2: zichan_id zichanmingxi.zcid%TYPE:=77;
id 号是 77，名称是笔记本电脑，资产原值是 7000 的资产是重要资产
```

PL/SQL 过程已成功完成。

说明：根据程序逻辑，如果给定 id 号资产的资产原值超过 5000（包括 5000），程序会输出"重要资产；否则会输出"不是重要资产"。下面是本程序的另一次执行过程。

```
输入 id 的值：99
原值    2: zichan_id zichanmingxi.zcid%TYPE:=&id;
```

新值　　2: zichan_id zichanmingxi.zcid%TYPE:=99;
id 号是 99，名称是交换机，资产原值是 400 的资产不是重要资产

PL/SQL 过程已成功完成。

3. IF-THEN-ELSIF 语句

IF-THEN-ELSIF 属于多重条件分支结构，用来实现多个条件的选择。IF-THEN-ELSIF 语句的语句格式如下：

```
IF condition1 THEN
    sequence_of_statements1
ELSIF condition2 THEN
    sequence_of_statements2
……
ELSE
    sequence_of_statements3
END IF;
```

说明：在 IF-THEN-ELSIF 结构中，计算结果为 TRUE 的第一个 condition 表达式对应的语句序列将被执行。

（1）程序执行时，第一个条件 condition1 为真时执行该条件后的语句序列 sequence_of_statements1，然后跳到 END IF 后去执行程序块中的其他语句；

（2）如果条件 condition1 为空或假，则转去判断下一个条件 condition2；如果 condition2 为真，则执行该条件后的语句序列 sequence_of_statements2；

（3）当所有的条件都为假或是空时，程序就会执行 ELSE 后的语句序列 sequence_of_statements3。

【例 8-7】编写 PL/SQL 过程，根据输入的部门编号输出相应的部门名称。

```
SQL> DECLARE
  2    zichan_dept zichanmingxi.bmid%TYPE:=&bmid;
  3  BEGIN
  4      IF zichan_dept='zcc' THEN
  5          DBMS_OUTPUT.PUT_LINE('该部门是资产处');
  6      ELSIF zichan_dept='xcb' THEN
  7          DBMS_OUTPUT.PUT_LINE('该部门是宣传部');
  8      ELSIF zichan_dept='zzb' THEN
  9          DBMS_OUTPUT.PUT_LINE('该部门是组织部');
 10      ELSE
 11          DBMS_OUTPUT.PUT_LINE('其他部门');
 12      END IF;
 13  END;
输入 bmid 的值：'xcb'
原值　　2: zichan_dept zichanmingxi.bmid%TYPE:=&bmid;
新值　　2: zichan_dept zichanmingxi.bmid%TYPE:='xcb';
该部门是宣传部
```

PL/SQL 过程已成功完成。

说明：如果变量 zichan_dept 的值为 zcc 的话，第一个条件就为真，则输出"该部门是资产处"；如果 zichan_dept 的值为 xcb 的话，第二个条件为真，输出"该部门是宣传部"；如果

zichan_dept 的值为 zzb 的话，第三个条件为真，输出"该部门是组织部"。如果 zichan_dept 的值是其他值，则输出 ELSE 后的语句"其他部门"。

4. CASE 语句

CASE 语句用于处理多重分支语句结构，根据一定条件从多个语句序列中选出一个符合条件的语句来执行。与 IF 语句不同，CASE 语句会使用一个选择器，而不是多个布尔表达式。

（1）简单 CASE 语句

```
CASE selector
    WHEN expression1 THEN
        sequence_of_statements1;
    WHEN expression2 THEN
            sequence_of_statements2;
        ...
    WHEN expressionN THEN
        sequence_of_statementsN;
    [ELSE sequence_of_statementsN+1;]
END CASE [label_name];
```

说明：CASE 语句会先计算选择器 selector 的值，然后将选择器的值同每一个 WHEN 子句的条件表达式的值 expression 相比较，如果这两个值相等，则会执行相应 WHEN 子句的语句序列 sequence_of_statements。如果所有 WHEN 子句的条件表达式的值都不等于选择器的值，程序就会执行 ELSE 后的语句序列 sequence_of_statementsN+1。

【例 8-8】利用 CASE 语句改写例 8-7 的例子。

```
SQL> DECLARE
  2     zichan_dept zichanmingxi.bmid%TYPE:=&bmid;
  3  BEGIN
  4     CASE zichan_dept
  5         WHEN 'zcc' THEN
  6             DBMS_OUTPUT.PUT_LINE('该部门是资产处');
  7         WHEN 'xcb' THEN
  8             DBMS_OUTPUT.PUT_LINE('该部门是宣传部');
  9         WHEN 'zzb' THEN
 10             DBMS_OUTPUT.PUT_LINE('该部门是组织部');
 11         ELSE
 12             DBMS_OUTPUT.PUT_LINE('该部门是其他部门');
 13     END CASE;
 14  END;
输入 bmid 的值：  'fzghc'
原值    2: zichan_dept zichanmingxi.bmid%TYPE:=&bmid;
新值    2: zichan_dept zichanmingxi.bmid%TYPE:='fzghc';
该部门是其他部门

PL/SQL 过程已成功完成。
```

（2）搜索式 CASE 语句

搜索式 CASE 语句使用条件来确定返回值，其语法格式如下：

```
[<<label_name>>]
CASE
```

```
    WHEN search_condition1 THEN
            sequence_of_statements1;
    WHEN search_condition2 THEN
            sequence_of_statements2;
    …
    WHEN search_conditionN THEN
            sequence_of_statementsn;
    [ELSE sequence_of_statementsN+1;]
    END CASE [label_name];
```

说明：搜索式 CASE 语句没有选择器，WHEN 之后的搜索条件返回的结果只能是布尔类型的值。

（1）搜索条件是从第一个 search_condition1 开始按顺序计算的。如果 search_condition1 的布尔值为 TRUE，程序就会执行它后面的语句序列，然后跳出"CASE…END CASE"结构，继续执行 PL/SQL 块后面的语句；否则转去计算搜索条件 search_condition2，search_condition3…。

（2）如果没有找到搜索条件 search_condition 为 TRUE 的子句，ELSE 子句就会执行。ELSE 部分是可选的，如果省略了 ELSE 子句，PL/SQL 会添加一个隐式的 ELSE 子句：ELSE RAISE CASE_NOT_FOUND，表示如果执行过程中有异常发生，可以在块或子程序的异常控制部分捕获这些异常。

【例 8-9】利用搜索式 CASE 语句改写例 8-7 的例子。

```
SQL> DECLARE
  2     zichan_dept zichanmingxi.bmid%TYPE:=&bmid;
  3   BEGIN
  4       CASE
  5           WHEN zichan_dept='zcc' THEN
  6                   DBMS_OUTPUT.PUT_LINE('该部门是资产处');
  7           WHEN zichan_dept='xcb' THEN
  8                   DBMS_OUTPUT.PUT_LINE('该部门是宣传部');
  9           WHEN zichan_dept='zzb' THEN
 10                   DBMS_OUTPUT.PUT_LINE('该部门是组织部');
 11           ELSE
 12                   DBMS_OUTPUT.PUT_LINE('该部门是其他部门');
 13       END CASE;
 14   END;
 15   /
输入 bmid 的值:  'xcb'
原值    2: zichan_dept zichanmingxi.bmid%TYPE:=&bmid;
新值    2: zichan_dept zichanmingxi.bmid%TYPE:='xcb';
该部门是宣传部

PL/SQL 过程已成功完成。
```

8.2.3 循环语句

循环语句用于完成程序中某些具有规律性的重复操作。PL/SQL 程序库的循环语句有三种形式：LOOP，WHILE-LOOP 和 FOR-LOOP。

1. LOOP 循环语句

循环语句最简单的形式就是把循环语句序列放到关键字 LOOP 和 END LOOP 之间，语法如下：

```
LOOP
    sequence_of_statements;
END LOOP;
```

说明：在每一次循环中，程序将顺序执行循环体中的语句序列 sequence_of_statements，然后返回循环顶部重复这一过程，直至满足条件退出循环。LOOP 循环语句中可以使用 EXIT 语句来退出循环。EXIT 语句有两种形式：EXIT 和 EXIT-WHEN。

（1）EXIT 语句：使循环无条件终止。程序中一旦遇到 EXIT 语句，循环会立即终止，并把控制权交给循环后面的语句。

（2）EXIT-WHEN 语句：可以根据给定的条件结束循环。当遇到 EXIT-WHEN 语句时，程序会先计算 WHEN 子句中的表达式。如果表达式的值为真，循环就会结束；否则继续执行循环中的语句序列。

【例 8-10】打印输出部门表中的所有部门的部门名称。

```
SQL> DECLARE
  2      dept_name bumen.bmmc%TYPE;        --定义变量 dept_name
  3      CURSOR name_cur IS SELECT bmmc FROM bumen;    --定义游标 name_cur
  4  BEGIN
  5      OPEN name_cur;    --打开游标 name_cur
  6      LOOP              --开始循环体
  7          FETCH name_cur INTO dept_name;  --检索游标
  8          DBMS_OUTPUT.PUT_LINE('当前检索第'||name_cur%ROWCOUNT|
  9              |'行：'||'部门名称是 '||dept_name);    --检索当前行，输出部门名称
 10          EXIT WHEN name_cur%NOTFOUND;   --结束循环
 11      END LOOP;
 12      CLOSE name_cur;
 13  END;
 14  /
当前检索第 1 行：部门名称是 科技处
当前检索第 2 行：部门名称是 宣传部
……
当前检索第 9 行：部门名称是 资产处
当前检索第 9 行：部门名称是 资产处

PL/SQL 过程已成功完成。
```

说明：本题在 LOOP 循环中使用游标来打印输出部门表中的所有部门的部门名称，游标的使用详见程序中的注释部分。LOOP 循环的结束条件为游标无法返回记录时退出循环，即"EXIT WHEN name_cur%NOTFOUND"，WHEN 子句中的条件 name_cur%NOTFOUND 为真时，程序就会退出 LOOP 循环，转去执行 END LOOP 后面的 CLOSE 语句。

2. WHILE-LOOP 循环

WHILE-LOOP 循环就是在关键字 LOOP 和 END LOOP 前面添加了一个循环条件 WHILE condition，其格式如下所示：

```
WHILE condition
LOOP
    sequence_of_statements
END LOOP;
```

说明：每次循环开始之前，程序首先计算布尔表达式 condition 的值。如果 condition 为真，语句序列 sequence_of_statements 就会被执行一次；然后回到循环顶部计算布尔表达式 condition 的值；当布尔表达式的值为假或空时，程序就会退出循环，将控制权交给循环之后的语句。

【例 8-11】利用 WHILE-LOOP 语句改写例 8-10 的 PL/SQL 过程。

```
SQL> DECLARE
  2    dept_name bumen.bmmc%TYPE;
  3    CURSOR name_cur IS SELECT bmmc FROM bumen;
  4  BEGIN
  5    OPEN name_cur;
  6    FETCH name_cur INTO dept_name;    --打开游标
  7    WHILE name_cur%FOUND
  8    LOOP
  9        DBMS_OUTPUT.PUT_LINE('当前检索第'||name_cur%ROWCOUNT||
 10        '行：'||'部门名称是 '||dept_name);
 11        FETCH name_cur INTO dept_name;    --打开游标
 12    END LOOP;
 13    CLOSE name_cur;
 14  END;
当前检索第 1 行：部门名称是 科技处
当前检索第 2 行：部门名称是 宣传部
……
当前检索第 9 行：部门名称是 资产处

PL/SQL 过程已成功完成。
```

说明：由于本题的循环条件是 WHILE name_cur%FOUND，所以为了让循环能够执行，在进入循环之前先执行一次"FETCH name_cur INTO dept_name"语句，使得 FETCH 语句有结果返回，这样循环条件"name_cur%FOUND"的返回值为真，程序就能够执行循环中的流程。

3. FOR-LOOP 循环

FOR-LOOP 循环根据变量的值来决定是否执行循环语句序列，其循环次数是事先指定的。变量从初始值开始，每次循环增（或减）1，如果变量在规定的范围内，则执行语句序列；否则控制权交给循环之后的语句。

```
FOR loop_variable IN [REVERSE] range
LOOP
sequence_of_statements
END LOOP;
```

说明：

（1）loop_variable：用于指定循环变量，该变量不需要事先声明，其作用域为循环内部，循环每执行一次，其值就增 1 或者减 1。

（2）IN range：为 loop_variable 指定取值范围。

（3）REVERSE：指定 loop_variable 在取值范围 range 中逆向取值。计数器默认为递增，加 REVERSE 后为递减。

【例 8-12】输出部门表中前六个部门的部门名称。

```
SQL> DECLARE
  2    dept_name bumen.bmmc%TYPE;
  3    i INT;
  4    CURSOR dep_cur IS SELECT bmmc FROM bumen;
  5  BEGIN
  6      OPEN dep_cur;
  7      FOR i IN 1..6
  8          LOOP
  9              FETCH dep_cur INTO dept_name;
 10              DBMS_OUTPUT.PUT_LINE('第'||i||'个部门：'||dept_name);
 11          END LOOP;
 12      CLOSE dep_cur;
 13  END;
第 1 个部门：科技处
第 2 个部门：宣传部
第 3 个部门：发展规划处
第 4 个部门：财务处
第 5 个部门：基建处
第 6 个部门：组织部

PL/SQL 过程已成功完成。
```

说明：在本题中，FOR 循环内的计数器 i 从 1 到 6 依次递增，每次输出一个部门名称。当变量 i 的值超出计数器的范围，即超过 6 时，跳出循环，程序结束。

8.3 游标

在 PL/SQL 程序中，如果 SQL 语句的查询结果是多行记录，可以使用游标依次对每行记录进行处理。游标是指向查询结果集的一个指针，通过游标可以将查询结果集中的记录逐条取出，并按照 PL/SQL 程序块的流程进行处理。游标主要分为隐式游标和显式游标两种类型，其中隐式游标用于处理 SELECT INTO 和 DML 语句，而显式游标则专门用于处理 SELECT 语句返回的多行记录。

8.3.1 显式游标

为了处理 SELECT 语句返回的多行数据，开发人员可以使用显式游标。显式游标的使用包括：定义游标、打开游标、获取数据和关闭游标四个阶段。

1. 定义游标

定义游标的语法如下：

```
CURSOR cursor_name
IS
SELECT statement
```

说明：

（1）cursor_name 是给游标指定的名称；

（2）SELECT statement 是一条 SQL 查询语句，该语句可以返回多行查询结果到游标中。游标必须在 PL/SQL 块的声明部分进行定义，游标在定义的同时完成 SQL 查询结果与游标的关联。

2．打开游标

虽然在声明游标的时候为其指定了查询语句，但游标没有打开之前，该查询语句不会被 Oracle 执行。打开游标后，Oracle 会执行与游标关联的 SQL 语句，返回查询结果集，初始化游标指针并将游标指向结果集的第一行。在 SQL 打开游标的语法如下：

OPEN cursor_name;

说明：cursor_name 是声明部分已定义的游标名称。游标被打开后，会忽略所有对数据 DML 操作（INSERT、UPDATE、DELETE），直到游标关闭为止。

3．从游标中获取数据

打开游标后，在执行 FETCH 命令之前，并没有从结果集中取回记录。FETCH 命令每次从结果集中获取一条记录。通常将 FETCH 命令和循环结构结合起来使用，在每次循环中，FETCH 命令获取一条记录并赋值给变量，游标指针自动移到结果集的下一条记录上。FETCH 命令的语法如下：

FETCH cursor_name INTO record_list;

说明：

（1）cursor_name 是已定义的游标的名称；

（2）record_list 是变量名，它接受活动集中的列。FETCH 命令将活动集的结果放置到这些变量中。

在游标的使用过程中，经常使用游标的四个属性，如表 8.2 所示。

表 8.2　显式游标的各个属性

属性	含义
%FOUND	布尔型属性，当最近一次记录成功返回时，则值为 TRUE
%NOTFOUND	布尔型属性，它的值总与%FOUND 属性的值相反
%ISOPEN	布尔型属性，当游标是打开时返回 TRUE
%ROWCOUNT	数字型属性，返回已从游标中读取的记录数

4．关闭游标

游标使用完毕后，应该使用 CLOSE 语句关闭它，以释放它所占用的资源。游标被关闭后，就不能对它执行任何操作了，否则将引发异常。关闭游标的语法如下：

CLOSE cursor_name;

说明：cursor_name 是已打开的游标的名称。

5．应用举例

（1）简单游标应用

【例 8-13】查询并输出姓王的用户当前正在使用的资产的下列信息：资产 id，资产名称，部门名称，用户姓名。

```
SQL> DECLARE
  2     TYPE user_zichan_record IS RECORD(
  3         zcid zichanmingxi.zcid%TYPE,
  4         zcmc zichanmingxi.zcmc%TYPE,
  5         dept bumen.bmmc%TYPE,
  6         yhmc yonghu.yhmc%TYPE);
  7     CURSOR user_zichan_cur        --声明游标
  8     IS
  9     SELECT zcid,zcmc,bmmc,yhmc
 10     FROM zichanmingxi zcmx,bumen bm,yonghu yh
 11     WHERE zcmx.bmid=bm.bmid AND zcmx.yhid=yh.yhid AND yh.yhmc LIKE '王%';
 12     user_zichan user_zichan_record;
 13   BEGIN
 14     OPEN user_zichan_cur;         --打开游标
 15     LOOP
 16       FETCH user_zichan_cur INTO user_zichan;  --检索游标
 17       EXIT WHEN user_zichan_cur%NOTFOUND;
 18       DBMS_OUTPUT.PUT_LINE('资产id：'||user_zichan.zcid
 19       ||' 资产名称：'|| user_zichan.zcmc||
 20       ' 部门：'||user_zichan.dept||' 用户姓名：'||user_zichan.y
 21     END LOOP;
 22     CLOSE user_zichan_cur;        --关闭游标
 23   END;
 24   /
资产id：102 资产名称：路由器 部门：资产处 用户姓名：王云飞
资产id：103 资产名称：路由器 部门：科技处 用户姓名：王云飞
……
资产id：178 资产名称：柜式空调 部门：组织部 用户姓名：王文超
资产id：179 资产名称：柜式空调 部门：教务处 用户姓名：王目文

PL/SQL 过程已成功完成。
```

说明：在 LOOP 循环中使用游标时，要特别注意使用游标的四个步骤，即声明、打开、检索和关闭游标。

（2）带 FOR 循环的游标

与其他循环语句相比，带 FOR 循环的游标能更方便地使用游标来完成相关操作。使用带 FOR 循环的游标时，Oracle 会隐含地打开游标、获取游标数据并关闭游标。使用游标 FOR 循环的语法如下：

```
FOR record_name IN cursor_name LOOP
    statement1;
    statement2;
    ...
END LOOP;
```

说明：cursor_name 是已经定义的游标名；record_name 是 Oracle 隐含定义的记录变量名。当使用游标 FOR 循环时，在执行循环体语句之前，Oracle 会隐含地打开游标，并且每次循环提取一次数据，在提取了所有数据之后，会自动退出循环并隐含地关闭游标。

【例 8-14】利用游标和 FOR 循环查询并输出姓王的用户当前正在使用的资产的下列信息：资产id，资产名称，部门名称，用户姓名。

```
SQL> DECLARE
  2    CURSOR user_zichan_cur
  3    IS
  4    SELECT zcid,zcmc,bmmc,yhmc
  5    FROM zichanmingxi zcmx,bumen bm,yonghu yh
  6    WHERE zcmx.bmid=bm.bmid AND zcmx.yhid=yh.yhid AND yh.yhmc LIKE '王%';
  7  BEGIN
  8      FOR current_cursor IN user_zichan_cur
  9      LOOP
 10        DBMS_OUTPUT.PUT_LINE('资产 id：'||current_cursor.zcid
 11            ||' 资产名称：'|| current_cursor.zcmc||
 12        ' 部门：'||current_cursor.bmmc||' 用户姓名：'||current_cursor.yhmc);
 13      END LOOP;
 14  END;
 15  /
资产 id：102 资产名称：路由器 部门：资产处 用户姓名：王云飞
资产 id：103 资产名称：路由器 部门：科技处 用户姓名：王云飞
……
资产 id：178 资产名称：柜式空调 部门：组织部 用户姓名：王文超
资产 id：179 资产名称：柜式空调 部门：教务处 用户姓名：王目文

PL/SQL 过程已成功完成。
```

说明：使用游标 FOR 循环，打开、关闭游标，提取游标数据都是自动进行的。

8.3.2 隐式游标

PL/SQL 中对数据查询返回多条记录的情况，通常使用显式游标；但当 PL/SQL 块中使用 DML 语句执行对数据的插入、修改及删除操作时，就需要使用隐式游标。隐式游标由 PL/SQL 自动创建并管理，用户可以通过跟踪隐式游标的属性获取与其相关的信息。隐式游标在以下两类情况下会自动产生：

（1）PL/SQL 中执行 INSERT、UPDATE、DELETE 语句；
（2）SELECT 语句的查询结果为一条记录。

对于隐式游标的操作，如定义、打开、取值及关闭操作，都由 Oracle 系统自动地完成，无需用户进行处理。用户只能通过隐式游标的相关属性，来完成相应的操作。在隐式游标的工作区中，所存放的数据是与用户自定义的显式游标无关的、最新处理的一条 SQL 语句所包含的数据。格式调用为 SQL%。

【例 8-15】删除 zichanmingxi 表中某部门的所有资产，如果该部门中已没有任何资产，则从 bumen 表中删除该部门信息。

```
SQL> DECLARE
  2    bumen_no zichanmingxi.bmid%TYPE:=&deptno;
  3  BEGIN
  4      DELETE FROM zichanmingxi WHERE BMID=bumen_no;
  5  IF SQL%NOTFOUND THEN
  6      DELETE FROM bumen WHERE bmid=bumen_no;
  7  END IF;
  8  END;
```

```
      9  /
输入 deptno 的值:   'jjc'
原值       2: bumen_no zichanmingxi.bmid%TYPE:=&deptno;
新值       2: bumen_no zichanmingxi.bmid%TYPE:='jjc';

PL/SQL 过程已成功完成。
```

8.4 异常处理

异常是指 PL/SQL 程序块在执行过程中出现的各种错误。为了提高应用程序的健壮性，在 PL/SQL 中引入了异常处理，用来对程序中的各类异常做相应的错误处理。

默认情况下，当 PL/SQL 块在运行过程中出现错误或警告时，就会触发异常，从而终止 PL/SQL 块的执行。如果在 PL/SQL 块中定义了异常处理，就可以捕获各种异常，并根据异常出现的情况进行相应的处理。处理异常需要使用 Oracle 的 EXCEPTION 语句块，其语法格式如下：

```
EXCEPTION
WHEN exception1 THEN
statements1;
WHEN exception2 THEN
statements2;
……
WHEN OTHERS THEN
statementN;
```

说明：

（1）exception1：表示可能出现的异常名称。

（2）statement：捕捉异常后的处理流程。

（3）WHEN OTHERS：位于 EXCEPTION 语句块的最后，表示任何其他情况。

Oracle 提供了预定义异常、非预定义异常和自定义异常等三种异常类型。其中，预定义异常用于处理常见的 Oracle 错误；非预定义异常则用于处理预定义异常不能处理的 Oracle 错误；自定义异常则用于处理与 Oracle 错误无关的其他情况。

8.4.1 预定义异常

预定义异常是 Oracle 预先定义好的各种系统异常。当 PL/SQL 应用程序违反了 Oracle 规则或系统限制时，就会隐含地触发一个内部异常。为了处理其中一些常见的 Oracle 错误，PL/SQL 为开发人员提供了二十多个预定义异常，每个预定义异常都有一个错误编号和异常名称。常用的预定义异常如表 8.3 所示。

表 8.3 常用的预定义异常

错误号	异常错误信息名称	说明
ORA-0001	Dup_val_on_index	试图破坏一个唯一性限制
ORA-0051	Timeout_on_resource	在等待资源时发生超时

续表

错误号	异常错误信息名称	说明
ORA-0061	Transaction_backed_out	由于发生死锁事务被撤消
ORA-1001	Invalid_CURSOR	试图使用一个无效的游标
ORA-1012	Not_logged_on	没有连接到 Oracle
ORA-1403	No_data_found	SELECT INTO 没有找到数据
ORA-1422	Too_many_rows	SELECT INTO 返回多行
ORA-6501	Program_error	内部错误
ORA-6511	CURSOR_already_OPEN	试图打开一个已存在的游标
ORA-6530	Access_INTO_null	试图为 null 对象的属性赋值

在 PL/SQL 块的异常处理部分直接引用需要的异常错误名，就可以完成对相应预定义异常的异常错误处理。

【例 8-16】查询并显示资产明细表中指定编号的资产名称信息，并对可能出现的异常错误做处理。

```
SQL> DECLARE
  2    zichan_no zichanmingxi.zcid%TYPE:=&zichanid;
  3    zichan_name zichanmingxi.zcmc%TYPE;
  4  BEGIN
  5    SELECT zcmc INTO zichan_name FROM zichanmingxi
  6    WHERE zcid=zichan_no;
  7  EXCEPTION
  8    WHEN NO_DATA_FOUND THEN
  9      DBMS_OUTPUT.PUT_LINE('数据库中没有编号为'||zichan_no||'的资产信息');
 10    WHEN TOO_MANY_ROWS THEN
 11      DBMS_OUTPUT.PUT_LINE('返回多行结果，请使用游标');
 12    WHEN OTHERS THEN
 13      DBMS_OUTPUT.PUT_LINE(SQLCODE||'---'||SQLERRM);
 14  END;
 15  /
输入 zichanid 的值: '200'
原值    2: zichan_no zichanmingxi.zcid%TYPE:=&zichanid;
新值    2: zichan_no zichanmingxi.zcid%TYPE:='200';
数据库中没有编号为 200 的资产信息

PL/SQL 过程已成功完成。
```

8.4.2 非预定义异常

非预定义异常用于处理预定义异常解决不了的 Oracle 错误。例如，在 PL/SQL 块中执行 DML 语句，由于数据违反了某种约束规则而产生了 Oracle 错误，那么这个 Oracle 错误将直接被传递到调用环境。为了提高程序的健壮性，应该在 PL/SQL 应用程序中合理地捕捉并处理这些 Oracle 错误，此时需要使用非预定义异常。

Oracle 为非预定义异常提供了错误代码，使用非预定义异常时，首先在 PL/SQL 块的声明部分定义异常名，然后在异常和 Oracle 错误之间建立关联，最后在异常处理部分捕获并处理该异常。当定义 Oracle 错误和异常之间的关联关系时，需要使用伪过程 EXCEPTION_INIT。其语法如下：

```
PRAGMA EXCEPTION_INIT {exception_name, oracle_error_number};
```

【例 8-17】删除指定编号的部门信息，并对可能出现的异常错误做处理。

```
SQL> DECLARE
  2    bumen_no bumen.bmid%TYPE:=&bumenid;
  3    bumen_remaining EXCEPTION;
  4    PRAGMA EXCEPTION_INIT(bumen_remaining,-2292);
  5  BEGIN
  6    DELETE FROM bumen WHERE bmid=bumen_no;
  7  EXCEPTION
  8    WHEN bumen_remaining THEN
  9      DBMS_OUTPUT.PUT_LINE('违反数据完整性约束');
 10    WHEN OTHERS THEN
 11      DBMS_OUTPUT.PUT_LINE(SQLCODE||'---'||SQLERRM);
 12  END;
 13  /
输入 bumenid 的值:  'xcb'
原值    2: bumen_no bumen.bmid%TYPE:=&bumenid;
新值    2: bumen_no bumen.bmid%TYPE:='xcb';
违反数据完整性约束

PL/SQL 过程已成功完成。
```

说明：当从部门表中删除指定的部门信息时，由于部门表的 bmid 列是资产明细表的外键，所以违反了数据库的参照完整性约束，会提示相应错误信息。其中，-2292 是违反一致性约束的错误代码。

8.4.3 自定义异常

预定义异常和非预定义异常都是数据库错误，当异常发生时，Oracle 会自动触发这些异常。自定义异常则是由开发人员根据应用程序的业务逻辑所定义的异常。例如在资产管理数据库中执行 UPDATE 操作时，如果要将资产明细表中某一资产的资产状态 id 由"报废"修改为"正常"，从程序业务逻辑上来说这显然是错误的，但系统也不会显示任何错误提示信息。为了解决这个问题，需要在 PL/SQL 块中使用自定义异常。

与预定义异常和非预定义异常不同，自定义异常必须被显式触发。使用自定义异常，首先需要在 PL/SQL 声明部分定义自定义异常，然后在执行部分显式触发该异常，最后在异常处理部分捕获并处理该异常。创建自定义异常需要使用下列语句：

```
RAISE_APPLICATION_ERROR( error_number, error_message);
```

说明：

（1）error_number：错误号，取值范围为-20000~20999 之间的整数。

（2）error_message：自定义的错误提示信息。

【例 8-18】建立触发器，对资产明细表的 ztid 字段进行 UPDATE 操作时，如果某资产的状态 ID 为'bf01'，就显示提示信息：该资产已报废，不能更新其状态。

```
SQL> DECLARE
  2    z_state zichanmingxi.ztid%TYPE:=&s;
  3  BEGIN
  4      IF z_state='bf01' THEN
  5         RAISE_APPLICATION_ERROR(-20100,'该资产已报废，不能更新其状态');
  6      END IF;
  7      UPDATE zichanmingxi SET ztid='zc' WHERE ztid=z_state;
  8  END;
  9  /
输入 s 的值：  'bf01'
原值     2: z_state zichanmingxi.ztid%TYPE:=&s;
新值     2: z_state zichanmingxi.ztid%TYPE:='bf01';
DECLARE
*
第 1 行出现错误：
ORA-20100: 该资产已报废，不能更新其状态
ORA-06512: 在 line 5

PL/SQL 过程已成功完成。
```

说明：本题中使用了 RAISE_APPLICATION_ERROR 自定义错误号和错误消息。当试图更新一个已报废资产的状态时，就会由 RAISE 语句显式触发自定义的异常，从而输出信息"该资产已报废，不能更新其状态"。

8.4.4 异常函数

当在 PL/SQL 块中出现 Oracle 错误时，通过使用异常函数可以取得错误号以及相关的错误消息：

（1）SQLCODE 函数：用于取得 Oracle 错误号。

（2）SQLERRM 函数：用于取得与之相关的错误消息。

用户可以在异常处理部分的 WHEN OTHERS 子句后引用这两个函数，以取得相关的 Oracle 错误。

【例 8-19】显示指定状态的资产，如果出现异常则显示相关错误号及错误信息。

```
SQL> DECLARE
  2    zichan_name zichanmingxi.zcmc%TYPE;
  3  BEGIN
  4      SELECT zcmc INTO zichan_name FROM zichanmingxi
  5          WHERE ztid=&z_state;
  6              DBMS_OUTPUT.PUT_LINE('资产名称:'||zichan_name);
  7      EXCEPTION
  8          WHEN NO_DATA_FOUND THEN
  9              DBMS_OUTPUT.PUT_LINE('不存在指定状态的资产');
 10          WHEN OTHERS THEN
 11              DBMS_OUTPUT.PUT_LINE('错误号:'||SQLCODE);
 12              DBMS_OUTPUT.PUT_LINE(SQLERRM);
```

```
    13    END;
    14    /
输入 z_state 的值: 'zc01'
原值     5: WHERE ztid=&z_state;
新值     5: WHERE ztid='zc01';
错误号:-01422
ORA-01422: 实际返回的行数超出请求的行数

PL/SQL 过程已成功完成。
```

8.5 PL/SQL 子程序

本章前面介绍的 PL/SQL 程序块是一些没有名字的匿名块,这些匿名块不能存储在数据库中,而且只能使用一次,这样既不方便也不安全。为了提高系统的应用性能,Oracle 提供一系列被称为子程序的命名 PL/SQL 程序块。子程序可以带有参数,由 Oracle 系统编译并将其存储在数据库中,可以在不同应用程序中通过子程序名多次调用它们。PL/SQL 有两种类型的子程序:存储过程、函数、程序包和触发器。存储过程用于执行特定操作,函数则用于返回特定数据,程序包是一种将相关存储过程和函数组织在一起的 PL/SQL 存储程序组,触发器是当触发事件发生时由系统自动触发的命名 PL/SQL 块。

8.5.1 存储过程

存储过程是用于在数据库中完成特定操作或任务的一组 SQL 语句集。如果在应用程序中经常需要执行某些特定操作,可以基于这些操作建立一个特定的存储过程,这不仅简化了客户端应用程序的开发与维护,而且还可以提高应用程序的运行性能。建立存储过程的语法如下:

```
CREATE [OR REPLACE] PROCEDURE procedure_name
    (argument1 [mode1] datatype1,argument2 [mode2] datatype2,…)
IS [AS]
    [declaration_section;]
BEGIN
    procedure_body;
END [procedure_name];
```

语法说明:

(1) procedure_name:用于指定过程名称;

(2) argument1,argument2:用于指定过程的参数;

(3) IS 或 AS:用于开始一个 PL/SQL 块。

(4) declaration_section:声明用于过程体中的变量。

(5) procedure_body:过程体。

1. 存储过程应用举例

建立过程时,如果需要参数,需要指定每个参数的数据类型及参数模式,参数模式有三种:

(1) IN:输入参数,向存储过程传递参数,用于将应用环境的数据传递到执行部分。

(2) OUT:输出参数,由存储过程返回参数值,用于将执行部分的数据传递到应用环境。

（3）IN OUT：输入输出参数，既可以向存储过程传递参数，又可以从存储过程返回参数值的参数。

【例 8-20】创建一个存储过程 zichan_proc，根据给定的资产 id，返回资产名称，部门名称和用户名称等信息。

（1）创建过程。

```
SQL> CREATE OR REPLACE PROCEDURE zichan_proc(
  2      zichan_id IN zichanmingxi.zcid%TYPE,
  3      zichan_name OUT zichanmingxi.zcmc%TYPE,
  4      bumen_name OUT bumen.bmmc%TYPE,
  5      yonghu_name OUT yonghu.yhmc%TYPE)
  6  AS
  7  BEGIN
  8    SELECT zcmc,bmmc,yhmc
  9    INTO zichan_name,bumen_name,yonghu_name
 10    FROM zichanmingxi zcmx,bumen bm,yonghu yh
 11    WHERE zcmx.bmid=bm.bmid AND zcmx.yhid=yh.yhid
 12    AND zcmx.zcid=zichan_id;
 13  EXCEPTION
 14    WHEN NO_DATA_FOUND THEN
 15         DBMS_OUTPUT.PUT_LINE('该资产信息不存在!');
 16    WHEN TOO_MANY_ROWS THEN
 17         DBMS_OUTPUT.PUT_LINE('返回多行结果，请使用游标');
 18    WHEN OTHERS THEN
 19         DBMS_OUTPUT.PUT_LINE(SQLCODE||'---'||SQLERRM);
 20  END;
 21  /
```

过程已创建。

（2）在 SQL*Plus 环境中调用过程。

建立了存储过程之后，就可以调用该过程了。在 SQL*Plus 环境中调用该过程有两种方法：一种是使用 execute 命令，另一种是使用 call 命令。当用户需要调用具有 OUT 参数的存储过程时，需要先定义好变量来接受 OUT 参数输出的值。

① 定义绑定变量。

```
SQL> VAR zc_name VARCHAR2(50);
SQL> VAR bm_name VARCHAR2(50);
SQL> VAR yh_name VARCHAR2(50);
```

② 使用 execute 命令调用过程 zichan_proc，绑定变量前面需要加冒号。

```
SQL> EXEC zichan_proc(88,:zc_name,:bm_name,:yh_name);
```

PL/SQL 过程已成功完成。

③ 输出三个绑定变量的值。

```
SQL> PRINT zc_name bm_name yh_name
```

```
ZC_NAME
-----------------------------
复印机


BM_NAME
-----------------------------
财务处


YH_NAME
-----------------------------
张晓
```

④ 使用 execute 命令调用过程 zichan_proc，当指定资产 id 号的记录不存在的情况。

```
SQL> EXEC zichan_proc(200,:zc_name,:bm_name,:yh_name);
该资产信息不存在!

PL/SQL 过程已成功完成。
```

（3）在 PL/SQL 块中调用过程 zichan_proc。

```
SQL> DECLARE
  2      zc_name zichanmingxi.zcmc%TYPE;
  3      bm_name bumen.bmmc%TYPE;
  4      yh_name yonghu.yhmc%TYPE;
  5      zc_id zichanmingxi.zcid%TYPE:=&id;
  6  BEGIN
  7      zichan_proc(zc_id,zc_name,bm_name,yh_name);    --调用存储过程
  8      IF zc_name IS NOT NULL THEN   --如果资产信息存在
  9          DBMS_OUTPUT.PUT_LINE('资产编号：'||zc_id||'，名称：'||zc_name
 10          ||'，部门：'||bm_name||'，用户：'||yh_name);
 11      END IF;
 12  END;
 13  /
输入 id 的值: 88
原值    5:    zc_id    zichanmingxi.zcid%TYPE:=&id;
新值    5:    zc_id    zichanmingxi.zcid%TYPE:=88;
资产编号：88,名称：复印机,部门：财务处,用户：张晓
```

2．维护存储过程

修改存储过程使用 CREATE OR REPLACE 语句完成，删除存储过程则需要使用 DROP PROCEDURE 语句，其语法格式如下：

```
DROP PROCEDURE procedure_name;
```

8.5.2 函数

如果在应用程序中经常需要通过执行 SQL 语句来返回特定数据，那么可以基于这些操作建立特定的函数。建立函数的语法如下：

```
CREATE[OR REPLACE] FUNCTION function_name
      [ (argument1 [mode1] datatype1,
        argument2 [mode2] datatype2, …)]
RETURN datatype
```

```
{IS|AS}
    [declaration_section]
BEGIN
    function_body;
END [function_name];
```

语法说明：

（1）function_name：用于指定函数名称；

（2）argument1，argument2 等：用于指定函数参数（注意：指定参数数据类型时，不能指定其长度）；

（3）RETURN 子句：用于指定函数返回值的数据类型，当建立函数时，在函数头部必须要带有 RETURN 子句，在函数体内至少要包含一条 RETURN 子句。

（4）IS 或 AS：用于开始一个 PL/SQL 块。

当某函数不再需要时，可以使用 DROP FUNCTION 命令删除该函数。

【例 8-21】 创建函数 select_zcyz，根据给定的资产 id，返回对应资产的资产原值。

① 创建函数 select_zcyz。

```
SQL> CREATE OR REPLACE FUNCTION select_zcyz
  2    (zichan_id IN VARCHAR, zichan_name OUT VARCHAR)
  3    RETURN NUMBER
  4    IS
  5    zichan_yz NUMBER;
  6    BEGIN
  7      SELECT zcmc,zcyz INTO zichan_name,zichan_yz
  8      FROM zichanmingxi
  9      WHERE zcid=zichan_id;
 10      RETURN zichan_yz;
 11    EXCEPTION
 12      WHEN NO_DATA_FOUND THEN
 13        DBMS_OUTPUT.PUT_LINE('该资产 id 号对应的资产不存在！');
 14        zichan_yz:=0;
 15        zichan_name:=null;
 16        RETURN zichan_yz;
 17    END select_zcyz;
 18  /

函数已创建。
```

② 调用函数 select_zcyz。

PL/SQL 中调用函数的方法有三种：使用变量接收函数返回值；在 SQL 语句中直接调用函数；使用包 DBMS_OUTPUT 调用函数。

```
SQL> VAR zc_value NUMBER;
SQL> VAR zc_name VARCHAR2(50);
SQL> EXEC :zc_value:=select_zcyz('88',:zc_name);

PL/SQL 过程已成功完成。
SQL> PRINT zc_value zc_name;
```

```
ZC_VALUE
----------
    6000

ZC_NAME
--------------------------------------------
复印机
```

说明：因为该函数含有 OUT 参数，在 SQL*Plus 环境中调用此函数时，必须定义接受 OUT 参数的变量 zc_name 和函数返回值的变量 zc_value。

8.6 程序包

包就是一个把各种逻辑相关的类型、常量、变量、异常和子程序组合在一起的模式对象。包通常由两个部分组成：包规范和包体，但有时包体是不需要的。包规范是应用程序接口，它声明了可用的类型、变量、常量、异常、游标和子程序；包体部分定义游标和子程序，并对说明中的内容加以实现。

8.6.1 包规范

包规范用于定义包的公用组件，这些公用组件不仅可以在包内引用，也可以由其他子程序引用。建立包规范时，需要注意，为了实现信息隐藏，不应该将所有组件全部放在包规范处定义，而应该只定义公用组件。在 SQL*Plus 中建立包规范是使用 CREATE PACKAGE 命令来完成的，语法如下：

```
CREATE [OR REPLACE] PACKAGE package_name
IS|AS
    public type and item declarations
    subprogram specifications
END package_name;
```

语法说明：package_name 用于指定包名，而以 IS 或 AS 开始的部分用于定义公用组件。下面以建立用于维护 EMP 表的 EMP_PACKAGE 包为例，说明建立包规范的方法。

【例 8-22】创建包 zichan_pack，在该包的规范中列出存储过程 add_zichan_proc 和函数 select_zichan_fun。

```
SQL> CREATE OR REPLACE PACKAGE zichan_pack
  2  AS
  3  PROCEDURE add_zichan_proc
  4  (zc_id VARCHAR2, bm_id VARCHAR2, zt_id VARCHAR2,yh_id VARCHAR2,
  5      fl_id VARCHAR2, zc_mc VARCHAR2,gr_sj DATE);
  6  FUNCTION select_zichan_fun(zc_id VARCHAR2) RETURN VARCHAR2;
  7  END zichan_pack;
  8  /
```

程序包已创建。

说明：创建的 zichan_pack 包中包含了一个存储过程 add_zichan_proc 和一个函数 select_zichan_fun，而且只给出了它们的声明部分，其实现代码需要在包体中给出。

8.6.2 包体

包体用于实现包规范所定义的过程和函数。当建立包体时，也可以单独定义私有组件，包括变量、常量、过程和函数等，但在包体内所定义的私有组件只能在包内使用，而不能由其他子程序引用。为了实现信息的隐蔽性，应该在包体内定义私有组件。使用命令 CREATE PACKAGE BODY 来建立包体的语法如下：

```
CREATE [OR REPLACE] PACKAGE BODY package_name
IS|AS
    private type and item declaration
    subprogram bodies
END package_name;
```

语法说明：package_name 用于指定包名，而用 IS 或 AS 开始的部分定义私有组件，并实现包规范中所定义的公用过程和函数。注意，包体名称与包规范名称必须相同。

【例 8-23】创建 zichan_pack 名的包体，在该包体中实现存储过程 add_zichan_proc 和函数 select_zichan_fun。

```
SQL> CREATE OR REPLACE PACKAGE BODY zichan_pack
  2  AS
  3  /*这是实现存储过程 add_zichan_proc 的代码*/
  4  PROCEDURE add_zichan_proc
  5  (zc_id VARCHAR2, bm_id VARCHAR2, zt_id VARCHAR2,yh_id VARCHAR2,
  6   fl_id VARCHAR2, zc_mc VARCHAR2,gr_sj DATE)
  7  AS
  8  BEGIN
  9      INSERT INTO zichanmingxi(zcid,bmid,ztid,yhid,flid,zcmc,grsj)
 10      VALUES(zc_id,bm_id,zt_id,yh_id,fl_id,zc_mc,gr_sj);
 11  END add_zichan_proc;
 12   /*这是实现函数 select_zichan_fun 的代码*/
 13  FUNCTION select_zichan_fun(zc_id VARCHAR2) RETURN VARCHAR2
 14  AS
 15  zc_name zichanmingxi.zcmc%TYPE;
 16  BEGIN
 17      SELECT zcmc INTO zc_name FROM zichanmingxi
 18      WHERE zcid=zc_id;
 19      RETURN zc_name;
 20  EXCEPTION
 21      WHEN NO_DATA_FOUND THEN
 22          DBMS_OUTPUT.PUT_LINE('数据库中没有编号为'||zc_id||'的资产信息');
 23  END select_zichan_fun;
 24  END zichan_pack;
 25  /
```

8.6.3 调用程序包

对于包的私有组件，只能在包内调用，并且可以直接调用；而对于包的公用组件，既可以在包内调用，也可以在其他应用程序中调用。当在其他程序中调用包的组件时，必须要加包名作为前缀（包名.组件名）。

【例 8-24】 调用程序包 zichan_pack 的存储过程 add_zichan_proc，向资产明细表中插入一条新记录：('zcc','zc01','zcc001','dnsb','笔记本电脑','2-6月-2008')，zcid 由序列 zcseq 产生；然后调用程序包 zichan_pack 的函数 select_zichan_fun，查询这条新记录的资产名称。

```
SQL> EXEC zichan_pack.add_zichan_proc(zcseq.nextval,'zcc','zc01','zcc001','dnsb'
    ,'笔记本电脑','2-6月-2008');

SQL> COLUMN zcid FORMAT A15
SQL> COLUMN bmid FORMAT A10
SQL> COLUMN yhid FORMAT A10
SQL> COLUMN ztid FORMAT A10
SQL> COLUMN zcmc FORMAT A15
SQL> COLUMN flid FORMAT A15
SQL> SELECT zcid,bmid,ztid,yhid,flid,zcmc,grsj FROM zichanmingxi
  2  WHERE grsj='2-6月-2008' AND bmid='zcc';

ZCID            BMID       ZTID       YHID       FLID       ZCMC          GRSJ
--------------- ---------- ---------- ---------- ---------- ------------- ---------
184             zcc        zc01       zcc001     dnsb       笔记本电脑    02-6月-08
SQL> VAR name1 VARCHAR2(50);
SQL> EXEC :name1:=zichan_pack.select_zichan_fun('184');

PL/SQL 过程已成功完成。

SQL> PRINT name1;
NAME1
-------------
笔记本电脑
```

8.7 触发器

8.7.1 触发器简介

触发器是一种在发生数据库事件（如修改表、建立对象、登录到数据库）时由系统自动调用的特殊存储过程。当用户在数据库中进行 DML、DDL 或 DCL 操作时，相应的触发器会自动执行。触发器通常可以帮助用户启用一些复杂的业务逻辑，加强数据的完整性和一致性约束等。触发器由触发事件、触发条件和触发器操作三部分组成。

1. 触发事件

触发事件是指引起触发器代码执行的 SQL 语句、数据库事件或用户事件。具体的触发事件有：启动和关闭实例、Oracle 错误消息、用户登录和断开会话、特定表或视图的 DML 操作及在任何方案上的 DDL 语句。

2. 触发条件（可选）

触发条件是使用 WHEN 子句指定的一个 BOOLEAN 表达式，当该表达式返回值为 TRUE 时，会自动执行触发器相应代码；当该表达式返回值为 FALSE 或 UNKNOW 时，则不会执行触发器的代码。

3. 触发器操作

触发器操作是指包含 SQL 语句和其他执行代码的 PL/SQL 块，它规定了特定事件发生时需要执行的代码。触发器不仅可以使用 PL/SQL 进行开发，也可以使用 Java 语言和 C 语言进行开发。创建触发器时，需要注意以下问题：

（1）触发器代码的大小不能超过 32K。如果需要使用大量代码建立触发器，可以考虑先建立存储过程，然后在触发器中使用 CALL 语句调用该存储过程。

（2）触发器代码只能包含 SELECT、INSERT、UPDATE 和 DELETE 语句，不能包含 DDL 语句（CREATE、ALTER、DROP）和事务控制语句（COMMIT、ROLLBACK 和 SAVEPOINT）。

8.7.2 DML 触发器

DML 触发器是创建在表上的触发器，由表上的 DML 事件引发，这是最常用的一种触发器。

1. DML 触发器的要素

创建 DML 触发器需要确定的要素有：

（1）触发对象：它指明触发器是定义在哪个表上，只有对该表的指定 DML 操作才会引发触发器代码的执行。

（2）触发事件：DML 触发器的触发事件有 INSERT、UPDATE 和 DELETE。

（3）触发时间：触发时间有 BEFORE 和 AFTER 两种，BEFORE 表示触发器在触发事件执行之前被激活，AFTER 表示触发器在触发事件执行后被激活。

（4）触发级别：触发器分语句级触发器和行级触发器两种。

2. 创建 DML 触发器的语法

创建 DML 触发器的语法如下：

```
CREATE [OR REPLACE] TRIGGER trigger_name
[BEFORE|AFTER] {INSERT|UPDATE|DELETE}
{ON table_name }
[FOR EACH ROW]
BEGIN
     trigger_body;
END [trigger_name]
```

语法说明：

（1）CREATE：表示创建触发器；

（2）OR REPLACE：表示如果已存在同名触发器，则覆盖此触发器；

（3）BEFORE、AFTER：指明触发器的触发时间；

（4）table_name：指定 DML 触发器所针对的表；

（5）FOR EACH ROW：指定要创建的触发器是行级触发器，省略时创建的触发器为语句级触发器。

① 行级触发器：将一个 DML 操作所影响的每一行视为触发事件，DML 命令每操作一行，触发器就被触发一次。

② 语句级触发器：语句级触发器将一个 DML 语句看作触发事件，不管该 DML 操作影响多少数据行，在该 DML 命令执行之前或之后，都只触发一次触发器。

DML 触发器可以用于实现数据安全保护、数据审计、数据完整性、参照完整性和数据复制等功能，下面以规定用户在正常工作时间（8:00～17:00）改变表中数据为例，说明使用 DML 触发器控制数据安全的方法：

【例 8-25】创建 DML 触发器，使用户只能在正常工作时间（8:00～17:00）改变资产明细表的数据。

① 创建触发器 work_time。

```
SQL> CREATE OR REPLACE TRIGGER work_time
  2    BEFORE INSERT OR UPDATE OR DELETE ON zichanmingxi
  3    BEGIN
  4    IF TO_CHAR(sysdate,'HH24')NOT BETWEEN
  5    '8' AND'17' THEN
  6    raise_application_error(-20101,'非工作时间');
  7    END IF;
  8    END;
  9    /

触发器已创建
```

② 在非工作时间对资产明细表的信息进行更新，验证触发器的执行。

```
SQL> SELECT TO_CHAR(sysdate,'yyyy-mm-dd hh24:mi:ss') FROM dual;

TO_CHAR(SYSDATE,'YY
-------------------
2012-07-23 20:34:12

SQL> UPDATE zichanmingxi SET bmid='xcb' WHERE zcid='77';
UPDATE zichanmingxi SET bmid='xcb' WHERE zcid='77'
       *
第 1 行出现错误:
ORA-20101: 非工作时间
ORA-06512: 在 "ZCGL_OPER.WORK_TIME", line 4
ORA-04088: 触发器 'ZCGL_OPER.WORK_TIME' 执行过程中出错
```

说明：本题建立的触发器 work_time 是一个语句级的 DML 触发器，该触发器规定只能在规定的上班时间 8 点到 17 点之间对资产明细表进行 DML 操作。如果试图在规定时间之外对资产明细表进行 DML 操作，则会触发 work_time 触发器，提示"非工作时间"错误。

8.7.3 INSTEAD OF 触发器

INSTEAD OF 触发器用于执行一个替代操作来代替触发事件的发生，触发事件本身不会被执行。与 DML 触发器不同，INSTEAD OF 触发器是基于视图创建的，它用来解决不能直接对视图执行 DML 操作的情况。INSTEAD OF 触发器实际是用触发器里的代码代替相应的 DML 操作。创建 INSTEAD OF 触发器的语法如下：

```
CREATE OR REPLACE TRIGGER trigger_name
INSTEAD OF {INSERT|UPDATE|DELETE}
ON view_name
FOR EACH ROW
```

```
BEGIN
    trigger_body;
END [trigger_name]
```

说明：INSTEAD OF 触发器只能是行级触发器。

【例 8-26】创建 INSTEAD OF 触发器，实现对视图的 DELETE 操作。

① 创建视图 zichan_bumen_num_view。

```
SQL> CREATE OR REPLACE VIEW zichan_bumen_num_view
  2    AS
  3    SELECT
  4    bmid,sum(zcyz) zcyz_total,COUNT(*) count_num
  5    FROM zichanmingxi
  6    GROUP by bmid;
```

视图已创建。

② 查询该视图中的信息。

```
SQL> SELECT * FROM zichan_bumen_num_view;
```

BMID	ZCYZ_TOTAL	COUNT_NUM
fzghc	30770	12
kjc	34410	15
jjc	9070	7
sjc	6850	8
jwc	26770	10
zzb	18430	12
cwc	40710	18
zcc	65080	17
xcb	25280	12

已选择 9 行。

③ 在视图 zichan_bumen_num_view 上执行 DELETE 操作。

```
SQL> DELETE FROM zichan_bumen_num_view WHERE bmid='kjc';
     DELETE FROM zichan_bumen_num_view WHERE bmid='kjc'
                 *
第 1 行出现错误:
ORA-01732: 此视图的数据操纵操作非法
```

说明：Oracle 中不允许直接在视图中删除数据，这时可以创建 INSTEAD OF 触发器，将对视图 zichan_bumen_num_view 的删除操作转换为对资产明细表的删除操作。

④ 创建触发器 tr_insteadof_zichan_bumen_num，实现对视图 zichan_bumen_num_view 的删除操作。

```
SQL> CREATE OR REPLACE TRIGGER tr_insteadof_zichan_bumen_num
  2    INSTEAD OF delete ON zichan_bumen_num_view
  3    FOR EACH ROW
  4    BEGIN
  5        DELETE FROM zichanmingxi WHERE bmid=:old.bmid;
```

```
     6    END;
     7    /
```

触发器已创建

⑤ 在视图 zichan_bumen_num_view 上执行 DELETE 操作,删除部门编码为 kjc 的记录信息。

SQL> DELETE FROM zichan_bumen_num_view WHERE bmid='kjc';

已删除 1 行。
SQL> SELECT * FROM zichanmingxi WHERE bmid='kjc';

未选定行

8.7.4 管理触发器

1. 在数据字典中查看触发器信息

建立触发器时,Oracle 会将触发器的相关信息写入到数据字典中,通过查询数据字典视图 USER_TRIGGERS,可以显示当前用户的所有触发器信息。

【例 8-27】通过数据字典 USER_TRIGGERS 显示已经创建的触发器信息。

SQL> SELECT trigger_name,status,table_name FROM user_triggers;

TRIGGER_NAME	STATUS	TABLE_NAME
TR_INSTEADOF_ZICHAN_BUMEN_NUM	ENABLED	ZICHAN_BUMEN_NUM_VIEW
WORK_TIME	ENABLED	ZICHANMINGXI

2. 禁用触发器

禁用触发器是指使触发器临时失效。当触发器处于可用状态时,如果在表上执行 DML 操作,就会触发相应的触发器。那么如果在一系列表上执行大量的插入、更新操作就会不断触发相应触发器,使执行速度变慢。这时往往需要先禁用触发器,在相关操作执行完毕后再重新激活,以提高系统执行速度。禁用触发器的语法如下:

ALTER TRIGGER trigger_name DISABLE;

【例 8-28】禁用已创建的触发器 work_time。

SQL> ALTER TRIGGER work_time DISABLE;

触发器已更改

3. 激活触发器

激活触发器是指使被禁用的触发器重新生效。语法如下:

ALTER TRIGGER trigger_name ENABLE;

【例 8-29】激活触发器 work_time。

SQL> ALTER TRIGGER work_time ENABLE;

触发器已更改

4. 禁用或激活表的所有触发器

如果在表上同时存在多个触发器，那么使用 ALTER TABLE 命令可以一次禁用或激活所有触发器，语法如下：

ALTER TABLE table_name DISABLE ALL TRIGGERS;

【例 8-30】禁用并激活资产明细表的所有触发器。

SQL> ALTER TABLE zichanmingxi DISABLE ALL TRIGGERS;

表已更改。

SQL> ALTER TABLE zichanmingxi ENABLE ALL TRIGGERS;

表已更改。

5. 重新编译触发器

当使用 ALTER TABLE 命令修改表结构时，会使得其触发器转变为 INVALID 状态。在这种情况下，为了使得触发器继续生效，需要重新编译触发器。语法如下：

ALTER TRIGGER trigger_name COMPILE;

【例 8-31】重新编译触发器 work_time。

SQL> ALTER TRIGGER work_time COMPILE;

触发器已更改

6. 删除触发器

当不再需要某个触发器时，可以使用 DROP TRIGGER 命令将其删除。语法如下：

DROP TRIGGER trigger_name;

【例 8-32】删除触发器 work_time。

SQL> DROP TRIGGER work_time;

触发器已删除。

注意：触发器越多，对 DML 操作的性能影响也越大，所以一定要适当使用触发器。

习题八

1. 什么是 PL/SQL 的块结构？并举例说明。
2. Oracle 中的数据类型有哪些？
3. PL/SQL 的控制结构有哪些？分别举例说明。
4. 简述 PL/SQL 中游标的作用。
5. 什么是异常？Oracle 中的异常有哪些类型？
6. SQL*Plus 中如何建立包规范？举例说明。
7. 简述 DML 触发器的触发顺序。
8. Oracle 中为什么要使用 INSTEAD OF 触发器？

实验十 PL/SQL 编程

一、实验目的

1. 掌握 PL/SQL 程序的基本结构，掌握简单 PL/SQL 程序的编写。
2. 掌握 PL/SQL 条件选择语句，循环语句及游标的用法。
3. 掌握过程和函数的编写及调用方法。

二、实验内容

编写 PL/SQL 块，完成以下操作：

（1）输出 student 表中学号为"2007211163"同学的学号，姓名，专业，性别等信息。
（2）查询显示艺术学院学号为"2007611175"同学的学号，姓名，专业名称等信息。
（3）查询并显示专业 id 是 computer 的学生的学号，姓名，专业，性别和出生日期等信息。
（4）返回学生选课表 choice 中成绩低于 50 分的记录的详细信息。
（5）返回教师开设的选修课的详细信息：教师编号，姓名，性别，职称，课程名称。
（6）根据 choice 表中的学生成绩 score，计算他们的等级，具体计算方法为：

90 分及以上：等级为"优秀"；80～89 分：等级为"良好"；
70～79 分：等级为"一般"；60～69 分：等级为"及格"；
60 分以下：等级为"不及格"。

（7）查询并显示成绩在 80 分以上的同学的学号，姓名，专业和所修课程名字，成绩，并调用 getGrade 函数，显示根据成绩所判定的等级。

三、实验步骤

1. 连接数据库。

```
SQL> CONNECT course_oper/admin;
已连接。
```

2. 编写 PL/SQL 块，完成以下操作：

（1）输出 student 表中学号为"2007211163"同学的学号，姓名，专业，性别等信息。

```
SQL> DECLARE
  2    stu_id CONSTANT VARCHAR2(50):='2007211163';
  3    stu_name VARCHAR2(50);
  4    stu_sex VARCHAR2(4);
  5    stu_profid VARCHAR2(50);
  6    stu_profname VARCHAR2(50);
  7  BEGIN
  8    SELECT s.stuname,s.sex,s.profid,p.profname
  9    INTO stu_name,stu_sex,stu_profid,stu_profname
 10    FROM student s, professional p
 11    WHERE s.profid=p.profid AND s.stuid=stu_id;
 12    DBMS_OUTPUT.PUT_LINE('该同学的学号为：'||stu_id);
```

```
13  DBMS_OUTPUT.PUT_LINE('该同学的姓名为: '||stu_name);
14  DBMS_OUTPUT.PUT_LINE('该同学的性别为: '||stu_sex);
15  DBMS_OUTPUT.PUT_LINE('该同学的专业为: '||stu_profname);
16  END;
17  /
```
该同学的学号为：2007211163
该同学的姓名为：刘今今
该同学的性别为：女
该同学的专业为：商学院

PL/SQL 过程已成功完成。

说明：在 DECLARE 块中定义了一个常量和四个变量，在程序体中使用了 SELECT…INTO 语句完成了对几个变量的赋值，最后调用了 DBMS_OUTPUT.PUT_LINE 过程实现了变量值的输出。

（2）查询显示艺术学院学号为"2007611175"同学的学号，姓名，专业名称等信息。

```
SQL>  DECLARE
  2   stu_id CONSTANT student.stuid%TYPE:='2007611175';
  3   prof_id CONSTANT student.profid%TYPE:='Arts';
  4   stu_name student.stuname%TYPE;
  5   prof_name professional.profname%TYPE;
  6   BEGIN
  7   SELECT s.stuname,p.profname
  8   INTO stu_name,prof_name
  9   FROM student s,professional p
 10   WHERE s.profid='Arts' AND s.stuid='2007611175'
 11   AND s.profid=p.profid;
 12   DBMS_OUTPUT.PUT_LINE('学号: '||stu_id);
 13   DBMS_OUTPUT.PUT_LINE('姓名: '||stu_name);
 14   DBMS_OUTPUT.PUT_LINE('专业: '||prof_name);
 15   END;
 16   /
```
学号：2007611175
姓名：姜维
专业：艺术学院
PL/SQL 过程已成功完成。

说明：%TYPE 类型用于隐式地将变量的数据类型指定为对应列的数据类型。

%ROWTYPE 类型定义的变量可以存储表中的一行数据。

（3）查询并显示专业 id 查询是 computer 的学生的学号，姓名，专业，性别和出生日期等信息。

```
SQL> DECLARE
  2   stu_row student%ROWTYPE;
  3   CURSOR stu_cursor
  4   IS
  5   SELECT *
  6   FROM student WHERE profid=&pro_fid; --声明游标
  7   BEGIN
  8   OPEN stu_cursor;
```

```
9     LOOP
10        FETCH stu_cursor INTO stu_row;
11        EXIT WHEN stu_cursor%NOTFOUND;
12        DBMS_OUTPUT.PUT_LINE('第'||stu_cursor%ROWCOUNT||'行'
13        ||',学号:'||stu_row.stuid||'; 姓名:'||stu_row.stuname||
14        ',专业:'||stu_row.profid||',性别:'||stu_row.sex||';'||
15        '出生日期:'||stu_row.birth);
16     END LOOP;
17     CLOSE stu_cursor;
18  END;
输入 pro_fid 的值: 'computer'
原值   6: FROM student WHERE profid=&pro_fid; --声明游标
新值   6: FROM student WHERE profid='computer'; --声明游标
第 1 行,学号:2007111150; 姓名:侯娟,专业:computer,性别:女;出生日期:03-12 月-87
第 2 行,学号:2007111151; 姓名:刘沛沛,专业:computer,性别:女;出生日期:06-6 月 -88
第 3 行,学号:2007111152; 姓名:张创,专业:computer,性别:男;出生日期:06-7 月 -86
第 4 行,学号:2007111153; 姓名:李鹏,专业:computer,性别:男;出生日期:12-12 月-87
第 5 行,学号:2007111154; 姓名:袁飞,专业:computer,性别:男;出生日期:20-8 月 -87
第 6 行,学号:2007111155; 姓名:张建平,专业:computer,性别:男;出生日期:02-9 月 -88

PL/SQL 过程已成功完成。
```

说明：本题中使用了%ROWTYPE 类型来存储表中的一行数据，使用 LOOP 循环读取游标中的记录，将每次读取的记录存储到行记录变量 stu_row 中。

（4）返回学生选课表 choice 中成绩低于 50 分的记录的详细信息。

```
SQL> DECLARE
2      CURSOR choice_cursor
3      IS
4      SELECT choiceid,stuid,lectureid,score
5      FROM choice WHERE score<50; --声明游标
6      TYPE choice_type IS RECORD( --声明记录
7          choice_id choice.choiceid%TYPE,
8          stu_id choice.stuid%TYPE,
9          lecture_id choice.lectureid%TYPE,
10         score choice.score%TYPE
11     );
12     one_choice choice_type;   --定义记录类型变量
13  BEGIN
14     OPEN choice_cursor; --打开游标
15     LOOP
16        FETCH choice_cursor INTO one_choice;    --检索游标
17        EXIT WHEN choice_cursor%NOTFOUND;   --游标无记录时退出
18        DBMS_OUTPUT.PUT_LINE('当前检索至第'||choice_cursor%ROWCOUNT||
19        '行: '||'编号: '||one_choice.choice_id||'; 学生学号:'||
20        one_choice.stu_id||'; 授课 id:'||one_choice.lecture_id||
21        '; 成绩:'||one_choice.score);
22     END LOOP;
23     CLOSE choice_cursor;   --关闭游标
24  END;
当前检索至第 1 行: 编号: 52; 学生学号:2007711198; 授课 id:3; 成绩:43
```

当前检索至第2行：编号：87；学生学号:2007511225；授课 id:5；成绩:47.5
当前检索至第3行：编号：99；学生学号:2007211165；授课 id:6；成绩:46.5

PL/SQL 过程已成功完成。

说明：本题中学生选课表 choice 中成绩低于 50 分的记录应该为多条记录，所以使用了 LOOP 循环读取游标中的记录，游标的查询语句返回的是一个包含多行数据的结果集。使用游标的基本步骤为：声明游标、打开游标、检索游标和关闭游标。具体使用过程请参考本题程序。编程中经常用到游标的属性如下：

%FOUND：返回布尔类型的值，变量最后从游标中获取记录的时候，在结果集中是否找到了记录。找到记录返回值为 TRUE。

%NOTFOUND：变量最后从游标中获取记录的时候，在结果集中没有找到记录返回值为 TRUE。与%FOUND 相反。

%ROWCOUNT：返回已经从游标中获取的记录数量。

%ISOPEN：用于判定游标是否打开。

（5）返回教师开设的选修课的详细信息：教师编号，姓名，性别，职称，课程名称。

```
SQL> DECLARE
  2       CURSOR tea_cursor
  3       IS
  4       SELECT t.teacherid,t.teachername,t.sex,t.position,c.coursename
  5       FROM teacher t,course c,lecture l
  6       WHERE t.teacherid=l.teacherid AND
  7       AND c.courseid=l.courseid; --定义游标
  8  BEGIN
  9       FOR current_cursor IN tea_cursor
 10       LOOP
 11            DBMS_OUTPUT.PUT_LINE('教师编号:'||current_cursor.teacherid||';教师姓名:'||
 13  current_cursor.teachername||';性别:'||current_cursor.sex
 14  ||';职称:'||current_cursor.position||';'||
 15  '课程名称:'||current_cursor.coursename);
 16       END LOOP;
 17  END;
教师编号:comp_001;教师姓名:王冰;性别:男;职称:副教授;课程名称:c#程序设计
教师编号:comp_002;教师姓名:张军;性别:男;职称:讲师;课程名称:网页制作
教师编号:civi_002;教师姓名:徐鹏辉;性别:男;职称:助教;课程名称:趣味微积分
教师编号:civi_003;教师姓名:李伟;性别:男;职称:副教授;课程名称:数学建模
教师编号:busi_001;教师姓名:侯豫;性别:女;职称:副教授;课程名称:会计学
教师编号:busi_002;教师姓名:田丰亮;性别:男;职称:讲师;课程名称:电子商务概论
教师编号:arch_001;教师姓名:王亮;性别:男;职称:讲师;课程名称:艺术欣赏
教师编号:arch_002;教师姓名:刘于修;性别:男;职称:副教授;课程名称: 建筑学概论
```

PL/SQL 过程已成功完成。

说明：本题中使用了 FOR 语句来控制游标进行循环读取记录操作，与 LOOP 语句不同的是，使用 FOR 语句时不需要也不能对游标进行 OPEN（打开游标），FETCH（检索游标），CLOSE（关闭游标）等操作。本题中，FOR 语句中设置的循环变量 current_cursor 已经存储了检索当前记录的所有列值。

（6）根据 choice 表中的学生成绩 score，计算他们的等级，具体计算方法为：

90 分及以上：等级为"优秀"；80～89 分：等级为"良好"；

70～79 分：等级为"一般"；60～69 分：等级为"及格"；

60 分以下：等级为"不及格"。

① 编写函数 getGrade，根据课程成绩，计算等级。

```
SQL> CREATE OR REPLACE FUNCTION getGrade(score NUMBER)
  2    RETURN VARCHAR2
  3    IS
  4      grade VARCHAR2;
  5    BEGIN
  6        CASE
  7          WHEN score>=90 THEN grade:='优秀';
  8          WHEN score>=80 THEN grade:='良好';
  9          WHEN score>=70 THEN grade:='一般';
 10          WHEN score>=60 THEN grade:='及格';
 11          ELSE grade:='不及格';
 12        END CASE;
 13        RETURN grade;
 14    END getGrade;
警告：创建的函数带有编译错误。
```

这说明函数的编写存在编译错误，需要修正错误后才能正常运行，执行下列命令，查看一下错误。

```
SQL> show errors;
FUNCTION GETGRADE  出现错误:

LINE/COL    ERROR
--------    ----------------------------------------------------------------
4/7         PLS-00215: 字符串长度限制在范围 (1...32767)
```

根据提示，修改第四行代码，然后再编译函数：

```
SQL> 4
  4*   grade VARCHAR2;
SQL> change \VARCHAR2\VARCHAR2(8)
  4*   grade VARCHAR2(8);
```

```
SQL> LIST
  1  CREATE OR REPLACE FUNCTION getGrade(score NUMBER)
  2    RETURN VARCHAR2
  3    IS
  4      grade VARCHAR2(8);
  5    BEGIN
  6        CASE
  7          WHEN score>=90 THEN grade:='优秀';
  8          WHEN score>=80 THEN grade:='良好';
  9          WHEN score>=70 THEN grade:='一般';
 10          WHEN score>=60 THEN grade:='及格';
 11          ELSE grade:='不及格';END CASE;
 12        RETURN grade;
```

```
 13* END getGrade;
SQL> RUN
……
```
函数已创建。

② 在 SQL 语句中直接调用函数 getGrade，验证其执行是否正确。

```
SQL> SELECT getGrade(65) FROM dual;

GETGRADE(65)
-----------------------------------------------------------
及格

SQL> SELECT getGrade(99) FROM dual;

GETGRADE(99)
-----------------------------------------------------------
优秀

SQL> SELECT getGrade(30) FROM dual;

GETGRADE(30)
-----------------------------------------------------------
不及格
```

（7）查询并显示成绩在 80 分以上的同学的学号，姓名，所修课程名字，成绩，并调用 getGrade 函数，显示根据成绩所判定的等级。

```
SQL> DECLARE
  2      CURSOR stud_score_cursor
  3      IS
  4      SELECT s.stuid,s.stuname,ch.score,c.coursename,
  5      p.profname,getGrade(ch.score) AS grade
  6      FROM student s,choice ch,course c,professional p
  8      WHERE ch.score>=80 AND s.stuid=ch.stuid
  9      AND ch.courseid=c.courseid AND s.profid=p.profid;
 11   BEGIN
 12      FOR current_cursor IN stud_score_cursor
 13      LOOP
 14      DBMS_OUTPUT.PUT_LINE(stud_score_cursor%ROWCOUNT||'行，'
 15      ||current_cursor.stuid||'，'||current_cursor.stuname||'，'
 16      ||current_cursor.coursename||'，'||current_cursor.score||'，'
 17      ||current_cursor.grade);
 18      END LOOP;
 19   END;
1 行，2007111150，侯娟，c#程序设计，92，优秀
2 行，2007111151，刘沛沛，c#程序设计，87，良好
3 行，2007111152，张创，c#程序设计，83，良好
……
33 行，2007711196，于军旗，电子商务概论，83，良好
34 行，2007711199，彭暖，电子商务概论，94.3，优秀

PL/SQL 过程已成功完成。
```

说明：存储过程和函数是完成特定功能的 SQL 语句集，经编译后存储在数据库中，大大提高了 SQL 语句的功能和灵活性。与存储过程不同的是，函数必须返回一个值。详细过程参见实验题（6）和（7）的函数定义和函数调用过程。

实验十一　触发器的使用

一、实验目的

1．理解触发器的类型和调用机制。
2．编程掌握触发器的用法。

二、实验内容

对数据库 MYXKXT，编写触发器，完成以下操作：
（1）为 student 表编写一个事后语句级触发器，每当用户向表中插入数据时，该触发器将统计 student 表中的新行数并输出。
（2）创建一个行级触发器，每当用户更新了 teacher 表中的记录信息时，能够在 record 表中存储修改的记录操作，并保存修改前的行数据。
（3）创建一个触发器 add_id_trigger，为 record 表主键列 record_id 赋值。

三、实验指导

1．登录数据库。

```
SQL> CONNECT course_oper/admin;
已连接。
```

2．对数据库 MYXKXT，编写触发器，完成以下操作。
（1）为 student 表编写一个事后语句级触发器，每当用户向表中插入数据时，该触发器将统计 student 表中的新行数并输出。

```
SQL> CREATE OR REPLACE TRIGGER tri1_insert_student
  2    AFTER INSERT ON student
  3    DECLARE
  4      rows NUMBER;
  5    BEGIN
  6      SELECT COUNT(*) INTO rows FROM student;
  7      DBMS_OUTPUT.PUT_LINE('student 表中含有'||rows||'条记录！');
  8    END;

触发器已创建
```

说明：触发器是一种在发生数据库事件时自动执行的 PL/SQL 程序块，经常用于加强数据的完整性约束，提供审计和日志记录、启用复杂的业务规则等。从触发器 tri1_insert_student 的定义来看，这是一个语句级触发器。

下面看一下刚定义的触发器 tri1_insert_student 在什么情况下会执行。

```
SQL> SET SERVEROUTPUT ON
SQL> INSERT INTO student
  2    VALUES('2007811209','李向阳','Arts','男','12-5月-1987','','');
student 表中含有 39 条记录！

已创建 1 行。


SQL> INSERT INTO student
  2    VALUES('2007811210','徐建婷','Arts','女','7-9月-1987','','');
student 表中含有 40 条记录！

已创建 1 行。
```

说明：当用户对 student 表进行 INSERT 操作时，触发器 tri1_insert_student 被触发，输出执行完 INSERT 操作后表中记录的总数。

（2）创建一个行级触发器，每当用户更新了 teacher 表中的记录信息时，能够在 record 表中存储修改的记录操作，并保存修改前的行数据。

① 创建 record 表，用来存储 teacher 表中修改的记录操作。

```
SQL> CREATE TABLE record(
  2    record_id VARCHAR2(20) PRIMARY KEY, --主键
  3    content VARCHAR2(200),   --记录内容
  4    rtime TIMESTAMP   --记录时间
  5  );
```

表已创建。

② 创建一个序列 record_sql，用于为 record 表的主键 record_id 赋值。

```
SQL> CREATE SEQUENCE record_seq
  2    START WITH 1
  3    INCREMENT BY 1
  4    NOCACHE
  5    NOCYCLE
  6    ORDER;
```

序列已创建。

③ 创建本题要求的行级触发器。

```
SQL> CREATE OR REPLACE TRIGGER update_teacher_trigger
  2    AFTER UPDATE
  3    ON teacher
  4    FOR EACH ROW
  5    BEGIN
  6       INSERT INTO record VALUES
  7        (record_seq.nextval,'执行了 update 操作,执行前的数据为:teacherid:='||
  8        :OLD.teacherid||
  9        ',teachername='||:OLD.teachername||',sex='||:OLD.sex
 10        ||',position='||:OLD.position,SYSDATE);
 11    END update_teacher_trigger;
 12  /
```

触发器已创建

④ 更新 teacher 表中的记录，验证触发器 update_teacher_trigger。

SQL> UPDATE teacher SET teachername='催晓晓' WHERE teacherid='comp_003';

已更新 1 行。

SQL> UPDATE teacher SET teachername='催晓晓' WHERE teacherid='busi_002';

已更新 1 行。

⑤ 查询 record 表，看看表中是否保存了刚才 UPDATE 操作的记录信息。

```
SQL> COLUMN record_id FORMAT A10
SQL> COLUMN content FORMAT A40
SQL> COLUMN rtiem FORMAT A20
SQL> COLUMN rtime FORMAT A20
SQL> SELECT record_id,content,rtime FROM record;
```

RECORD_ID	CONTENT	RTIME
3	执行了 update 操作，执行前的数据为:teacher id:=comp_003,teachername=崔玉芝,sex=女,position=教授	12-7月 -12 05.24.15. 000000 下午
4	执行了 update 操作，执行前的数据为:teacher id:=busi_002,teachername=田丰亮,sex=男,position=讲师	12-7月 -12 05.25.03. 000000 下午

（3）创建一个触发器 add_id_trigger，为 record 表主键列 record_id 赋值。

```
SQL> CREATE OR REPLACE TRIGGER add_id_trigger
  2  BEFORE INSERT
  3  ON record
  4  FOR EACH ROW
  5  BEGIN
  6      SELECT record_seq.nextval INTO :NEW.record_id FROM dual;
  7  END;
  8  /
```

触发器已创建

说明：在实验（2）中可以看到，每次往 record 表中添加记录时，需要使用 record_seq.nextval 为主键列赋值，创建好了触发器 add_id_trigger 后，向 record 表中添加记录时，该触发器会自动为 record 表的主键列 record_id 赋值。

所以上面的触发器 update_teacher_trigger 可以改写如下：

```
SQL> CREATE OR REPLACE TRIGGER update_teacher_trigger
  2  AFTER UPDATE
  3  ON teacher
  4  FOR EACH ROW
  5  BEGIN
  6  INSERT INTO record(content,rtime)
```

```
 7    VALUES('执行了 update 操作，执行前的数据为：teacherid:='||
 8    :OLD.teacherid||',teachername='||:OLD.teachername||
 9    ',sex='||:OLD.sex||',position='||:OLD.position,SYSDATE);
10    END;
11    /
```

触发器已创建

验证触发器 add_id_trigger 和 update_teacher_trigger 的调用情况。

SQL> UPDATE teacher SET teachername='崔晓月' WHERE teacherid='comp_003';

已更新 1 行。

SQL> select * from record;

RECORD_ID	CONTENT	RTIME
2	a test!	13-7 月 -12 04.40.18.000000 下午
6	执行了 update 操作，执行前的数据为：teacherid:=comp_003,teachername=崔晓晓,sex=女,position=教授	13-7 月 -12 05.04.31.000000 下午
3	执行了 update 操作，执行前的数据为：teacherid:=comp_003,teachername=崔玉芝,sex=女,position=教授	12-7 月 -12 05.24.15.000000 下午
4	执行了 update 操作，执行前的数据为：teacherid:=busi_002,teachername=田丰亮,sex=男,position=讲师	12-7 月 -12 05.25.03.000000 下午

第九章 用户权限与安全管理

在 Oracle 数据库中，系统通过安全措施防止非法用户对数据库进行存储，以保证数据库安全运行。对于每一个数据库用户，都需要有一个合法的用户名和口令，口令在数据库中是加密存储的，用户连接到数据库时系统检查其合法性，只有口令验证正确后才能进入 Oracle 中完成各种操作；而为了限制数据库用户对数据库和系统资源的使用，可以为数据库用户指定概要文件。

一个新建的 Oracle 用户，如果没有被授予任何权限，是不能执行任何操作的。如果用户要执行特定的数据库操作，必须为其授予系统权限；如果用户要访问其他方案的对象，则必须为其授予对象权限。也可以将一组权限授予某个角色，然后将这个角色授予某些用户，角色不仅可以简化权限管理，而且可以通过禁止或激活角色控制权限的可用性。本章将介绍 Oracle 中如何进行权限和角色的创建以及管理。

- 用户管理
- 概要文件管理
- 使用概要文件管理口令和资源
- 系统权限管理
- 对象权限管理
- 角色概述
- 管理角色权限

9.1 用户管理

9.1.1 用户概述

Oracle 用户是指可以访问数据库的账号，每个用户都有口令和相应的权限。当一个用户需要连接到 Oracle 数据库时，默认情况下必须提供用户名和口令。只有在输入了正确的用户名和口令之后，才能够连接到数据库，并执行各种管理操作和数据访问操作。

在安装 Oracle 数据库的过程中系统自动创建了很多用户，这些用户被称为预定义用户。Oracle 系统中的预定义用户主要有管理员用户、非管理员用户和示例模式用户等。

1. 管理员用户

每个数据库至少应该有一个数据库管理员，管理员用户有管理数据库中部分或者全部内容的权限，其默认表空间为 SYSTEM 或 SYSAUX。在创建 Oracle 数据库时，系统自动创建的管理员账号主要有 SYS、SYSTEM、SYSMAN 和 DBSNMP，其作用分别是：

（1）SYS 用户将被授予 DBA 角色，数据库和数据字典中的所有基本表和视图都存储在名为 SYS 的方案中。

（2）SYSTEM 用户被授予 DBA 角色，用于创建显示管理信息的表或视图，以及被各种 Oracle 数据库应用和工具使用的内容表或视图。

（3）DBSNMP 是 Oracle 数据库中用于智能代理的用户，是用来监控和管理数据库相关性能的用户。

（4）SYSMAN 是用于在企业管理器（OEM）中管理 Oracle 数据库的用户。

2. 非管理员用户

安装 Oracle 数据库时，除了数据库自动创建的一些管理员用户，系统还创建了一些非管理员用户，这些用户具有完成自己任务的最小权限，但不能使用它们来连接数据库。在默认情况下，这些非管理员用户处于锁定状态并设置了口令过期。

3. 示例模式用户

示例模式用户默认的表空间是 USERS，其默认情况下也处于锁定状态并设置了口令过期。要使用这些示例模式用户，需要对其进行解锁，并重写设置口令。Oracle 提供的主要示例账号有：

（1）SCOTT：Oracle 的一个默认的普通用户，其口令是 TIGER。SCOTT 用户下安装了 EMP、DEPT、SALEGRADE 和 BONUS 等数据表，方便用户测试数据库连接并学习 Oracle 中的各种基本操作。

（2）BI：商业智能模式账号。

（3）HR：人力资源模式账号，其中存有公司信息和员工信息。

【例 9-1】执行下列 SQL 语句，查看 Oracle 系统中用户的基本信息。

```
SQL> COLUMN username FORMAT A30
SQL> SELECT user_id,username,account_status
  2  FROM dba_users
  3  ORDER by user_id;

   USER_ID   USERNAME                       ACCOUNT_STATUS
---------- ------------------------------ --------------------
         0  SYS                            OPEN
         5  SYSTEM                         OPEN
         9  OUTLN                          EXPIRED & LOCKED
        14  DIP                            EXPIRED & LOCKED
        21  ORACLE_OCM                     EXPIRED & LOCKED
        30  DBSNMP                         OPEN
......
        84  SCOTT                          OPEN
        85  HR                             EXPIRED & LOCKED
        86  OE                             EXPIRED & LOCKED
......
```

102	ZCGL_OPER	OPEN
2147483638	XS$NULL	EXPIRED & LOCKED

已选择 41 行。

9.1.2 创建用户

除了 Oracle 的预定义用户，在实际应用中往往需要根据对数据库的使用情况来创建不同的用户。创建用户使用 CREATE USER 命令来完成，该命令一般由 DBA 用户来执行；如果要以其他用户身份建立用户，则要求用户必须具有 CREATE USER 系统权限。

1. CREATE USER 命令的语法

```
CREATE USER username IDENTIFIED BY password
OR IDENTIFIED EXTERNALLY
        OR IDENTIFIED GLOBALLY AS 'CN=user'
[DEFAULT TABLESPACE tablespace]
[TEMPORARY TABLESPACE temptablespace]
[QUOTA[integer K[M][UNLIMITED]] ON tablespace]
[PROFILES profile_name]
[PASSWORD EXPIRE]
[ACCOUNT LOCK or ACCOUNT UNLOCK]
```

2. 语法说明

（1）username：用户名，一般由字母、数字和"#"及"_"构成，长度不超过 30 个字符。

（2）password：用户口令，一般由字母、数字和"#"及"_"构成。

（3）IDENTIFIED EXTERNALLY：表示用户名在操作系统下验证，这个用户名必须与操作系统中定义的相同。

（4）IDENTIFIED GLOBALLY AS 'CN=user'：用户名由 Oracle 安全域中心服务器来验证，CN 名称表示用户名的外部名。

（5）DEFAULT TABLESPACE tablespace：默认的表空间。

（6）TEMPORARY TABLESPACE temptablespace：默认的临时表空间。

（7）QUOTA[integer K[M][UNLIMITED]] ON tablespace：用户可以使用的表空间的字节数。

（8）PROFILES profile_name：资源文件的名字。

（9）PASSWORD EXPIRE：立即将口令设置为过期状态，用户再次登录时必须修改口令。

（10）ACCOUNT LOCK or ACCOUNT UNLOCK：用户是否被加锁，默认的是不加锁。

3. 应用举例

【例 9-2】为数据库 zcgl 创建一个新用户，其中用户名为 yh01，口令为 yh01，默认表空间为 users，临时表空间为 temp。

```
SQL> CREATE USER yh01 IDENTIFIED BY yh01
  2  DEFAULT TABLESPACE users
  3  TEMPORARY TABLESPACE temp;
```

用户已创建。

说明：本题中创建了一个名为 yh01 的用户，口令是 yh01，默认表空间是 users，临时表空间是 temp。

【例 9-3】为数据库 zcgl 创建一个新用户，其中用户名为 yh02，口令为 yh02，默认表空间为 users，临时表空间为 temp，该用户在 users 表空间上所使用的配额不受限制，且不允许该用户使用 system 表空间。

```
SQL> CREATE USER yh02 IDENTIFIED BY yh02
  2   DEFAULT TABLESPACE users
  3   TEMPORARY TABLESPACE temp
  4   QUOTA UNLIMITED ON users
  5   QUOTA 0 ON system;
```

用户已创建。

说明：有时为了避免用户在创建表或索引对象时占用过多的表空间，可以使用 QUOTA 子句配置用户在表空间上的磁盘限额，当用户在表空间的空间限额为 0 时表示用户不能使用该表空间。

【例 9-4】为数据库 zcgl 创建一个新用户，用户名为 yh03，口令为 123456，默认表空间为 ZCGL_TBS1，临时表空间为 ZCGL_TEMP1，并且设置该用户在表空间 ZCGL_TBS1 上的配额为 10M。

```
SQL> CREATE USER yh03 IDENTIFIED BY 123456
  2   DEFAULT TABLESPACE ZCGL_TBS1
  3   TEMPORARY TABLESPACE ZCGL_TEMP1
  4   QUOTA 10M ON ZCGL_TBS1;
```

用户已创建。

说明：创建用户时可以配置用户的默认表空间与临时表空间信息，并可以配置用户在某些表空间上的配额信息。

【例 9-5】使用新用户 yh01/ yh01 连接数据库。

```
SQL> conn yh01/yh01;
ERROR:
ORA-01045: user YH01 lacks CREATE SESSION privilege; logon denied


警告：您不再连接到 ORACLE。
```

说明：Oracle 中新创建的用户由于没有任何权限，不能执行任何数据库操作，所以系统会显示 "ORA-01045: user YH01 lacks CREATE SESSION privilege; logon denied" 等错误信息。要想使用账号 yh01 连接 Oracle，必须为该新创建的用户授予一些基本的权限，可以将 CREATE SESSION 和 CREATE TABLE 权限授予 yh01。

```
SQL> GRANT CREATE SESSION,CREATE TABLE TO yh01;

授权成功。
SQL> CONN yh01/yh01;
已连接。
```

说明：为了使新用户成功连接数据库，必须为其授予 CREATE SESSION 权限。

9.1.3 修改用户

对于已经创建成功的用户，可以使用 ALTER USER 语句来修改它的各种属性，如口令、默认表空间、临时表空间、表空间配额、概要文件、是否过期、是否锁定等。此外，该命令还可以用来更改用户的默认角色。修改用户 ALTER USER 语句的语法如下：

```
ALTER USER 用户名[IDENTIFIED BY 口令] | [IDENTIFIED EXTERNALLY]
[DEFAULT TABLESPACE 默认表空间名]
[TEMPORARY TABLESPACE 临时表空间名]
[QUOTA[数值 K | M] | [UNLIMITED] ON 默认表空间名]
[QUOTA[数值 K | M] | [UNLIMITED] ON 其他表空间名] ...
[PROFILE{概要文件名 | DEFAULT}]
[PASSWORD EXPIRE]
[ACCOUNT LOCK] | [ACCOUNT UNLOCK]
[DEFAULT ROLE{角色名[, 角色名] ... | ALL[EXCEPT 角色名[, 角色名]] | NONE}];
```

说明：用户名称无法被修改，除非将其删除。

【例 9-6】 将用户 yh01 在 USERS 表空间的限额改为 300M。

```
SQL> ALTER USER yh01
  2    DEFAULT TABLESPACE users
  3    QUOTA 300M ON users;
```

用户已更改。

【例 9-7】 设置用户 yh02 的口令过期。

```
SQL> ALTER USER yh02 PASSWORD EXPIRE;
```

用户已更改。

再次使用用户 yh02 连接数据库时，会提示用户修改口令。

```
SQL> CONN yh02/yh02
ERROR:
ORA-28001: the password has expired


更改 yh02 的口令
新口令:
重新键入新口令:
口令已更改
已连接。
```

说明：PASSWORD EXPIRE 选项使用户的口令过期。当用户登录数据库时，会要求用户更改口令。

9.1.4 删除用户

为了保证数据库的安全性，不再使用的用户可以用 DROP USER 语句进行删除。删除用户后，Oracle 会从数据字典中删除用户、方案及其所有方案对象。删除用户的语法如下：

```
DROP USER username [CASCADE];
```

说明：CASCADE 表示在删除用户之前，先删除他拥有的所有对象。

【例 9-8】删除用户 SCOTT。

```
SQL> DROP USER SCOTT;
DROP USER SCOTT
       *
第 1 行出现错误：
ORA-01922: 必须指定 CASCADE 以删除 'SCOTT'
```

说明：删除用户时，如果用户包含数据库对象，那么必须带有 CASCADE 选项，否则将显示上述错误。

【例 9-9】删除用户 yh02，如果 yh02 拥有任何对象，也自动删除这些对象。

```
SQL> DROP USER yh02 CASCADE;

用户已删除。
```

【例 9-10】使用用户 zcgl_oper/admin 连接数据库，并在连接成功后删除用户 zcgl_oper。

```
SQL> CONNECT zcgl_oper/admin@zcgl;
已连接。
SQL> DROP USER zcgl_oper;
DROP USER zcgl_oper
       *
第 1 行出现错误：
ORA-01940: 无法删除当前连接的用户
```

说明：当前正在连接的用户是不能删除的，必须等到该用户退出系统后才能删除，否则会显示如上所示错误信息。

9.1.5 查看用户信息

创建好用户后，Oracle 会将用户的所有属性信息存放在数据库字典基表中。表 9.1 列出了与用户相关的视图和表。通过查询这些视图和表，可以获得用户信息。

表 9.1 与用户相关的视图和表

视图	描述
DBA_USERS	显示数据库中所有用户的详细信息
ALL_USERS	显示所有用户，但不描述它们
USER_USERS	显示当前用户的详细信息
USER_PASSWORD_LIMITS	分配给用户的口令资源参数
USER_RESOURCE_LIMITS	分配给用户的口令内核资源参数
DBA_TS_QUOTAS	显示所有用户在各个表空间中的配额
USER_TS_QUOTAS	显示当前用户在各个表空间中的配额
DBA_ROLE_PRIVS	显示授予给所有用户或角色的角色
USER_ROLE_PRIVS	显示授予给当前用户的角色
DBA_SYS_PRIVS	描述用户所拥有的系统权限

续表

视图	描述
DBA_TAB_PRIVS	描述用户所拥有的对象权限
V$SESSION	列出当前的会话信息,包括用户名
V$SESSTAT	列出当前会话的统计信息
V$PWFILE_USERS	列出特权用户的信息
USER_TABLES	显示用户所创建的表的信息

1. 查询用户的账户信息

DBA_USERS 视图是查询用户的账户信息的最主要的视图之一。

【例 9-11】查询视图 DBA_USERS,显示符合条件用户的名称、概要文件、账户状态、创建日期和过期日期等信息。

```
SQL> COLUMN username FORMAT A25
SQL> COLUMN profile FORMAT A10
SQL> COLUMN status FORMAT A10
SQL> COLUMN created FORMAT A10
SQL> COLUMN expiry_date FORMAT A10
SQL> SELECT username,profile,account_status,created,expiry_date
  2  FROM dba_users
  3  WHERE username LIKE 'YH%'
  4  UNION
  5  SELECT username,profile,account_status,created,expiry_date
  6  FROM dba_users
  7  WHERE username LIKE '_OP%';

USERNAME        PROFILE         ACCOUNT_STATUS   CREATED      EXPIRY_DAT
--------------- --------------- ---------------  ----------   ----------
YH01            DEFAULT         OPEN             02-8月 -12   29-1月 -13
YH02            MYPROFILE_03    OPEN             06-8月 -12   02-2月 -13
YH04            DEFAULT         OPEN             06-8月 -12   02-2月 -13
```

说明:PROFILE 列表示该用户所使用的概要文件。

2. 查询用户所使用的表空间及其配额

【例 9-12】查询 dba_ts_quotas,显示各个用户所使用的表空间及其配额的信息。

```
SQL> CONN sys/sys AS sysdba
已连接。
SQL> COLUMN TABLESPACE_NAME FORMAT a15
SQL> COLUMN USERNAME FORMAT a15
SQL> SELECT * FROM DBA_TS_QUOTAS;

TABLESPACE_NAME USERNAME        BYTES    MAX_BYTES   BLOCKS   MAX_BLOCKS  DRO
--------------- --------------- -------  ----------  -------  ----------  ---
ZCGL_TBS1       ZCGL_OPER       720896   52428800    88       6400        NO
SYSAUX          APPQOSSYS       0        -1          0        -1          NO
SYSAUX          FLOWS_FILES     0        -1          0        -1          NO
USERS           YH02            0        -1          0        -1          NO
```

SYSAUX	SYSMAN	71696384	-1	8752	-1	NO
SYSAUX	OLAPSYS	7667712	-1	936	-1	NO

已选择 6 行。

说明：TABLESPACE_NAME 列是表空间名称；USERNAME 列表示用户名；BYTES 列表示该用户在该表空间上已经使用的空间；MAX_BYTES 列表示在该表空间上可使用的最大的空间（-1 表示无限制）。

3. 查询用户的角色与权限

【例 9-13】查询 dba_role_privs 视图，显示用户 zcgl_oper 所具有的角色及其是否默认角色的信息。

```
SQL> SELECT * FROM dba_role_privs where grantee='ZCGL_OPER';

GRANTEE              GRANTED_ROLE          ADM   DEF
------------------   -------------------   ---   ---
ZCGL_OPER            DBA                   NO    YES
```

4. 查询当前登录的用户

【例 9-14】user 是一个系统变量，该变量的值显示了当前连接到数据库的用户名。在 SQL*Plus 中可以使用 SHOW USER 命令来查询该系统变量的值。

```
SQL> CONNECT zcgl_oper/admin@zcgl;
已连接。
SQL> SHOW USER;
USER 为 "ZCGL_OPER"
SQL> SELECT USER FROM dual;

USER
------------------------------
ZCGL_OPER
```

5. 查询特权用户

特权用户可以执行启动、关闭、备份、恢复数据库等数据库的维护操作。

【例 9-15】通过查询动态性能视图 V$PWFILE_USERS 显示具有 SYSOPER、SYSDBA 特权的用户信息。

```
SQL> CONN sys/sys AS sysdba
已连接。
SQL> SELECT * FROM V$PWFILE_USERS;

USERNAME             SYSDBA         SYSOPER        SYSAS
------------------   ------------   -----------    --------------
SYS                  TRUE           TRUE           FALSE

SQL> GRANT sysoper TO system;

授权成功。

SQL> SELECT * FROM V$PWFILE_USERS;
```

USERNAME	SYSDBA	SYSOPER	SYSAS
SYS	TRUE	TRUE	FALSE
SYSTEM	FALSE	TRUE	FALSE

说明：初始时只有 SYS 用户是特权用户，具有 SYSDBA 和 SYSOPER 特权，通过为 SYSTEM 用户授予 SYSOPER 特权，使其成为特权用户。

6. 查询当前用户所创建的表及其所在的表空间

当用户创建表时，不仅可以在默认表空间中创建表，还可以指定在其他表空间中创建表。通过查询 user_tables 视图，可以了解当前用户在数据库中创建的表以及这些表被存储在哪个表空间中。

【例 9-16】以用户 zcgl_oper/admin 连接数据库，查询 user_tables 视图，显示用户 zcgl_oper 在数据库中创建的表以及这些表被存储的表空间信息。

```
SQL> CONNECT zcgl_oper/admin@zcgl;
已连接。
SQL> select table_name,tablespace_name FROM user_tables;

TABLE_NAME                      TABLESPACE_NAME
------------------------------  ---------------
YONGHU                          ZCGL_TBS1
BUMEN                           ZCGL_TBS1
ZICHANLEIXING                   ZCGL_TBS1
ZICHANZHUANGTAI                 ZCGL_TBS1
ZICHANMINGXI                    ZCGL_TBS1
ZCMX

已选择 6 行。
```

9.2 概要文件管理

Oracle 系统中，可以通过建立概要文件来限制每个用户对数据库和系统资源的使用，如设置相关参数来限制用户可以连接到 Oracle 系统的会话数，限制用户口令的有效天数等。

概要文件是限制数据库和系统资源设置的集合，它用不同参数的值来对口令、内核等各个方面的资源进行限制。将一个概要文件分配给一个用户后，就可以利用该概要文件来限制该用户对各种资源的使用。创建 Oracle 数据库时，系统会自动创建一个名为 DEFAULT 的概要文件。如果创建用户时没有为用户指定概要文件，那么该用户将使用系统的默认概要文件 DEFAULT。

9.2.1 创建概要文件

创建概要文件的语法如下：

```
CREATE PROFILE profile_name
LIMIT
{resource_parameters|password_parameters}
```

语法说明：

1. 资源参数 resource_parameters

常用的资源参数有：

（1）SESSIONS_PER_USER：限制一个用户并发会话的个数；

（2）CPU_PER_SESSION：限制一次会话的 CPU 时间；

（3）CPU_PER_CALL：限制一次调用的 CPU 时间；

（4）CONNECT_TIME：一次会话持续的时间；

（5）IDLE_TIME：限制一次会话期间的连续不活动时间；

（6）LOGICAL_READS_PER_SESSION：规定一次会话中读取数据块的数目；

（7）LOGICAL_READS_PER_CALL：规定处理一个 SQL 语句一次调用所读的数据块的数目；

（8）PRIVATE_SGA：规定一次会话在系统全局区（SGA）共享池可分配的私有空间的数目；

2. 口令参数 password_parameters

常用的口令参数有：

（1）PASSWORD_LIFE_TIME：设置口令的有效天数；

（2）PASSWORD_REUSE_TIME：设置一个口令失效多少天之内不允许再被使用；

（3）PASSWORD_GRACE_TIME：指当口令的使用时间达到 PASSWORD_LIFE_TIME 时，该口令还允许使用的"宽限天数"。

（4）FAILED_LOGIN_ATTEMPTS：设置用户被锁定之前所允许尝试登录的最大次数。

（5）PASSWORD_LOCK_TIME：当用户登录失败次数达到 FAILED_LOGIN_ATTEMPTS 的时候，该用户被锁定的天数。

【例 9-17】创建一个名为 myprofile_01 的概要文件，要求每个用户最多可以创建 4 个并发会话；每个会话持续时间最长为 60 分钟；如果会话在连续 20 分钟内空闲，则结束会话；每个会话的私有 SQL 区为 100 KB；每个 SQL 语句占用 CPU 时间总量不超过 1 秒；密码的失效天数为 60 天。

```
SQL> CREATE PROFILE myprofile_01
  2    LIMIT
  3    SESSIONS_PER_USER 4
  4    CONNECT_TIME 60
  5    IDLE_TIME 20
  6    PRIVATE_SGA 100K
  7    CPU_PER_CALL 100
  8    PASSWORD_LIFE_TIME 60;
配置文件已创建
```

说明：这里需要注意的是，创建的概要文件不能重名，并且创建概要文件需要具有 CREATE PROFILE 系统权限。

【例 9-18】创建概要文件 myprofile_02，设置密码的有效天数为 10 天。

```
SQL> CREATE PROFILE myprofile_02
  2    LIMIT
  3    PASSWORD_LIFE_TIME   10;
配置文件已创建
```

9.2.2 修改概要文件

在创建了概要文件后,还可以使用 ALTER PROFILE 命令来修改概要文件。对概要文件的任何修改都不影响当前的会话,修改完概要文件之后创建的会话才会受新的参数值的影响。

【例 9-19】对 myprofile_01 文件中的 PASSWORD_LIFE_TIME 参数进行修改,把密码的失效天数改为 30 天。

```
SQL> ALTER PROFILE myprofile_01
  2    LIMIT
  3    PASSWORD_LIFE_TIME 30;
```

配置文件已更改

说明:用户在执行 ALTER PROFILE 语句时,必须具有 ALTER PROFILE 系统权限。

9.2.3 分配概要文件

创建了概要文件之后,可以将其分配给数据库用户。每个用户必须有且只能有一个概要文件。如果将一个新的概要文件分配给用户,那么这个新概要文件将取代先前分配给该用户的概要文件。

【例 9-20】在数据库 zcgl 中创建一个新用户 user01,并为其分配名称为 myprofile_01 的概要文件。

```
SQL> CREATE USER user01 IDENTIFIED BY user01
  2    DEFAULT TABLESPACE users
  3    TEMPORARY TABLESPACE temp
  4    PROFILE myprofile_01;
```

用户已创建。

【例 9-21】将数据库 zcgl 中的用户 yh02 的概要文件设置为 myprofile_02。

```
SQL> ALTER USER yh02 PROFILE myprofile_02;
```

用户已更改。

说明:使用 ALTER USER 语句来改变用户的概要文件。

9.2.4 删除概要文件

如果某个概要文件不再使用了,可以将其删除。删除概要文件可以使用 DROP PROFILE 命令来完成。如果要删除的概要文件已经分配给了用户,则必须在 DROP PROFILE 语句后面加上 CASCADE 关键字。

【例 9-22】删除概要文件 myprofile_02。

```
SQL> DROP PROFILE myprofile_02 CASCADE;
```

配置文件已删除。

说明:在执行 DROP PROFILE 语句时,必须具有 DROP PROFILE 系统权限。

9.2.5 查看概要文件信息

当概要文件被创建后,其信息被存储在数据字典中,通过查询数据字典可以查看概要文件信息。与概要文件有关的表与视图如表 9.2 所示。

表 9.2 与概要文件有关的表与视图

视图	说明
DBA_USERS	包含用户所使用的概要文件的信息
DBA_PROFILES	所有现有的概要文件及其参数值
USER_PASSWORD_LIMITS	分配给用户的口令资源参数
USER_RESOURCE_LIMITS	分配给用户的口令内核资源参数
RESOURCE_COST	组合限制(服务单元)的加权值

1. 查看用户的概要文件

通过查询数据字典 DBA_USERS,可以显示用户所使用的概要文件。

【例 9-23】显示用户 user01 所使用的概要文件。

```
SQL> SELECT PROFILE FROM DBA_USERS
  2   WHERE username='USER01';

PROFILE
------------------------------
MYPROFILE_01
```

2. 查看概要文件的口令和资源限制选项

通过查询数据字典视图 DBA_PROFILES,可以显示概要文件的口令限制、资源限制等信息。

【例 9-24】显示概要文件 DEFAULT 文件中的密码和资源限制等信息。

```
SQL> SELECT resource_name,limit
  2   FROM DBA_PROFILES
  3   WHERE profile='DEFAULT';

RESOURCE_NAME                        LIMIT
------------------------------       ---------------------------------
COMPOSITE_LIMIT                      UNLIMITED
SESSIONS_PER_USER                    UNLIMITED
CPU_PER_SESSION                      UNLIMITED
CPU_PER_CALL                         UNLIMITED
LOGICAL_READS_PER_SESSION            UNLIMITED
LOGICAL_READS_PER_CALL               UNLIMITED
IDLE_TIME                            UNLIMITED
CONNECT_TIME                         UNLIMITED
PRIVATE_SGA                          UNLIMITED
FAILED_LOGIN_ATTEMPTS                10
PASSWORD_LIFE_TIME                   180
PASSWORD_REUSE_TIME                  UNLIMITED
PASSWORD_REUSE_MAX                   UNLIMITED
```

PASSWORD_VERIFY_FUNCTION	NULL
PASSWORD_LOCK_TIME	1
PASSWORD_GRACE_TIME	7

已选择 16 行。

9.3 使用概要文件管理口令和资源

9.3.1 管理口令

当用户要登录到 Oracle 数据库时，需要提供用户名和口令。为了加强口令的安全性，可以使用概要文件管理口令。概要文件提供了一些口令管理选项来确保口令的安全。建立概要文件时可以实现三种类型的口令管理：锁定账户、设置口令有效期和进行口令复杂度校验。

1. 锁定账户

账户锁定用于控制用户连续登录失败的最大次数。如果登录失败次数达到了限制，Oracle 不但会对用户账户进行自动锁定，而且会设定账户的锁定时间。Oracle 为锁定账户提供了以下两个参数：

（1）FAILED_LOGIN_ATTEMPTS：用于指定连续登录失败的最大次数。

（2）PASSWORD_LOCK_TIME：用于指定账户被锁定的天数。

【例 9-25】创建一个概要文件 myprofile_03，将连续登录失败次数设置为 3，当连续登录失败超过 3 次后，账户将被锁定，账户锁定的时间为 7 天，并将该概要文件分配给用户 yh02。

```
SQL> CREATE PROFILE myprofile_03 LIMIT
  2    FAILED_LOGIN_ATTEMPTS 3
  3    PASSWORD_LOCK_TIME 7;
```

配置文件已创建

```
SQL> ALTER USER yh02 PROFILE myprofile_03;
```

用户已更改。
```
SQL> GRANT connect,resource TO yh02;
```

授权成功。

【例 9-26】以 yh02 身份连接到数据库，并且连续 3 次登录失败，那么 Oracle 会自动锁定该账户，此时即使该账户提供了正确的口令也无法再连接到数据库。

```
SQL> CONNECT yh02/12345
ERROR:
ORA-01017: invalid username/password; logon denied
```

当连续登录失败三次后，提供正确的口令 yh02/ yh02 登录数据库，系统提示账户已经被锁定了。

```
SQL> CONN yh02/ yh02
ERROR:
ORA-28000: the account is locked
```

说明：当账户锁定天数达到 7 天之后，Oracle 会自动解锁该账户。如果在创建 PROFILE 文件时没有指定 PASSWORD_LOCK_TIME 参数，将自动使用默认值 UNLIMITED。此时，需要 DBA 手动解锁用户账户。

2. 设置口令有效期

口令有效期是指强制用户定期修改自己的密码，口令宽限期是指用户账户口令到期之后的宽限使用时间。默认情况下，创建用户并为其提供了口令之后，口令会一直生效。出于口令安全的考虑，可以强制普通用户定期改变口令。为了强制用户定期改变口令，Oracle 提供了以下两个参数：

（1）PASSWORD_LIFE_TIME：用于指定口令的有效期。
（2）PASSWORD_GRACE_TIME：用于指定口令的宽限期。

为了强制用户定期修改密码，两者应该同时进行设置。

【例 9-27】创建一个概要文件 myprofile_04，用此概要文件来控制用户的密码有效期为 10 天，密码宽限期为 3 天，并将该概要文件分配给用户 user01。

```
SQL> CREATE PROFILE myprofile_04 LIMIT
  2    PASSWORD_LIFE_TIME 10
  3    PASSWORD_GRACE_TIME 3;

配置文件已创建

SQL> ALTER USER user01 PROFILE myprofile_04;

用户已更改。
```

说明：当创建了 myprofile_04，并将该文件分配给用户 user01 后，如果用户 user01 在 10 天后没有修改口令，则会显示以下错误信息：

```
ERROR:
ORA-28002:the password will expire within 3 days
```

说明：如果用户第 11、12、13 天登录时仍然没有修改口令，系统会继续显示类似的警告信息。如果第 13 天还是没有修改口令，当用户在第 14 天登录时，Oracle 会强制用户修改口令，否则不允许登录。

3. 进行口令复杂性校验

口令复杂性校验是指使用指定的函数强制用户使用复杂口令。使用口令校验函数时，既可以使用系统口令校验函数 VERIFY_FUNCTION，也可以使用自定义口令校验函数。使用口令校验函数时，该口令校验函数必须建立在 SYS 方案中。

安装 Oracle 数据库产品时，Oracle 提供了 SQL 脚本 UTLPWDMG.SQL，该脚本用于建立系统口令校验函数 VERIFY_FUNCTION，并且该口令校验函数实现了以下口令规则：

- 口令必须不少于 8 个字符。
- 口令不能与用户名相同。
- 口令至少包含一个字符、数字和特殊字符（$、_、#、!等）。

使用口令校验函数确保口令安全时，DBA 也可以自定义口令校验函数，但是自定义口令校验函数必须符合以下语法规范：

```
function_name(
    username_param in varchar2(20),
    password_param in varchar2(20),
    old_password_param in varchar2(20)
)return Boolean
```

说明：username_param 用于标识用户名，password_param 用于标识用户的新密码，old_password_param 用于标识用户的旧密码。如果函数返回值为 TRUE,表示新密码可以使用，如果函数返回值为 FALSE, 则表示新密码不能使用。

【例 9-28】建立系统口令校验函数 VERIFY_FUNCTION，以 SYS 用户运行 SQL 脚本 utlpwdmg.sql，对 yh02 用户的口令进行校验。

```
SQL> CONN SYS/sys AS sysdba
已连接。
SQL> @%oracle_home%\rdbms\admin\utlpwdmg.sql

函数已创建。

配置文件已更改

函数已创建。

SQL> ALTER USER yh02 IDENTIFIED BY yh02;
ALTER USER yh02 IDENTIFIED BY yh02
                             *
第 1 行出现错误:
ORA-28003: 指定口令的口令验证失败
ORA-20001: Password length less than 8
```

9.3.2 管理资源

概要文件不仅可以管理口令，还可以管理系统资源，以便为不同用户分配合理的资源。在使用概要文件管理资源时，必须将 RESOURCE_LIMIT 参数设置为 TRUE 以激活资源限制。大部分资源限制都可以在会话级和调用级上进行。

1. 对会话级资源进行限制

会话级资源限制是对用户在一个会话过程中所使用的资源进行限制。限制会话级资源的参数主要有：

（1）CPU_PER_SESSION：限制用户在一次数据库会话期间可以使用的 CPU 时间。

（2）LOGICAL_READS_PER_SESSION：在一次给定的数据库会话期间能够进行的逻辑读的次数（以数据库块为单位）。

（3）PRIVATE_SGA：在共享服务器模式下，该参数限定用户的一个会话可以使用的内存区 SGA 的大小，单位为数据块。

（4）COMPOSITE_LIMIT：该项是一个复杂的资源项。利用该项可以对所有混合资源限定作出设定。

【例 9-29】创建名称为 myprofile_05 的概要文件来限制会话资源。该文件限制用户会话占用 CPU 时间不超过 60 秒，逻辑读取次数不超过 100 次。

```
SQL> CREATE PROFILE myprofile_05 LIMIT
  2  CPU_PER_SESSION 6000
  3  LOGICAL_READS_PER_SESSION 100;

配置文件已创建
```

2. 对调用级资源进行限制

对调用级资源进行限制是对一个 SQL 语句在执行过程中所使用的资源进行限制。Oracle 中限制调用级资源的参数主要有：

（1）CPU_PER_CALL：该选项表示用户可用的 CPU 时间总量。

（2）LOGICAL_READS_PER_CALL：用于限制在一次 CPU 调用期间，可以读取的数据块块数，如果数据块的逻辑读取超过了该设定值，操作就被拒绝。

【例 9-30】创建名称为 myprofile_06 的概要文件来限制调用级资源。该文件限制了用户每次调用的最大 CPU 时间为 5 秒，每次调用的最大逻辑 I/O 次数为 10。

```
SQL> CREATE PROFILE myprofile_06 LIMIT
  2  CPU_PER_CALL 500
  3  LOGICAL_READS_PER_CALL 10;

配置文件已创建
```

9.4 权限管理

9.4.1 权限简介

权限（Privilege）是指执行特定类型 SQL 命令或者访问其他方案对象的权利，包括连接到数据库、创建表、从另一个用户的表中选择数据及执行另一个用户的存储过程等操作。Oracle 利用权限来限制用户在数据库中可以做什么，不可以做什么。当管理员将某些权限授予 Oracle 用户后，这些用户就能够利用这些权限来完成特定的工作。但是为了保证数据库的安全性，在授予权限的时候需要慎重，只能将权限授予需要完成这些任务的特定用户。可以直接将权限授予一个用户；也可以采用间接的授权方式，将权限授予某个角色，然后为某个用户添加这个角色。

9.4.2 权限分类

按照权限所针对的控制对象，可以将权限分为系统权限和对象权限两种。

1. 系统权限

系统权限（System Privilege）是指在系统级控制数据库的存取和使用的机制，即执行特定 SQL 命令的权利，它用于控制用户可以执行的一个或一组数据库操作。系统权限主要包括系统是否授权给用户连接到数据库上、在数据库中可以进行哪些系统操作等权限。系统权限一般由数据库管理员授予用户，用户只有被授予相应的系统权限后，才可以连接到数据库中进行相应的操作。

2. 对象权限

对象权限（Object Privilege）是指在对象级控制数据库的存取和使用的机制，即访问其他方案对象的权利，它用于控制用户对其他方案对象的访问。用户可以直接访问自己的方案对象，但如果要访问其他方案的对象，则必须要具有相应的对象权限。对象权限主要包括用户可以存取的模式实体以及在该实体上允许进行的各种操作，如数据查询、数据更新和数据插入等。

9.4.3 系统权限管理

数据库管理员可以将系统权限授予数据库管理人员以及应用开发人员等用户，并允许用户将这些系统权限授予其他用户或角色，也可以从被授予权限的用户或角色中回收系统权限。

1. 系统权限分类

（1）根据用户在数据库中进行的不同操作分类

根据用户在数据库中进行的不同操作，Oracle 的系统权限可以分为多种类型。例如，数据库管理员用户需要创建表空间、创建用户、修改数据库结构、修改用户权限、修改任何用户的实体、删除任何用户的实体等权限。表 9.3 中列出了常用的各种系统权限。

表 9.3 常用的系统权限

类型	系统权限名称	系统权限作用
索引权限	CREATE ANY INDEX	在任何方案中创建索引 注意：没有 CREATE INDEX 权限，CREATE TABLE 权限包含了 CREATE INDEX 权限
	ALTER ANY INDEX	在任何方案中更改索引
	DROP ANY INDEX	在任何方案中删除索引
概要文件权限	CREATE PROFILE	创建概要文件
	ALTER PROFILE	更改概要文件
	DROP PROFILE	删除概要文件
角色权限	CREATE ROLE	创建角色
	ALTER ANY ROLE	更改任何角色
	DROP ANY ROLE	删除任何角色
	GRANT ANY ROLE	向其他角色或用户授予任何角色 注意：没有对应的 REVOKE ANY ROLE 权限
表权限	CREATE TABLE	在自己的方案中创建、更改或删除表
	CREATE ANY TABLE	在任何方案中创建表
	ALTER ANY TABLE	在任何方案中更改表
	DROP ANY TABLE	在任何方案中删除表
	COMMENT ANY TABLE	在任何方案中为任何表、视图或列添加注释

续表

类型	系统权限名称	系统权限作用
表权限	SELECT ANY TABLE	在任何方案中选择任何表中的记录
	INSERT ANY TABLE	在任何方案中向任何表插入新记录
	UPDATE ANY TABLE	在任何方案中更改任何表中的记录
	DELETE ANY TABLE	在任何方案中删除任何表中的记录
	LOCK ANY TABLE	在任何方案中锁定任何表
	FLASHBACK ANY TABLE	允许使用 AS OF 子句对任何方案中的表、视图执行一个 SQL 语句的闪回查询
表空间权限	CREATE TABLESPACE	创建表空间
	ALTER TABLESPACE	更改表空间
	DROP TABLESPACE	删除表空间，包括表、索引和表空间的群集
	MANAGE TABLESPACE	管理表空间，使表空间处于联机、脱机、开始备份、结束备份状态
	UNLIMITED TABLESPACE	不受配额限制地使用表空间 注意：只能将 UNLIMITED TABLESPACE 授予账户而不能授予角色
用户权限	CREATE USER	创建用户
	ALTER USER	更改用户
	BECOME USER	当执行完全装入时，成为另一个用户
	DROP USER	删除用户
视图权限	CREATE VIEW	在自己的方案中创建、更改或删除视图
	CREATE ANY VIEW	在任何方案中创建视图
	DROP ANY VIEW	在任何方案中删除视图
	COMMENT ANY TABLE	在任何方案中为任何表、视图或列添加注释
	FLASHBACK ANY TABLE	允许使用 AS OF 子句对任何方案中的表、视图执行一个 SQL 语句的闪回查询

（2）根据方案对象和非方案对象分类

系统权限还可以分为针对方案对象的权限和针对非方案对象的权限。

针对方案对象的系统权限分为具有 ANY 关键字的权限（如 CREATE ANY TABLE）和不具有 ANY 关键字的权限（如 CREATE TABLE）。具有 ANY 关键字的系统权限表示可以在任何用户方案中进行操作（如在任何方案中都可以创建表）；不具有 ANY 关键字的系统权限表示只能在自己方案中进行操作（如在自己的方案中可以创建表）。通常应该给数据库管理员授予带有 ANY 关键字的系统权限，以便其管理所有用户的方案对象。不能将带有 ANY 关键字的系统权限授予普通用户，以免影响其他用户的工作。

针对非方案对象的系统权限都没有 ANY 关键字，因为它们只与数据库管理中全局的、唯一的数据库维护操作有关，而与局部的、非唯一的方案对象操作无关，如表空间是针对数据库的全局概念，不是针对哪个用户的局部概念。

2. 授予系统权限

在创建用户后，如果没有给用户授予相应的系统权限，用户将无法连接到数据库，因为该用户缺少创建会话 CREATE SESSION 的权限。用户必须具有相应的系统权限才能在数据库中执行相应的操作。使用 GRANT 语句可以将系统权限授予指定的用户、角色和 PUBLIC 公共用户组，其语法是：

```
GRANT system_privilege | ALL [PRIVILEGES]
TO user | role | PUBLIC
[WITH ADMIN OPTION];
```

语法说明：

（1）system_privilege：表示系统权限；

（2）user | role | PUBLIC：user 表示被授权的用户；role 表示被授权的角色；PUBLIC 表示公共用户组。

（3）WITH ADMIN OPTION：在为用户授予权限时，可以带有 WITH ADMIN OPTION 选项，表示该用户可以将所获权限再授予给其他用户，并且该用户也可以将授予的权限再回收。

【例 9-31】 给 yh01 用户授予 sysydba 权限。

```
SQL> CONN sys/sys AS sysdba
已连接。
SQL> GRANT sysdba TO yh01;

授权成功。
```

授权成功后，使用 yh01 用户连接 Oracle。

```
SQL> CONN yh01/yh01 AS sysdba
已连接。
```

【例 9-32】 授予用户 yh03 登录和连接等系统权限。

```
SQL> GRANT CREATE SESSION TO yh03;

授权成功。

SQL> CONN yh03/yh03
已连接。
```

3. 回收系统权限

授予用户的权限可以根据系统的需要回收指定的权限。在回收系统权限时，可以将某一用户的权限回收，可以从角色中回收系统权限，也可以将全体用户的权限回收。回收系统权限使用 REVOKE 语句，其具体语法为：

```
REVOKE 系统权限 FROM {PUBLIC|role|username}
```

说明： PUBLIC 用于标识全体用户组。

回收系统权限不会级联，在回收系统权限时，经过传递获得权限的用户不受影响。如图 9-1 所示，假设用户 A 将系统权限 a1 授予了用户 B，用户 B 又将系统权限 a1 授予了用户 C。那么，当删除用户 B 后或从用户 B 回收系统权限 a1 后，用户 C 仍然保留着系统权限 a1。

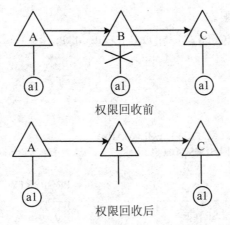

图 9-1 系统权限授权和回收过程的级联关系

【例 9-33】回收 yh01 用户的 CREATE SESSION 权限。

```
SQL> CONN yh01/ yh01
已连接。
SQL> REVOKE CREATE SESSION FROM yh01;

撤销成功。
SQL> CONN yh01/yh01;
ERROR:
ORA-01045: user YH01 lacks CREATE SESSION privilege; logon denied


警告：您不再连接到 ORACLE。
```

说明：当回收 yh01 的 CREATE SESSION 系统权限时，yh01 就不能登录到数据库。

4. 查看系统权限信息

将系统权限授予权限用户后，用户的权限信息被保存在数据字典中。与系统权限有关的表与视图如表 9.4 所示。

表 9.4 与系统权限有关的表与视图

视图	说明
DBA_SYS_PRIVS	授予所有用户和角色的系统权限
USER_SYS_PRIVS	授予当前用户的系统权限
ROLE_SYS_PRIVS	此视图包含了授予给角色的系统权限的信息。它提供的只是该用户可以访问的角色的信息
SESSION_SYS_PRIVS	当前会话可以使用的系统权限
V$PWFILE_SYS_PRIVS	所有被授予 sysdba 或 sysoper 系统权限的用户信息
SYSTEM_PRIVILEGE_MAP	所有系统权限，包括 sysdba 或 sysoper 系统权限

（1）通过数据字典 system_privilege_map 来查询系统权限的数目，以及与表空间有关的系统权限。

【例 9-34】查询数据字典 system_privilege_map，显示系统权限的数目；查询与

TABLESPACE 有关的系统权限。

```
SQL> SELECT COUNT(*) FROM SYSTEM_PRIVILEGE_MAP;

COUNT(*)
----------
   208

SQL> SELECT * FROM SYSTEM_PRIVILEGE_MAP
  2   WHERE name LIKE '%TABLESPACE%';

 PRIVILEGE    NAME                                  PROPERTY
----------   --------------------------------       ----------
      -10    CREATE TABLESPACE                           0
      -11    ALTER TABLESPACE                            0
      -12    MANAGE TABLESPACE                           0
      -13    DROP TABLESPACE                             0
      -15    UNLIMITED TABLESPACE                        0
```

（2）通过查询数据字典视图 session_privs，可以查询当前会话能使用的系统权限。

【例 9-35】查询数据字典视图 session_privs，显示当前会话可以使用的系统权限。

```
SQL> SELECT * FROM session_privs;

PRIVILEGE
----------------------------------------
ALTER SYSTEM
AUDIT SYSTEM
CREATE SESSION
ALTER SESSION
……
UPDATE ANY CUBE DIMENSION
ADMINISTER SQL MANAGEMENT OBJECT
FLASHBACK ARCHIVE ADMINISTER

已选择 208 行。
```

（3）通过查询 V$PWFILE_USER，可以得到所有被授予 sysdba 或 sysoper 系统权限的用户信息。

【例 9-36】查询被授予 sysdba 或 sysoper 系统权限的用户信息。

```
SQL> SELECT*FROM V$PWFILE_USERS;

USERNAME                  SYSDBA       SYSOPER      SYSAS
------------------------  ----------   ----------   -----
SYS                       TRUE         TRUE         FALSE
SYSTEM                    FALSE        TRUE         FALSE
```

说明：当某用户被授予 sysdba 系统权限时，sysdba 列的值为 TRUE；当该用户被授予 sysoper 系统权限时，sysoper 列的值为 TRUE。

（4）通过数据字典视图 dba_sys_privs，查询某个用户被授予的系统权限。

【例 9-37】查询 scott 用户或 system 用户被授予的系统权限。

```
SQL> SELECT * FROM dba_sys_privs
  2   WHERE grantee='SCOTT' OR grantee='SYSTEM';

GRANTEE         PRIVILEGE                         ADMIN_OPTION
----------      ------------------------------    ---------------
SCOTT           UNLIMITED TABLESPACE              NO
SYSTEM          GLOBAL QUERY REWRITE              NO
SYSTEM          CREATE MATERIALIZED VIEW          NO
SYSTEM          CREATE TABLE                      NO
SYSTEM          UNLIMITED TABLESPACE              YES
SYSTEM          SELECT ANY TABLE                  NO

已选择6行。
```

说明：当 ADMIN_OPTION 列为 YES 时，表示该权限可以被传递。

（5）通过 user_sys_privs 视图，可以查询某个用户所具有的系统权限。

【例9-38】查询 user_sys_privs 视图，查询用户 zcgl_oper/admin 所具有的系统权限。

```
SQL> CONNECT zcgl_oper/admin@zcgl;
已连接。
SQL>   SELECT * FROM user_sys_privs;

USERNAME                    PRIVILEGE                         ADM
-----------------------     ------------------------------    ---
ZCGL_OPER                   UNLIMITED TABLESPACE              NO
```

9.4.4 对象权限管理

对象权限是用户之间对表、视图、序列、存储过程、函数、包等模式对象的相互存取操作的权限。模式的拥有者对其模式中的所有对象具有全部对象权限。同时，模式的拥有者还可以将这些对象权限授予其他用户。如果被授权者具有 WITH GRANT OPTION 权限，那么该被授权者还可将其获取的对象权限授予其他用户。

1. 对象权限分类

Oracle 数据库中对象权限及对象之间的对应关系如表9.5所示。

表9.5 对象权限与对象间的对应关系

对象\权限	TABLE	VIEW	SEQUENCE	PROCEDURE	SNAPSHOTS
ALTER	√		√		
DELETE	√	√			
EXECUTE				√	
INDEX	√				
INSERT	√	√			
REFERENCES	√				
SELECT	√	√	√		√
UPDATE	√	√			

在表 9.5 中，"√"表示某对象具有这种对象权限，空格栏表示该对象没有该对象权限。比如，对于基表 TABLE，具有 ALTER、DELETE、INDEX、INSERT、REFERENCES、SELECT、UPDATE 等权限，而没有 EXECUTE 权限；对于存储过程 PROCEDURE，只具有 EXECUTE 对象权限，因为存储过程只可以执行，不可以查询、更新等；对于视图 VIEW，具有 DELETE、INSERT、SELECT、UPDATE 等对象权限。在对象权限中没有 DROP 权限，即不可以将某一用户的基表删除。

如果某一对象具有多项权限，可以通过使用关键字 ALL 来表示该对象的全部权限。但是对于不同的对象，ALL 所表示权限的数量可能会不同。例如，对于基表，ALL 表示 ALTER、DELETE、INDEX、INSERT、REFERENCES、SELECT、UPDATE 权限；对于存储过程，ALL 只表示 EXECUTE 权限。

2. 授予对象权限

如果一个用户没有被授予其他用户的对象权限，那么他就不能访问其他用户的对象。DBA 用户（SYS 用户、SYSTEM 用户）可以访问任何用户的任何对象，并且可以将这些对象上的对象权限授予其他用户。使用 GRANT 语句可以将对象权限授予指定的用户、角色、PUBLIC 公共用户组，具体语法格式如下：

```
GRANT   object_privilege | ALL [PRIVILEGES]
[(column_1 [,column_2]……)]
ON [schema.]object
TO   user | role | PUBLIC
[WITH GRANT OPTION]
[WITH HIERARCHY OPTION];
```

语法说明：

（1）object_privilege：表示对象权限名，即表 9.5 中某一类对象的相应权限，权限之间用逗号隔开。

（2）column_1、column_2、column_m、column_n：表示列权限对应的列的列表；

（3）schema：表示方案名；

（4）object：表示对象；

（5）user：表示要授予权限的用户，可以一次为多个用户授予权限，多个用户之间用逗号隔开。

（6）role：表示数据库中已创建的角色。

（7）PUBLIC：表示将对象权限授予数据库中全体用户。

（8）WITH GRANT OPTION：表示用户可以将所获权限传递给其他用户。

【例 9-39】用户 zcgl_oper 将自己方案中 bumen 表的查询、插入及更改表的对象权限授予用户 yh01，同时允许该用户将所获取权限传递给其他用户。

```
SQL> CONNECT zcgl_oper/admin@zcgl;
已连接。
SQL> GRANT select,insert,update ON bumen TO yh01
  2    WITH GRANT OPTION;

授权成功。
```

【例 9-40】用户 zcgl_oper 将自己方案中 zichanleixing 表的 ALL 权限授予所有用户。

```
SQL> CONNECT zcgl_oper/admin@zcgl;
已连接。
SQL> GRANT ALL on zichanleixing TO PUBLIC;
```

授权成功。

3. 回收对象权限

对象的拥有者可以进行相应对象权限的回收，回收对象权限可以使用 REVOKE 语句，其具体语法格式如下：

```
REVOKE object_privilege | ALL[PRIVILEGES]
ON [schema.] object
FROM {user | role | PUBLIC };
```

回收某用户的对象权限时，如果该用户又将对象权限授予了其他用户，那么其他用户经过权限传递获得的相应对象权限也会被回收，如图 9-2 所示。如果用户 A 从用户 B 那里回收对象权限 a1，而用户 B 已经将对象权限 a1 授予了用户 C；当用户 A 从用户 B 那里回收对象权限 a1 时，用户 C 的相应对象权限 a1 同时被收回。也就是说，在回收对象权限时，经过传递获得的对象权限会被级联回收。

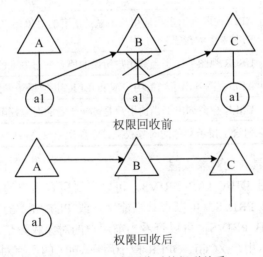

图 9-2 对象回收时的级联关系

【例 9-41】用户 zcgl_oper 将基表 bumen 的查询权限从用户 yh01 回收。

```
SQL> REVOKE SELECT on bumen FROM yh01;
```

撤销成功。

【例 9-42】用户 admin 将基表 zichanleixing 的所有权限从全体用户回收。

```
SQL> REVOKE ALL ON zichanmingxi FROM PUBLIC;
```

撤销成功。

4. 查看对象权限信息

与对象权限有关的表和视图如表 9.6 所示。

表9.6 与对象权限有关的表与视图

视图	说明
DBA_TAB_PRIVS	DBA 视图包含了数据库中所有用户或角色的对象权限
ALL_TAB_PRIVS	ALL 视图包含了当前用户或 PUBLIC 的对象权限
USER_TAB_PRIVS	USER 视图列出了当前用户的对象权限
DBA_COL_PRIVS	DBA 视图描述了数据库中所有用户或角色的列对象权限
ALL_COL_PRIVS	ALL 视图描述了当前用户或 PUBLIC 是其所有者、授予者或被授予者的所有的列对象权限
USER_COL_PRIVS	USER 视图描述了当前用户是其所有者、授予者或被授予者的所有的列对象权限
ALL_COL_PRIVS_MADE	ALL 视图列出了当前用户是其所有者、授予者的所有的列对象权限
USER_COL_PRIVS_MADE	USER 视图描述了当前用户是其授予者的所有的列对象权限
ALL_COL_PRIVS_RECD	ALL 视图描述了当前用户或 PUBLIC 是其被授予者的所有的列对象权限
USER_COL_PRIVS_RECD	USER 视图描述了当前用户是其被授予者的所有的列对象权限
ALL_TAB_PRIVS_MADE	ALL 视图列出了当前用户所做的所有的对象授权或者是在当前用户所拥有的对象上的授权
USER_TAB_PRIVS_MADE	USER 视图列出了当前用户所做的所有的对象上的授权
ALL_TAB_PRIVS_RECD	ALL 视图列出了当前用户或 PUBLIC 是被授予者的对象权限
USER_TAB_PRIVS_RECD	USER 视图列出了当前用户是被授予者的对象权限
ROLE_TAB_PRIVS	包含了授予角色的对象权限。它提供的只是该用户可以访问的角色的信息

（1）查看某个用户所具有的对象权限

通过查询数据字典视图 DBA_TAB_PRIVS，可以查看所有用户的对象权限信息；通过查询数据字典视图 ALL_TAB_PRIVS，可以查看当前用户或 PUBLIC 的对象权限信息；通过查询数据字典视图 USER_TAB_PRIVS，可以查看当前用户的对象权限信息。

【例 9-43】查询并显示用户 ZCGL_OPER 授予用户 yh01 的所有对象权限。

```
SQL> COLUMN grantor FORMAT A10
SQL> COLUMN object FORMAT A15
SQL> COLUMN privilege FORMAT A15
SQL>   SELECT grantor,owner||'_'||table_name object,privilege
  2    FROM dba_tab_privs
  3    WHERE grantee='YH01' AND grantor='ZCGL_OPER';

GRANTOR     OBJECT             PRIVILEGE
----------  ---------------    ---------------
ZCGL_OPER   ZCGL_OPER_BUMEN    UPDATE
ZCGL_OPER   ZCGL_OPER_BUMEN    INSERT
```

说明：grantor 用于标识授权用户，owner 用于标识对象所有者，table_name 用于标识数据库对象，privilege 用于标识对象权限，grantee 用于标识被授权的用户。

（2）查看用户所授出的对象权限

通过查询数据字典视图 ALL_TAB_PRIVS_MADE，可以查看对象所有者或授权用户所授出的所有对象权限信息；通过查询数据字典试图 USER_TAB_PRIVS_MADE，可以查看当前用户所授出的所有对象权限信息。

【例 9-44】查看用户 ZCGL_OPER 上所授出的所有对象权限。

```
SQL> COLUMN table_name FORMAT A15
SQL> SELECT grantor,grantee,privilege,table_name
  2  FROM user_tab_privs_made
  3  WHERE grantor='ZCGL_OPER';
```

GRANTEE	PRIVILEGE	TABLE_NAME
YH01	INSERT	BUMEN
YH01	UPDATE	BUMEN
PUBLIC	ALTER	ZICHANLEIXING
PUBLIC	DELETE	ZICHANLEIXING
……		
PUBLIC	DEBUG	ZICHANLEIXING
PUBLIC	FLASHBACK	ZICHANLEIXING

已选择 13 行。

说明：grantee 用于标识被授权用户，privilege 用于标识对象权限，table_name 用于标识对象名。

（3）查看用户所具有的对象权限

通过查询数据字典视图 ALL_TAB_PRIVS_RECD，可以查看用户或 PUBLIC 组被授予的所有对象权限信息；通过查询数据字典视图 USER_TAB_PRIVS_RECD，可以查看当前用户被授予的所有对象权限信息。

【例 9-45】查看用户 zcgl_oper 被授予的对象权限。

```
SQL> SELECT privilege,table_name,grantee
  2  FROM all_tab_privs_recd
  3  WHERE grantee='ZCGL_OPER';
```

PRIVILEGE	TABLE_NAME	GRANTEE
WRITE	EXTERNAL_CARD1	ZCGL_OPER
READ	EXTERNAL_CARD1	ZCGL_OPER
EXECUTE	EXTERNAL_CARD1	ZCGL_OPER

9.5 角色管理

9.5.1 角色概念

角色是一组系统权限和对象权限的命名组合，将多个不同的权限集合在一起就形成了角色。使用角色可以简化权限的管理，可以用一条语句将多个权限授予一个角色，也可以从某个角色中回收多个权限。只要将某个角色授予了 Oracle 的某个用户，该用户就会继承该角色的所有权限，从而实现权限的动态管理。

假定系统需要将连接到数据库、在 SCOTT.EMP 表上执行 SELECT、INSERT、UPDATE 操作等四个权限分别授权给用户 A、B、C，如图 9-3 所示，如果采用直接授权操作，需要进行 12 次授权。

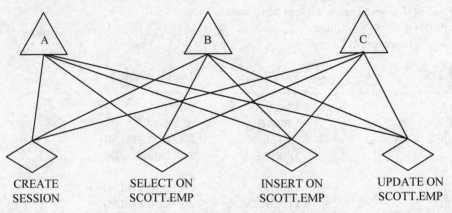

图 9-3　将四个权限直接授权给 A、B、C 三个用户

如果将权限 CREATE SESSION、SELECT ON SCOTT.EMP、INSERT ON SCOTT.EMP、UPDATE ON SCOTT.EMP 授予角色 OPER，然后将角色 OPER 分别授予 A、B、C 用户，只需要进行 7 次就可以完成授权过程，如图 9-4 所示。如果用户需要增加或减少权限，只需要通过增加或减少角色的权限就可以实现，这样可以简化数据库管理员的权限管理工作。

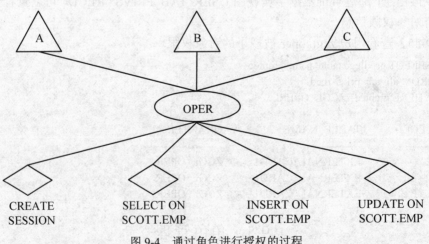

图 9-4　通过角色进行授权的过程

系统角色分为自定义角色和预定义角色。建立了数据库并安装了数据字典和 PL/SQL 包后，Oracle 会自动建立一些预定义角色。所谓预定义角色是指在数据库安装后由系统自动创建的一些常用角色，这些角色已经由系统授予了相应的系统权限，可以由数据库管理员直接使用。将这些角色授给用户后，用户便具有了角色中所包含的全部系统权限。

9.5.2 预定义角色

预定义角色是 Oracle 提供的角色，每种角色都用于执行一些特定管理任务。

（1）CONNECT 角色

CONNECT 角色是在建立数据库时，由 Oracle 执行脚本 SQL.BSQ 自动建立的角色，该角色具有应用开发人员所需要的多数权限。

（2）RESOURCE 角色

RESOURCE 角色是在建立数据库时，由 Oracle 执行脚本 SQL.BSQ 自动建立的角色，该角色具有应用开发人员所需要的其他权限，如建立存储过程、触发器等。建立数据库用户后，一般情况下只要给用户授予 CONNECT 和 RESOURCE 角色就足够了。

（3）DBA 角色

DBA 角色是在建立数据库时，由 Oracle 执行脚本 SQL.BSQ 自动建立的角色，该角色具有所有系统权限和 WITH ADMIN OPTION 选项。默认 DBA 用户为 SYSTEM，该用户可以将系统权限授予其他用户。需要注意，DBA 角色不具备 SYSDBA 和 SYSOPER 特权，而 SYSDBA 特权自动具有 DBA 角色的所有权限。

（4）EXECUTE_CATALOG_ROLE 角色

EXECUTE_CATALOG_ROLE 是在建立数据库时，由 Oracle 执行脚本 SQL.BSQ 自动建立的角色，该角色提供了对所有系统 PL/SQL 包（DBMS_XXX）的 EXECUTE 对象权限。

（5）SELECT_CATALOG_ROLE 角色

SELECT_CATALOG_ROLE 是在建立数据库时，由 Oracle 执行脚本 SQL.BSQ 自动建立的角色，该角色提供了在所有数据字典（DBA_XXX）上的 SELECT 对象权限。

（6）DELETE_CATALOG_ROLE 角色

DELETE_CATALOG_ROLE 是在建立数据库时，由 Oracle 执行脚本 SQL.BSQ 自动建立的角色，该角色提供了系统审计表 SYS.AUD$上的 DELETE 对象权限。

（7）EXP_FULL_DATABASE 角色

EXP_FULL_DATABASE 角色是安装数据字典时执行脚本 CATEXP.SQL 建立的角色，该角色用于执行数据库导出操作。

（8）IMP_FULL_DATABASE 角色

IMP_FULL_DATABASE 角色是安装数据字典时执行脚本 CATEXP.SQL 建立的角色，该角色用于执行数据库导入操作，它包含了 EXECUTE_CATA_ROLE、SELECT_CATALOG_ROLE 角色和大量系统权限（查询 DBA_SYS_PRIVS）。

（9）RECOVERY_CATALOG_OWNER 角色

RECOVERY_CATALOG_OWNER 角色是在安装数据字典时执行脚本 CATALOG.SQL 所建立的角色，该角色为恢复目录所有者提供了系统权限。

9.5.3 自定义角色

自定义角色是在建立数据库之后由 DBA 用户建立的角色，该角色初始没有任何权限。为了使角色起作用，需要为其授予相应的权限。

1. 创建角色

创建角色需要使用 CREATE ROLE 命令完成，一般情况下，该命令由 DBA 执行，如果要以其他用户身份建立角色，要求该用户必须具有 CREATE ROLE 系统权限。创建角色的语法是：

CREATE ROLE role_name [IDENTIFIED BY password];

说明：IDENTIFIED BY password 子句要求用户在启用这个角色之前先确认密码。该角色在默认情况下是被禁用的。为了启用该角色，需要使用如下语句：

SET ROLE role_name IDENTIFIED BY password;

说明：在创建新角色时必须为角色命名，新角色的名称不能与数据库中任何用户或角色的名称相同。角色不是方案对象，不是属于哪个用户的，而是属于数据库的。

【例 9-46】创建一个名为 myrole1 的角色，该角色不需要密码验证；然后创建一个名为 myrole2、密码为 myrole2 的角色。

SQL>CREATE ROLE myrole1;

角色已创建。
SQL>CREATE ROLE myrole2 IDENTIFIED BY myrole2;

角色已创建。

2. 给角色授权

建立角色时，角色中没有任何权限，为了使角色可以完成特定任务，必须为其授予一定的系统权限和对象权限。

给角色授权的语法与给用户授权的语法是相同的。其语法为：

GRANT   object_privilege | ALL [PRIVILEGES]
[(column_1 [,column_2]……)]
ON [schema.]object
TO   user | role | PUBLIC
[WITH ADMIN OPTION];

说明：

（1）系统权限 UNLIMITED TABLESPACE 和对象权限的 WITH GRANT OPTION 选项不能授予角色。

（2）不能用一条 GRANT 语句同时授予系统权限和对象权限。

【例 9-47】将系统权限和对象权限授予 myrole1 角色。

SQL> GRANT create session,create table,create trigger TO myrole1;

授权成功。
SQL> GRANT create procedure to myrole1 WITH ADMIN OPTION;

授权成功。

3. 回收角色权限

使用 REVOKE…FROM…语句回收已经授予角色的系统权限和对象权限。其语法为：

REVOKE system_privilege | ALL[PRIVILEGES]
FROM user | role | PUBLIC;

【例 9-48】从 myrole1 角色回收某些系统权限和对象权限。

SQL> REVOKE create trigger FROM myrole1;

撤销成功。

9.5.4 管理角色

1. 设置角色的口令

设置角色的口令是指修改使角色生效或失效的认证方式，即修改角色的验证方式。修改角色是使用 ALTER ROLE 语句来完成的。修改角色的语法如下所示：

ALTER ROLE role_name {[NOT IDENTIFIED] | [IDENTIFIED BY password]};

说明：

（1）NOT IDENITFIED 表示授予用户的角色不需要口令验证。

（2）IDENITFIED BY 表示授予用户的角色必须经过口令验证才生效。

【例 9-49】更改角色 myrole1 角色的认证方式。

SQL>ALTER ROLE myrole1 IDENTIFIED BY EXTERNALLY;

角色已丢弃。

SQL>ALTER ROLE myrole1 NOT IDENTIFIED;

角色已丢弃。

2. 删除角色

如果不再需要某个角色或者某个角色的设置不太合理时，可以使用 DROP ROLE 来删除角色。角色被删除后，角色中所包括的权限也都全部被删除。

【例 9-50】删除角色 myrole1。

SQL> DROP ROLE myrole1;

角色已删除。

9.5.5 显示角色信息

建立角色时，Oracle 会将角色信息存放到数据字典中。通过查询数据字典视图 DBA_ROLES，可以显示数据库所包含的所有角色。

【例 9-51】使用数据字典视图 DBA_ROLES 的方法，显示 ZCGL 数据库的所有角色。

SQL> SELECT * FROM dba_roles;

ROLE	PASSWORD	AUTHENTICAT
CONNECT	NO	NONE
RESOURCE	NO	NONE
DBA	NO	NONE
SELECT_CATALOG_ROLE	NO	NONE
……		

| USER_ROLE | YES | PASSWORD |

已选择 56 行。

9.5.6 使用角色

为了使角色起作用，必须将角色授予用户。可以使用 ALTER USER 语句来更改用户使用的角色。授予和回收用户的角色可以立即生效，而不需要重新登录。

1. 角色授权

将角色授予用户的语法是：

```
GRANT role1[,role2]
TO{user | role | PUBLIC}
[,{user | role | PUBLIC}]
[WITH ADMIN OPTION];
```

如果将某个角色授予用户时使用了 WITH ADMIN OPTION 选项，获得该角色的用户还可以将该角色再授予其他用户或角色，或从其他用户那里回收该角色，并且可以修改或删除该角色。假如一个用户在获得角色时没有得到 WITH ADMIN OPTION 选项，则该用户需要具有 GRANT ANY ROLE 系统权限才能这样做。

【例 9-52】创建 yuuser1 用户、yuuser2 用户，并将 connect 角色、resource 角色、myrole1 角色、myrole2 角色授予 yuuser1 用户，在授予时不带 WITH ADMIN OPTION 选项。

```
SQL> CREATE USER yuuser1 IDENTIFIED BY yuuser1
  2    DEFAULT TABLESPACE users
  3    TEMPORARY TABLESPACE temp;
```

用户已创建。

```
SQL> CREATE USER yuuser2 IDENTIFIED BY yuuser2
  2    DEFAULT TABLESPACE users
  3    TEMPORARY TABLESPACE temp;
```

用户已创建。

```
SQL> GRANT connect,resource,myrole1,myrole2
  2    TO yuuser1;
```

授权成功。

2. 角色回收

从用户那里回收角色的语法如下：

```
REVOKE role1[,role2] FROM{user | role | PUBLIC}[,{user | role | PUBLIC}];
```

需要注意的是，回收角色不会级联，这与回收系统权限相同，但与回收对象权限不同。

【例 9-53】sys 用户从 yuuser1 用户处回收 myrole2 角色。

```
SQL> COLUMN GRANTEE FORMAT A15
SQL> COLUMN GRANTED_ROLE FORMAT A15
SQL> COLUMN admin_option FORMAT A15
```

```
SQL> COLUMN default_role FORMAT A15
SQL> SELECT * FROM dba_role_privs
  2  WHERE grantee='YUUSER1'OR grantee='YUUSER2'
  3  ORDER BY grantee;

GRANTEE         GRANTED_ROLE     ADMIN_OPTION     DEFAULT_ROLE
--------------  --------------   --------------   --------------
YUUSER1         CONNECT          NO               YES
YUUSER1         MYROLE1          NO               YES
YUUSER1         MYROLE2          NO               YES
YUUSER1         RESOURCE         NO               YES

SQL> REVOKE myrole2 FROM yuuser1;

撤销成功。
SQL> SELECT * FROM dba_role_privs
  2  WHERE grantee='YUUSER1' OR grantee='YUUSER2'
  3  ORDER BY grantee;
GRANTEE         GRANTED_ROLE     ADMIN_OPTION     DEFAULT_ROLE
--------------  --------------   --------------   --------------
YUUSER1         CONNECT          NO               YES
YUUSER1         MYROLE1          NO               YES
YUUSER1         RESOURCE         NO               YES
```

习题九

1. 以下哪种特权或角色可以建立数据库？
   A．SYSDBA
   B．SYSOPER
   C．DBA
2. 以下哪些特权或角色可以关闭数据库？
   A．SYSDBA
   B．SYSOPER
   C．DBA
3. 如果以 OS 验证方式建立了数据库用户 WHL，应该采用以下哪种连接方式？
   A．connect whl/whl
   B．connect/
4. 创建一个概要文件，令密码失效天数为 30 天。
5. 如果要删除的概要文件已经分配给了用户，则如何修改 DROP PROFILE 语句？
6. 如何为用户分配概要文件？试举例说明。
7. 如何显示用户所使用的概要文件？试举例说明。
8. Oracle 数据库为锁定账户提供了哪些参数选项？
9. 为了强制用户定期改变口令，Oracle 提供了哪些参数选项？
10. 在使用概要文件管理资源时，如何激活资源限制？

11. 以下哪几种权限及选项不能授予角色？
    A． UNLIMITED TABLESPACE
    B． WITH ADMIN OPTION
    C． WITH GRANT OPTION
    D． CREATE SESSION

12. 用户 SYSTEM 将 CREATE TABLE、CREATE SESSION 系统权限授予用户 A，并且带有 WITH ADMIN OPTION，用户 A 将 CREATE TABLE、CREATE SESSION 系统权限授予用户 B，用户 SYSTEM 将 SELECT ON DEMO.DEPT 对象权限授予用户 A，并且带有 WITH GRANT OPTION 选项，然后用户 A 将 SELECT ON DEMO.DEPT 对象权限授予用户 B。接下来，用户 SYSTEM 将用户 A 的所有系统权限和对象权限收回，此时用户 B 将不能执行以下哪些操作？
    A． 连接到数据库
    B． CREATE TABLE
    C． SELECT * FROM demo.dept

13. 在以下哪些对象权限上可以授予列权限？
    A． SELECT
    B． UPDATE
    C． DELETE
    D． INSERT
    E． REFERENCES

14. 以下哪种权限和选项不能授予角色？
    A． UNLIMITED TABLESPACE
    B． WITH ADMIN OPTION
    C． WITH GRANT OPTION
    D． CREATE SESSION

实验十二　用户、概要文件、权限和角色管理

一、实验目的

掌握用户的创建与管理，用户配置文件的定义与维护，Oracle 中权限与角色的创建与管理。

二、实验内容

1. 创建用户 course_user1，密码为 user001，并为他授予 CREATE TABLE, CREATE VIEW 的系统权限及 CONNECT 的系统角色。以 course_user1 身份登录系统。

2. 创建用户 course_user2，初始密码为 user002，将其初始口令状态设置为已过期，将用户的初始状态设置为 LOCK，并为他授予 CONNECT 的系统角色。以 course_user2 身份登录系统。

3. 回收 course_user1 的 CREATE TABLE 和 CREATE VIEW 的系统权限。

4. 创建用户角色 user_role，为角色 user_role 授予权限 CREATE TABLE 及其在 student 表和 teacher 表中执行更新、删除和修改操作的对象权限，将角色 user_role 赋予 course_user1。

5. 创建概要文件 user_profile，设置密码的有效天数为 30 天，尝试失败登录 3 次后，锁定该账号 3 天。将该概要文件分配给用户 course_user1。

三、实验步骤

1. 登录数据库。

```
SQL> CONNECT course_oper/admin;
已连接。
```

2. 完成如下操作。

（1）创建用户 course_user1，密码为 user001，并为他授予 CREATE TABLE，CREATE VIEW 的系统权限及 CONNECT 的系统角色。

① 创建用户 course_user1，密码为 user001。

```
SQL> CREATE USER course_user1 IDENTIFIED BY user001      --指定创建的用户名和密码
  2    DEFAULT TABLESPACE myxkxt_tbs                     --为用户指定默认的表空间
  3    TEMPORARY TABLESPACE myxkxt_temp                  --默认的临时表空间
  4    QUOTA 10M ON myxkxt_tbs                           --表空间中可以使用的字节数
  5  ;

用户已创建。
```

② 以 course_user1 身份登录系统。

```
SQL> CONNECT course_user1/user001;
ERROR:
ORA-01045: user COURSE_USER1 lacks CREATE SESSION privilege; logon denied


警告: 您不再连接到 ORACLE。
```

说明：为什么会出现上述操作异常情况呢？虽然 course_user1 已经创建成功，但是目前还没有给他分配任何权限！

③ 为该用户授予 CREATE TABLE，CREATE VIEW 的系统权限及 CONNECT 的系统角色。

```
SQL> connect course_oper/admin
已连接。
SQL> GRANT CREATE TABLE，CREATE VIEW TO course_user1;

授权成功。

SQL> GRANT CONNECT TO course_user1;

授权成功。
```

④ 以 course_user1 身份登录系统。

```
SQL> CONNECT course_user1/user001;
已连接。
```

（2）创建用户 course_user2，初始密码为 user002，将其初始口令状态设置为已过期，将用户的初始状态设置为 LOCK，并为他授予 CONNECT 的系统角色。以 course_user2 身份登录系统。

① 创建用户 course_user2，初始密码为 user002，将其初始口令状态设置为已过期，将用户的初始状态设置为 LOCK。

```
SQL> CREATE USER course_user2 IDENTIFIED BY user002
  2    DEFAULT TABLESPACE users
  3    QUOTA 20M ON users
  4    PASSWORD EXPIRE          --口令的初始状态为已过期，强制用户登录时修改口令
  5    ACCOUNT LOCK             --用户的初始状态为锁定
  6  ;
CREATE USER course_user2 IDENTIFIED BY user002
            *
第 1 行出现错误:
ORA-01031: 权限不足
```

说明： 出现上述操作异常，是因为刚才以 course_user1/user001 身份连接了数据库，而该用户并没有被赋予 CREATE USER 权限，需要重新以 course_oper/admin 身份连接数据库，重复上述创建用户的过程。

② 以 course_oper/admin 身份连接数据库创建用户 course_user2。

```
SQL> CONNECT course_oper/admin
已连接。
SQL> CREATE USER course_user2 IDENTIFIED BY user002
  2    DEFAULT TABLESPACE users
  3    QUOTA 20M ON users
  4    PASSWORD EXPIRE          --口令的初始状态为已过期，强制用户登录时修改口令
  5    ACCOUNT LOCK             --用户的初始状态为锁定
  6  ;

用户已创建。
```

③ 为用户 course_user2 授予 CONNECT 的系统角色。

```
SQL> GRANT CONNECT TO course_user2;

授权成功。
```

④ 以 course_user2 身份连接数据库。

```
SQL> CONNECT course_user2/user002;
ERROR:
ORA-28000: the account is locked
警告: 您不再连接到 ORACLE。
```

说明： 因为用户 course_user2 的初始状态为锁定，使用锁定的用户连接数据库时，会报出 ORA-28000 异常，要正常使用该用户连接数据库，必须首先为其解锁。

⑤ 为用户 course_user2 解锁。

```
SQL> connect course_oper/admin
已连接。
SQL> ALTER USER course_user2 ACCOUNT UNLOCK;
```

用户已更改。

⑥ 再次以 course_user2 身份连接数据库。

SQL> CONNECT course_user2/user002
ERROR:
ORA-28001: the password has expired
更改 course_user2 的口令
新口令：
重新键入新口令：
口令已更改
已连接。

说明：因为用户 course_user2 口令的初始状态为过期，使用该用户连接数据库时，将强制用户更新口令。

（3）回收 course_user1 的 CREATE TABLE 和 CREATE VIEW 的系统权限。

SQL> REVOKE CREATE TABLE,CREATE VIEW FROM course_user1;

撤销成功。

（4）创建用户角色 user_role，为角色 user_role 授予权限 CREATE TABLE 及其在 student 表和 teacher 表中执行更新、删除和修改操作的对象权限，将角色 user_role 赋予 course_user1。

① 创建用户角色 user_role。

SQL> CREATE ROLE user_role IDENTIFIED BY user_role001;

角色已创建。

② 为角色 user_role 授予权限 CREATE TABLE 及其在 student 表和 teacher 表中执行查询、插入、删除和修改操作的对象权限。

SQL> GRANT CREATE TABLE TO user_role;

授权成功。

SQL> GRANT SELECT,INSERT,UPDATE, DELETE ON student TO user_role;

授权成功。

SQL> GRANT SELECT,INSERT,UPDATE, DELETE ON teacher TO user_role;

授权成功。

③ 将角色 user_role 赋予 course_user1。

SQL> GRANT user_role TO course_user1;

授权成功。

④ 查看用户 course_user1 的系统权限。

SQL> CONNECT course_user1/user001;
已连接。
SQL> SELECT * FROM user_sys_privs;

```
USERNAME                        PRIVILEGE                               ADM
------------------------------  --------------------------------------  ---
COURSE_USER1                    CREATE SESSION                          NO
```

⑤ 查看角色的对象权限信息。

```
SQL> COLUMN ROLE FORMAT A15
SQL> COLUMN OWNER FORMAT A15
SQL> COLUMN TABLE_NAME FORMAT A15
SQL> COLUMN PRIVILEGE FORMAT A20
SQL> SELECT role,owner,table_name,privilege FROM role_tab_privs;

ROLE             OWNER            TABLE_NAME       PRIVILEGE
---------------  ---------------  ---------------  --------------------
USER_ROLE        COURSE_OPER      STUDENT          UPDATE
USER_ROLE        COURSE_OPER      STUDENT          DELETE
USER_ROLE        COURSE_OPER      TEACHER          UPDATE
USER_ROLE        COURSE_OPER      STUDENT          INSERT
USER_ROLE        COURSE_OPER      TEACHER          INSERT
USER_ROLE        COURSE_OPER      TEACHER          DELETE
USER_ROLE        COURSE_OPER      TEACHER          SELECT
USER_ROLE        COURSE_OPER      STUDENT          SELECT
```

已选择 8 行。

（5）创建概要文件 user_profile，设置密码的有效天数为 30 天，尝试失败登录 3 次后，锁定该账号 3 天。将该概要文件分配给用户 course_user1。

① 创建概要文件 user_profile。

```
SQL> CREATE PROFILE user_profile LIMIT
  2   PASSWORD_LIFE_TIME    30
  3   FAILED_LOGIN_ATTEMPTS 3
  4   PASSWORD_LOCK_TIME 3;
```

配置文件已创建

② 将概要文件 user_profile 分配给用户 course_user1。

```
SQL> ALTER USER course_user1 PROFILE user_profile;
```

用户已更改。

③ 查看概要文件信息。

```
SQL> COLUMN limit FORMAT A20
SQL> COLUMN profile FORMAT A20

SQL> SELECT profile,resource_name,limit
  2   FROM dba_profiles WHERE profile='USER_PROFILE';

PROFILE              RESOURCE_NAME                    LIMIT
-------------------  -------------------------------  --------------------
USER_PROFILE         COMPOSITE_LIMIT                  DEFAULT
```

USER_PROFILE	SESSIONS_PER_USER	DEFAULT
……		
USER_PROFILE	FAILED_LOGIN_ATTEMPTS	3
USER_PROFILE	PASSWORD_LIFE_TIME	30
……		
USER_PROFILE	PASSWORD_LOCK_TIME	3
USER_PROFILE	PASSWORD_GRACE_TIME	DEFAULT

已选择 16 行。

第十章 数据库备份与恢复

在数据库系统运行的过程中,常常由于各种故障造成数据库系统的破坏或数据丢失,所以 Oracle 必须提供一定的数据库备份与恢复技术,以防止数据库数据受到损坏,并在故障发生时能使数据库从错误状态恢复到某种逻辑一致的状态。数据库系统的备份与恢复技术是减少数据损失,保证系统安全的重要措施。Oracle 提供了完备的备份与恢复机制,本章将介绍如何使用 EXP/IMP 进行逻辑备份,以及如何使用 RMAN 工具进行数据库的备份与恢复。

- Oracle 的备份与恢复机制
- 使用 EXP/IMP 进行逻辑备份
- 使用 RMAN 工具进行数据备份与恢复

10.1 Oracle 的备份与恢复机制

当我们使用一个数据库时,总希望数据库的内容是可靠的、正确的,但计算机系统常常由于硬件、软件、网络、进程和介质等各种故障而影响数据库系统的正常运行,导致数据库中部分甚至全部数据丢失。因此数据库管理员应该针对具体的业务要求制定相应的数据库备份与恢复策略,保护 Oracle 中的用户数据、控制文件、数据文件和归档日志文件等重要内容,通过模拟故障对每种可能发生的情况进行严格测试,并在意外发生时恢复数据库,保证数据的高可用性。

数据库的备份与恢复机制是指防止数据库受损或者受损后进行数据重建的各种策略。为了防止各种人为或外界的因素对数据库造成的破坏,保护数据库的安全,必须采取有效的备份策略。备份是将数据库中部分或全部数据复制到转储设备的过程,是数据库处于故障状态时用于重建数据库的重要信息拷贝。转储设备是用于存放数据库副本的物理设备,如磁盘和磁带等。数据库的备份是一个长期的过程,一般情况下需要定期对数据库进行备份,当故障发生后利用已有的备份将数据库从故障状态恢复到故障前正常状态的处理过程称为数据库恢复。恢复过程大致可以分为修复(Restore)过程与恢复(Recover)过程。

10.1.1 备份的内容

Oracle 备份数据库时,主要备份数据库中的各类物理文件,这些物理文件包括:

1. 数据文件

数据文件主要是指表空间中包含的各个物理文件,其中存放了各种系统和用户数据。Oracle 在正常操作期间读取数据文件中的数据,并将其存放在 SGA 的高速数据缓存区中,如果出现了脏块,由后台进程 DBWn 负责将脏块同步到数据库中。

2. 控制文件

控制文件中主要记录了数据库的名称、数据文件和联机日志文件的名称及位置、当前的日志序列号和表空间等信息。在启动数据库时,Oracle 从初始化参数文件中找到控制文件的位置和名称来打开控制文件,再从控制文件中读取数据文件和联机日志文件的信息来打开数据库。在数据库使用过程中,控制文件由 Oracle 自动维护。由此可见,控制文件很重要,用户可以创建控制文件的多个副本,Oracle 在运行过程中会同步控制文件的多个副本以防止灾难的发生。

3. 重做日志文件

当用户对数据库执行添加,删除和修改等各种 DML 操作时,这些修改信息会记录到重做日志文件中。如果数据库发生故障,用户可以利用重做日志文件中记录的修改信息对数据库副本执行修改操作,使数据库恢复到故障之前的状态。重做日志文件对于数据库的恢复操作至关重要。当 Oracle 因为设备掉电等原因来不及将存放在缓冲区中的修改数据写入到数据文件中而造成数据丢失时,可以根据数据文件中较早版本的备份,以及数据库在重做日志文件的修改信息来恢复丢失的数据。

4. 服务器参数文件 SPFILE

参数文件中记录着数据库名称,控制文件的路径,SGA 内存结构,可选的 Oracle 特性和后台进程的配置参数等信息。它是数据库启动时首先被读取的文件。

10.1.2 备份的类型

按照备份进行的方式,可以分为物理备份和逻辑备份、冷备份(脱机备份)和热备份(联机备份)等。

1. 物理备份和逻辑备份

物理备份就是转储数据库中的数据文件、控制文件、归档日志文件和服务器参数文件 SPFILE 等物理文件,当数据库发生故障时,可以利用这些文件进行还原。物理备份又可以分为冷备份和热备份两种,它只涉及组成数据库的文件,不考虑逻辑内容。

逻辑备份就是利用工具或命令将用户、表和存储过程等数据库对象导出到一个二进制文件中,如 Oracle 中提供的 EXPORT 命令和 IMPORT 命令,可以实现对数据库对象进行导出导入操作。

2. 全数据库备份和部分数据库备份

全数据库备份是经常进行的数据库备份方式,备份的内容包含控制文件以及属于该数据库的所有数据文件,但不包括联机重做日志文件。

部分数据库备份是指只备份某段时间内数据库的某些组成部分,如表空间备份、数据文件备份或控制文件备份等。

3. 冷备份(脱机备份)和热备份(联机备份)

冷备份又称为脱机备份或者一致备份,是指数据库关闭时,即数据文件或表空间脱机后进行的备份，这种方式能保证数据的一致性。需要备份的文件主要包括所有数据文件、控制文件和联机日志文件。

热备份又称为联机备份或者不一致备份，是指在数据库打开状态下进行的备份，属于不一致备份，需要运行在存档模式下；进行数据恢复时，需要应用归档日志文件将数据库恢复到某个一致状态。需要备份的文件包括数据文件、控制文件和归档日志文件等。

4. 完全备份与增量备份

完全备份是指将数据文件的所有数据块全部备份出来。

增量备份是指在创建上一次备份后，对从特定时间点以来发生变化的数据块进行的备份。

10.1.3 存档模式与非存档模式

Oracle 数据库既可以运行在存档模式下，也可以运行在非存档模式下。在Oracle中，当一组重做日志文件被写满后，就会通过日志切换来写下一组重做日志文件。如果进行日志切换时数据库运行在非存档模式下，新切换到的日志组的日志文件会被覆盖，Oracle 数据库默认在非存档模式下运行。如果数据库运行在存档模式下，在重做日志文件被覆盖前，归档进程会将重做日志文件的日志条目拷贝到指定的归档日志设备上，产生归档重做日志文件，只有归档成功后日志文件才允许被覆盖。

进行数据库备份时，存档模式下可以进行完全备份和部分备份，备份可以是一致性备份也可以是不一致性备份，也可以进行热备份和冷备份。在非存档模式下只能进行完全的、一致性的备份。

【例 10-1】将数据库 ZCGL 由非存档模式设置为存档模式。

① 以 sysdba 身份连接数据库。

```
C:\Documents and Settings\Administrator>sqlplus zcgl_oper/admin@zcgl AS sysdba

SQL*Plus: Release 11.2.0.1.0 Production on  星期三  8月  8 22:25:02 2012

Copyright (c) 1982, 2010, Oracle.    All rights reserved.


连接到：
Oracle Database 11g Enterprise Edition Release 11.2.0.1.0 - Production
With the Partitioning, OLAP, Data Mining and Real Application Testing options

SQL>
```

② 执行 shutdown/shutdown immediate 命令关闭数据库。

```
SQL> SHUTDOWN IMMEDIATE
数据库已经关闭。
已经卸载数据库。
ORACLE 例程已经关闭。
SQL>
```

③ 使用 startup mount/startup restrict 命令启动数据库实例。

```
SQL> STARTUP MOUNT
ORACLE 例程已经启动。
```

```
Total System Global Area    535662592 bytes
Fixed Size                    1375792 bytes
Variable Size               251658704 bytes
Database Buffers            276824064 bytes
Redo Buffers                  5804032 bytes
```
数据库装载完毕。

④ 执行 alter database archivelog 命令将数据库设置为存档模式。

SQL> ALTER DATABASE ARCHIVELOG;

数据库已更改。

⑤ 使用 archive log list 语句查看数据库的模式信息。

SQL> ARCHIVE LOG LIST;
数据库日志模式   存档模式
自动存档   启用
存档终点   USE_DB_RECOVERY_FILE_DEST
最早的联机日志序列   155
下一个存档日志序列   157
当前日志序列   157

⑥ 执行 alter database open 命令打开数据库。

SQL> ALTER DATABASE OPEN;

数据库已更改。

【例 10-2】将数据库 ZCGL 由存档模式设置为非存档模式。

① 以 sysdba 身份连接数据库。
② 执行 shutdown/shutdown immediate 命令关闭数据库。
③ 使用 startup mount/startup restrict 命令启动数据库实例。
④ 执行 alter database noarchivelog 命令将数据库设置为非存档模式。

SQL> ALTER DATABASE NOARCHIVELOG;

数据库已更改。

⑤ 使用 archive log list 语句查看数据库的模式信息。

SQL> ARCHIVE LOG LIST;
数据库日志模式   非存档模式
自动存档   禁用
存档终点   USE_DB_RECOVERY_FILE_DEST
最早的联机日志序列   155
当前日志序列   157

⑥ 执行 alter database open 命令打开数据库。

10.1.4 恢复与修复

由于各种系统故障造成数据库系统的破坏或数据丢失而使数据库处于不一致状态时，就需要对数据库进行恢复操作，将其恢复到故障前的某个正确或者一致的状态，恢复过程大致可以分为修复（Restore）与恢复（Recover）两个过程：首先通过还原数据库的物理备份进行数据库恢复，所谓数据库恢复就是利用物理备份的数据库文件来替换损坏的数据库文件。但数据库物理备份所存储的只是备份时刻数据库的一个副本，如果备份操作结束以后数据库的内容发生了变化，那么还需要对数据库进行修复，数据库修复是指为了使数据库处于一致状态，根据归档重做日志和联机重做日志或数据库文件的增量备份中所记录最近一次备份以后对数据库所做的修改，来更新已经恢复的数据文件。

当数据库运行在非存档模式下时，因为没有完整的重做日志文件进行数据库修复操作，所以只能进行数据库恢复操作。

10.2 使用 EXP/IMP 进行逻辑备份

EXPORT 和 IMPORT 数据导入/导出是 Oracle 提供的两个命令行工具，简写形式为 EXP 和 IMP，主要用来完成 Oracle 数据库的数据导入导出和逻辑备份与恢复等工作。EXP/IMP 是一个很好的转储工具，特别适用于小型数据库的转储，其中 EXP 命令的主要功能是将数据库对象或整个数据库导出到一个二进制文件中，IMP 命令的主要功能是根据系统的需要将备份的二进制文件导入到数据库中。

10.2.1 EXP 导出数据

EXP 表示从数据库中导出数据。可以将数据库的数据导出到文件中，从而实现数据库的备份或者恢复。如果某用户需要使用 EXP 命令导出自己模式中的对象，那么该用户需要具有 CREATE SESSION 权限，如果某用户需要导出其他用户模式中的对象，该用户需要被授予 EXP_FULL_DATABASE 角色。

1. 查看 EXP 命令的常用参数

可以在命令行方式下查看 EXP 命令中各个参数的含义：

```
C:\Documents and Settings\Administrator>EXP HELP=Y

Export: Release 11.2.0.1.0 - Production on 星期四 8 月 9 09:04:07 2012

Copyright (c) 1982, 2009, Oracle and/or its affiliates.   All rights reserved.

通过输入 EXP 命令和您的用户名/口令，导出
操作将提示您输入参数:

     例如: EXP SCOTT/TIGER

或者，您也可以通过输入跟有各种参数的 EXP 命令来控制导出
的运行方式。要指定参数，您可以使用关键字:

    格式:  EXP KEYWORD=value 或 KEYWORD=(value1,value2,...,valueN)
    例如: EXP SCOTT/TIGER GRANTS=Y TABLES=(EMP,DEPT,MGR)
            或 TABLES=(T1:P1,T1:P2), 如果 T1 是分区表

USERID 必须是命令行中的第一个参数。
```

```
关键字            说明 (默认值)              关键字            说明 (默认值)
---------------   ------------------------   ---------------   ------------------
USERID            用户名/口令                FULL              导出整个文件 (N)
BUFFER            数据缓冲区大小             OWNER             所有者用户名列表
FILE              输出文件 (EXPDAT.DMP)      TABLES            表名列表
COMPRESS          导入到一个区 (Y)           RECORDLENGTH      IO 记录的长度
GRANTS            导出权限 (Y)               INCTYPE           增量导出类型
INDEXES           导出索引 (Y)               RECORD            跟踪增量导出 (Y)
DIRECT            直接路径 (N)               TRIGGERS          导出触发器 (Y)
LOG               屏幕输出的日志文件         STATISTICS        分析对象
                                                               (ESTIMATE)
ROWS              导出数据行 (Y)             PARFILE           参数文件名
CONSISTENT        交叉表的一致性 (N)         CONSTRAINTS       导出的约束条件 (Y)

OBJECT_CONSISTENT          只在对象导出期间设置为只读的事务处理 (N)
FEEDBACK                   每 x 行显示进度 (0)
FILESIZE                   每个转储文件的最大大小
FLASHBACK_SCN              用于将会话快照设置回以前状态的 SCN
FLASHBACK_TIME             用于获取最接近指定时间的 SCN 的时间
QUERY                      用于导出表的子集的 select 子句
RESUMABLE                  遇到与空格相关的错误时挂起 (N)
RESUMABLE_NAME             用于标识可恢复语句的文本字符串
RESUMABLE_TIMEOUT          RESUMABLE 的等待时间
TTS_FULL_CHECK             对 TTS 执行完整或部分相关性检查
TABLESPACES                要导出的表空间列表
TRANSPORT_TABLESPACE       导出可传输的表空间元数据 (N)
TEMPLATE                   调用 iAS 模式导出的模板名
```

成功终止导出，没有出现警告。

2. EXP 命令的启动方式和导出模式

（1）启动方式

使用 EXP 命令进行数据导出时，有交互式、命令式和参数文件三种操作方式：

① 如果采用交互式执行 EXP 命令，首先输入 EXP 命令，根据系统提示的一系列选项让用户输入或者选择来完成数据的导出。

② 如果采用命令行方式，则在命令窗口中输入 EXP 命令及所需各种参数来完成数据的导出。

③ 如果采用参数文件方式，需要将 EXP 命令的各种参数及其取值存储在一个扩展名为 .dat 的参数文件中，每个参数及其取值占一行。

（2）导出模式

EXP 命令提供了四种导出模式，分别是：

① 表模式：备份某个用户方案下指定的对象（表），主要导出一个指定的基本表，包括表的定义，表中的数据，以及在表上建立的索引、约束等。

② 用户模式：备份某个用户模式下的所有对象，包括属于该用户的表、视图、存储过程和序列等。

③ 完全模式：备份完整的数据库，可以导出数据库中除了 SYS 模式以外其他模式中的所

有对象。

④ 表空间模式：用于执行迁移表空间的操作。

3. 应用举例

【例 10-3】以完全模式将整个数据库 ZCGL 导出到 E:\BAK_ZCGL 文件夹下，导出的文件名为 zcgl_full.dmp。

方法一：命令行方式下运行

```
SQL> HOST EXP zcgl_oper/admin@zcgl FULL=y FILE=E:\BAK_ZCGL\zcgl_full.dmp GRANT=y ROWS=y

Export: Release 11.2.0.1.0 - Production on 星期四 8 月 9 09:43:05 2012

Copyright (c) 1982, 2009, Oracle and/or its affiliates.    All rights reserved.

连接到: Oracle Database 11g Enterprise Edition Release 11.2.0.1.0 - Production
With the Partitioning, OLAP, Data Mining and Real Application Testing options
已导出 ZHS16GBK 字符集和 AL16UTF16 NCHAR 字符集

即将导出整个数据库...
. 正在导出表空间定义
. 正在导出概要文件
. 正在导出用户定义
. 正在导出角色
. 正在导出资源成本
. 正在导出回退段定义
. 正在导出数据库链接
……
. 即将导出 ZCGL_OPER 的表通过常规路径...
.. 正在导出表                    BUMEN 导出了           9 行
.. 正在导出表                    TEST1 导出了           0 行
.. 正在导出表                    TEST2 导出了           0 行
.. 正在导出表                    YONGHU 导出了          26 行
.. 正在导出表                           ZCMX
.. 正在导出表              ZICHANLEIXING 导出了         9 行
.. 正在导出表              ZICHANMINGXI 导出了         96 行
.. 正在导出表             ZICHANZHUANGTAI 导出了        5 行
……
. 正在导出用户历史记录表
. 正在导出默认值和系统审计选项
. 正在导出统计信息
导出成功终止，没有出现警告。
```

说明：SQL> HOST EXP zcgl_oper/admin@zcgl FULL=y FILE=E:\BAK_ZCGL\zcgl_full.dmp GRANT=y ROWS=y 中各个参数的作用如下：

（1）HOST：执行完该命令后进入到操作系统提示符状态。

（2）EXP：进行数据导出。

（3）zcgl_oper/admin@zcgl：连接 ZCGL 数据库。

（4）FULL=y：导出整个数据库。

（5）FILE=E:\BAK_ZCGL\zcgl_full.dmp：导出后的 dmp 文件的存放路径。

（6）GRANT=y：导出权限。
（7）ROWS=y：导出数据行。

方法二：交互方式下运行

```
SQL> HOST EXP

Export: Release 11.2.0.1.0 - Production on 星期四 8月 9 09:52:29 2012

Copyright (c) 1982, 2009, Oracle and/or its affiliates.    All rights reserved.

用户名: zcgl_oper@zcgl
口令:

连接到: Oracle Database 11g Enterprise Edition Release 11.2.0.1.0 - Production
With the Partitioning, OLAP, Data Mining and Real Application Testing options
输入数组提取缓冲区大小: 4096 >

导出文件: EXPDAT.DMP > E:\BAK_ZCGL\zcgl_full_01.dmp

(1)E(完整的数据库), (2)U(用户) 或 (3)T(表): (2)U > E

导出权限 (yes/no): yes > yes

导出表数据 (yes/no): yes > yes

压缩区 (yes/no): yes > yes

已导出 ZHS16GBK 字符集和 AL16UTF16 NCHAR 字符集

即将导出整个数据库...
. 正在导出表空间定义
. 正在导出概要文件
……
. 正在导出默认值和系统审计选项
. 正在导出统计信息
导出成功终止, 没有出现警告。
```

说明：在交互方式下运行 EXP 命令时，在命令窗口中直接输入 EXP 命令，系统将提供一系列的选项来完成数据的导出。

方法三：参数文件方式运行

如果要使用参数文件方式运行 EXP 命令，首先用记事本等文本编辑器编辑并保存该参数文件为 para_full.dat。参数文件内容如下：

```
FILE=E:\BAK_ZCGL\zcgl_full_02.dmp
FULL=y
GRANT=y
ROWS=y
```

然后在命令行中运行下列命令：

```
SQL> HOST EXP zcgl_oper/admin@zcgl PARFILE=E:\BAK_ZCGL\para_full.dat

Export: Release 11.2.0.1.0 - Production on 星期四 8月 9 10:06:34 2012

Copyright (c) 1982, 2009, Oracle and/or its affiliates.   All rights reserved.

连接到: Oracle Database 11g Enterprise Edition Release 11.2.0.1.0 - Production
With the Partitioning, OLAP, Data Mining and Real Application Testing options
已导出 ZHS16GBK 字符集和 AL16UTF16 NCHAR 字符集

即将导出整个数据库...
. 正在导出表空间定义
……
```

【例 10-4】 以用户模式，导出 ZCGL 数据库用户方案 zcgl_oper 的所有对象。

```
SQL> HOST EXP zcgl_oper/admin@zcgl OWNER=zcgl_oper FILE=E:\BAK_ZCGL\zcgl_oper_schema.dmp GRANTS=Y ROWS=Y COMPRESS=Y

Export: Release 11.2.0.1.0 - Production on 星期四 8月 9 10:16:41 2012

Copyright (c) 1982, 2009, Oracle and/or its affiliates.   All rights reserved.

连接到: Oracle Database 11g Enterprise Edition Release 11.2.0.1.0 - Production
With the Partitioning, OLAP, Data Mining and Real Application Testing options
已导出 ZHS16GBK 字符集和 AL16UTF16 NCHAR 字符集

即将导出指定的用户...
. 正在导出 pre-schema 过程对象和操作
. 正在导出用户 ZCGL_OPER 的外部函数库名
. 导出 PUBLIC 类型同义词
. 正在导出专用类型同义词
. 正在导出用户 ZCGL_OPER 的对象类型定义
即将导出 ZCGL_OPER 的对象...
. 正在导出数据库链接
. 正在导出序号
. 正在导出簇定义
. 即将导出 ZCGL_OPER 的表通过常规路径...
. . 正在导出表                    BUMEN 导出了              9 行
. . 正在导出表                    TEST1 导出了              0 行
. . 正在导出表                    TEST2 导出了              0 行
. . 正在导出表                   YONGHU 导出了             26 行
. . 正在导出表                     ZCMX
. . 正在导出表            ZICHANLEIXING 导出了              9 行
. . 正在导出表            ZICHANMINGXI 导出了             96 行
. . 正在导出表          ZICHANZHUANGTAI 导出了              5 行
. 正在导出同义词
. 正在导出视图
. 正在导出存储过程
. 正在导出运算符
```

. 正在导出引用完整性约束条件
. 正在导出触发器
. 正在导出索引类型
. 正在导出位图,功能性索引和可扩展索引
. 正在导出后期表活动
. 正在导出实体化视图
. 正在导出快照日志
. 正在导出作业队列
. 正在导出刷新组和子组
. 正在导出维
. 正在导出 post-schema 过程对象和操作
. 正在导出统计信息
成功终止导出,没有出现警告。

说明:

(1) OWNER=zcgl_oper: 所有者用户名列表。

(2) COMPRESS=Y: 导入到一个区。

【例 10-5】以表模式导出 ZCGL 数据库中的下列表:SCOTT.emp,SCOTT.dept,zcgl_oper.zichanmingxi。

① 首先建立参数文件 para_table.dat,其内容如下:

```
FILE=E:\BAK_ZCGL\emp_zcmx_dept_table.dmp
INDEXES=y
GRANTS=y
ROWS=y
TABLES=(scott.emp,scott.dept,hr.employees,zcgl_oper.zichanmingxi)
```

② 在命令行下运行 EXP 命令,如下所示:

SQL> HOST EXP zcgl_oper/admin@zcgl PARFILE=E:\BAK_ZCGL\para_table.dat

Export: Release 11.2.0.1.0 - Production on 星期四 8 月 9 10:29:38 2012

Copyright (c) 1982, 2009, Oracle and/or its affiliates.   All rights reserved.

连接到: Oracle Database 11g Enterprise Edition Release 11.2.0.1.0 - Production
With the Partitioning, OLAP, Data Mining and Real Application Testing options
已导出 ZHS16GBK 字符集和 AL16UTF16 NCHAR 字符集

即将导出指定的表通过常规路径...
当前的用户已更改为 SCOTT
. . 正在导出表   EMP 导出了   15 行
. . 正在导出表   DEPT 导出了   4 行
当前的用户已更改为 HR
. . 正在导出表   EMPLOYEES 导出了   107 行
当前的用户已更改为 ZCGL_OPER
. . 正在导出表   ZICHANMINGXI 导出了   96 行
成功终止导出,没有出现警告。

说明:参数 INDEXES 表示导出索引。

10.2.2 IMP 导入数据

IMP 是 IMPORT 的缩写,表示将 EXP 命令导出的数据导入到数据库中。

1. IMP 命令的启动方式和导入模式

同 EXP 命令,IMP 命令的启动方式也分为交互式、命令式和参数文件三种,IMP 命令的导入模式也分为完全模式、表空间模式、用户模式和表模式四种。

(1)完全模式:将 EXP 命令在完全模式下导出的数据库文件导入到数据库中。
(2)表空间模式:将一个或多个表空间从一个数据库迁移到另一个数据库。
(3)用户模式:将一个用户方案下的所有对象全部导入到自己的方案中。
(4)表模式:将一个或多个表导入到自己的模式中。

2. 查看 IMP 命令的常用参数

可以在命令行方式下查看 IMP 命令中各个参数的含义,在命令行方式下输入如下参数:

```
SQL> HOST IMP HELP=Y

Import: Release 11.2.0.1.0 - Production on 星期四 8 月 9 10:41:07 2012

Copyright (c) 1982, 2009, Oracle and/or its affiliates.    All rights reserved.

通过输入 IMP 命令和您的用户名/口令,导入
操作将提示您输入参数:

     例如: IMP SCOTT/TIGER

或者, 可以通过输入 IMP 命令和各种参数来控制导入
的运行方式。要指定参数,您可以使用关键字:

     格式:  IMP KEYWORD=value 或 KEYWORD=(value1,value2,...,valueN)
     例如: IMP SCOTT/TIGER IGNORE=Y TABLES=(EMP,DEPT) FULL=N
            或 TABLES=(T1:P1,T1:P2), 如果 T1 是分区表

USERID 必须是命令行中的第一个参数。

关键字              说明 (默认值)              关键字              说明 (默认值)
--------------     -------------------------  ----------------   ------------------
USERID             用户名/口令                FULL               导入整个文件 (N)
BUFFER             数据缓冲区大小             FROMUSER           所有者用户名列表
FILE               输入文件 (EXPDAT.DMP)      TOUSER             用户名列表
SHOW               只列出文件内容 (N)         TABLES             表名列表
IGNORE             忽略创建错误 (N)           RECORDLENGTH       IO 记录的长度
GRANTS             导入权限 (Y)               INCTYPE            增量导入类型
INDEXES            导入索引 (Y)               COMMIT             提交数组插入 (N)
ROWS               导入数据行 (Y)             PARFILE            参数文件名
LOG                屏幕输出的日志文件         CONSTRAINTS        导入限制 (Y)
DESTROY                                       覆盖表空间数据文件 (N)
INDEXFILE                                     将表/索引信息写入指定的文件
SKIP_UNUSABLE_INDEXES                         跳过不可用索引的维护 (N)
```

FEEDBACK	每 x 行显示进度 (0)
TOID_NOVALIDATE	跳过指定类型 ID 的验证
FILESIZE	每个转储文件的最大大小
STATISTICS	始终导入预计算的统计信息
RESUMABLE	在遇到有关空间的错误时挂起 (N)
RESUMABLE_NAME	用来标识可恢复语句的文本字符串
RESUMABLE_TIMEOUT	RESUMABLE 的等待时间
COMPILE	编译过程, 程序包和函数 (Y)
STREAMS_CONFIGURATION	导入流的一般元数据 (Y)
STREAMS_INSTANTIATION	导入流实例化元数据 (N)
DATA_ONLY	仅导入数据 (N)

下列关键字仅用于可传输的表空间
TRANSPORT_TABLESPACE 导入可传输的表空间元数据 (N)
TABLESPACES 将要传输到数据库的表空间
DATAFILES 将要传输到数据库的数据文件
TTS_OWNERS 拥有可传输表空间集中数据的用户

成功终止导入, 没有出现警告。

3. 应用举例

【例 10-6】用例 10-5 的导出文件 para_table.dat, 将用户 scott 的表 dept 和 emp 导入到用户 hr 模式中。

```
SQL> HOST IMP zcgl_oper/admin@zcgl FILE=E:\BAK_ZCGL\emp_zcmx_dept_table.dmp SHOW=n
IGNORE=n GRANTS=y FROMUSER=scott TOUSER=hr TABLES=(dept,emp);

Import: Release 11.2.0.1.0 - Production on 星期四 8月 9 10:56:51 2012

Copyright (c) 1982, 2009, Oracle and/or its affiliates.  All rights reserved.


连接到: Oracle Database 11g Enterprise Edition Release 11.2.0.1.0 - Production
With the Partitioning, OLAP, Data Mining and Real Application Testing options

经由常规路径由 EXPORT:V11.02.00 创建的导出文件
已经完成 ZHS16GBK 字符集和 AL16UTF16 NCHAR 字符集中的导入
. 正在将 SCOTT 的对象导入到 HR
. . 正在导入表            "EMP"导入了         15 行
. . 正在导入表            "DEPT"导入了         4 行
即将启用约束条件...
成功终止导入, 没有出现警告。
```

【例 10-7】利用例 10-4 中的导出文件 zcgl_oper_schema.dmp, 将 zcgl_oper 用户模式下的表导入到 yh02 模式下。

① 运行 IMP 命令导入数据。

```
SQL> HOST IMP zcgl_oper/admin@zcgl FILE=E:\BAK_ZCGL\zcgl_oper_schema.dmp
FROMUSER=zcgl_oper TOUSER=yh02 TABLES=(*)

Import: Release 11.2.0.1.0 - Production on 星期四 8月 9 11:08:59 2012
```

```
Copyright (c) 1982, 2009, Oracle and/or its affiliates.    All rights reserved.


连接到: Oracle Database 11g Enterprise Edition Release 11.2.0.1.0 - Production
With the Partitioning, OLAP, Data Mining and Real Application Testing options

经由常规路径由 EXPORT:V11.02.00 创建的导出文件
已经完成 ZHS16GBK 字符集和 AL16UTF16 NCHAR 字符集中的导入
. 正在将 ZCGL_OPER 的对象导入到 YH02
.. 正在导入表              "BUMEN"导入了           9 行
.. 正在导入表              "TEST1"导入了           0 行
.. 正在导入表              "TEST2"导入了           0 行
.. 正在导入表              "YONGHU"导入了          26 行
.. 正在导入表              "ZICHANLEIXING"导入了    9 行
.. 正在导入表              "ZICHANMINGXI"导入了    96 行
.. 正在导入表              "ZICHANZHUANGTAI"导入了 5 行
成功终止导入, 没有出现警告。
```

② 执行下列 SQL 语句，说明 zcgl_oper 用户方案下的表已经成功导入到 yh02 方案下。

```
SQL> COLUMN ztid FORMAT A15
SQL> COLUMN ztmc FORMAT A15
SQL> SELECT ztid,ztmc FROM yh01.zichanzhuangtai;

未选定行

SQL> SELECT ztid,ztmc FROM yh02.zichanzhuangtai;

ZTID            ZTMC
--------------- ---------------
zc01            正常
zy01            转移
jc01            借出
wx01            维修
bf01            报废
```

10.3 恢复管理器 RMAN

在 Oracle 中使用命令行工具对数据库进行的备份和恢复操作过程比较繁琐而且效率不高。恢复管理器 RMAN（Recovery Manager）是 Oracle 推荐的以客户机/服务器方式运行的高效备份和恢复工具，在 RMAN 环境中利用 RMAN 命令可以完成所有的备份与恢复操作。

10.3.1 RMAN 简介

RMAN 是随 Oracle 服务器软件一同安装的 Oracle 工具软件，是一个可以用来备份、恢复和还原数据库的应用程序。

RMAN 以客户机/服务器方式运行，最简单的 RMAN 运行环境中需要包含 RMAN 命令执行器与目标数据库,在比较复杂的 RMAN 中会包含更多的组件。

（1）RMAN 命令执行器（RMAN Executable）

RMAN 命令执行器是一个命令行方式的工具,用来对 RMAN 应用程序进行访问,负责解释 RMAN 命令,把命令传输给服务器执行。

（2）目标数据库（Target Database）

目标数据库即指想要备份、还原与恢复的数据库,是启动 RMAN 时用 TARGET 关键字连接的数据库。RMAN 命令执行器一次只能连接一个数据库,目标数据库的控制文件存储了 RMAN 所需的信息,RMAN 通过读取控制文件来确定目标数据库的物理结构、要备份的数据文件的位置、归档信息等,在使用 RMAN 时会对控制文件进行更新。

（3）RMAN 恢复目录（RMAN Recover Catalog）

RMAN 恢复目录是用来记录 RMAN 对目标数据库所做活动的独立数据库模式。可以将目标数据库的备份恢复、元数据等相关信息写入到一个单独的数据库,这个单独的数据库即为恢复目录,恢复目录可以存储 RMAN 脚本,而非恢复目录情况下,则备份恢复脚本存储为操作系统文件。恢复目录的内容通常包括数据文件、归档日志备份集、备份片、镜像副本、RMAN 存储脚本,永久的配置信息等,建议将恢复目录放置到与目标数据库不同的主机之上。

（4）RMAN 档案数据库（RMAN Repository）

RMAN 档案数据库中存储了与目标数据库及其备份相关的元数据,包含目标数据库物理结构的详细信息、数据文件的位置、已完成的所有备份的细节、RMAN 的永久配置信息等,这些元数据统称为 RMAN 档案数据库。

（5）恢复目录数据库（RMAN Catalog Database）

一个独立的数据库方案,用来保存 RMAN 恢复目录。

10.3.2 RMAN 常用命令

1. RMAN 命令分类

RMAN 有自己的一套命令来对备份进行管理,首先需要了解 RMAN 的命令格式。RMAN 的命令分为独立命令与作业命令两种。

（1）独立命令是指在 RMAN 提示符下面输入的命令,如下所示是一个 RMAN 的独立命令。

```
RMAN> CONNECT TARGET zcgl_oper/admin@zcgl

连接到目标数据库: ZCGL (DBID=2440978855)
```

（2）作业命令是以 RUN 命令开头包含在{}中的一系列 RMAN 命令。

```
RMAN> RUN{
2> ALLOCATE CHANNEL d1 DEVICE TYPE DISK FORMAT 'D:\backup\%u';
3> ALLOCATE CHANNEL d2 DEVICE TYPE DISK FORMAT 'E:\backup\%u';
4> ALLOCATE CHANNEL d3 DEVICE TYPE DISK FORMAT 'F:\backup\%u';
5> BACKUP DATABASE;
6> }
```

作业命令是以批处理的方式进行的,{}中的任何一条命令执行失败,执行失败的那条命令之后的命令序列也随之停止执行。

2. 启动和退出 RMAN 的命令

（1）不使用恢复目录时

使用 RMAN 时必须以隐式的 SYSDBA 身份建立 RMAN 客户端与目标数据库的连接。不使用恢复目录时，连接命令的格式如下：

CONNECT TARGET 连接标识符 目标数据库

① 方法一：启动 RMAN 的同时与目标数据库 ZCGL 建立连接。

C:\Documents and Settings\Administrator>RMAN TARGET zcgl_oper/admin@zcgl

恢复管理器: Release 11.2.0.1.0 - Production on 星期四 8月 9 15:34:21 2012

Copyright (c) 1982, 2009, Oracle and/or its affiliates.   All rights reserved.

连接到目标数据库: ZCGL (DBID=2440978855)

RMAN>

② 方法二：先启动 RMAN，再利用 CONNECT 命令连接到目标数据库。

C:\Documents and Settings\Administrator>RMAN

恢复管理器: Release 11.2.0.1.0 - Production on 星期四 8月 9 15:35:43 2012

Copyright (c) 1982, 2009, Oracle and/or its affiliates.   All rights reserved.

RMAN> CONNECT TARGET zcgl_oper/admin@zcgl

连接到目标数据库: ZCGL (DBID=2440978855)

（2）连接到恢复目录数据库

恢复目录是 RMAN 用来存储备份信息的一种存储对象，RMAN 根据恢复目录中的信息从目标数据库的控制文件中获取信息，达到维护备份信息的目的。

【例 10-8】在 RMAN 中创建恢复目录，并利用恢复目录与目标数据库建立连接。

1）创建恢复目录

① 首先确定数据库处于存档模式下。

```
SQL> ARCHIVE LOG LIST;
数据库日志模式              存档模式
自动存档                    启用
存档终点                    USE_DB_RECOVERY_FILE_DEST
最早的联机日志序列          21
下一个存档日志序列          23
当前日志序列                23
```

② 创建备份表空间。

```
SQL> CREATE TABLESPACE restore_tbs
  2  DATAFILE 'D:\myRMAN\restore_tbs.dbf' SIZE 10M
  3  AUTOEXTEND ON NEXT 5M
  4  EXTENT MANAGEMENT LOCAL;
```

表空间已创建。

③ 创建 RMAN 备份用户。

```
SQL> CREATE USER RMAN_admin IDENTIFIED BY RMAN_admin
  2  DEFAULT TABLESPACE restore_tbs;
```

用户已创建。

④ 对创建的 RMAN 用户 RMAN_admin 授予相关权限，权限中必须包括 RECOVERY_CATALOG_OWNER。

```
SQL> GRANT CONNECT, RESOURCE, RECOVERY_CATALOG_OWNER TO RMAN_admin;
```

授权成功。

⑤ 创建恢复目录。

首先启动 RMAN 工具，并使用 RMAN 用户登录，并创建恢复目录。

```
SQL> HOST RMAN
```

恢复管理器: Release 11.2.0.1.0 - Production on 星期四 8 月 9 16:53:45 2012

Copyright (c) 1982, 2009, Oracle and/or its affiliates.   All rights reserved.

```
RMAN> CONNECT CATALOG RMAN_admin/RMAN_admin@zcgl;
```

连接到恢复目录数据库

创建恢复目录需要使用命令 CREATE CATALOG，如果需要在该命令后面加上恢复目录名，那么恢复目录名一定要和刚创建的表空间名字一致；也可以不用加恢复目录名，直接执行命令"RMAN> CREATE CATALOG"即可。

```
RMAN> CREATE CATALOG TABLESPACE restore_tbs;
```

恢复目录已创建

⑥ 利用恢复目录与目标数据库建立连接。

```
RMAN> CONNECT TARGET zcgl_oper/admin@zcgl
```

连接到目标数据库: ZCGL (DBID=2440978855)

```
RMAN> CONNECT CATALOG RMAN_admin/RMAN_admin@zcgl;
```

连接到恢复目录数据库

也可以在启动 RMAN 的时候，连接目标数据库及恢复目录数据库。

```
SQL> HOST RMAN TARGET zcgl_oper/admin@zcgl CATALOG RMAN_admin/RMAN_admin@zcgl;
```

恢复管理器: Release 11.2.0.1.0 - Production on 星期四 8 月 9 20:46:37 2012

Copyright (c) 1982, 2009, Oracle and/or its affiliates.   All rights reserved.

连接到目标数据库: ZCGL (DBID=2440978855)
连接到恢复目录数据库

⑦ 对恢复目录数据库进行注册，也就是将目标数据库的控制文件存储到恢复目录中。

RMAN> REGISTER DATABASE;

注册在恢复目录中的数据库
正在启动全部恢复目录的 resync
完成全部 resync

2）退出 RMAN

执行 EXIT 或者 QUIT 命令即可退出 RMAN。

RMAN> EXIT

恢复管理器完成。

3．分配通道命令

使用 RMAN 对目标数据库进行备份或恢复操作时，需要分配通道。RMAN 通道表示一个从 RMAN 到存储设备的数据流，并对应于目标数据库中的一个服务器进程，如图 10-1 所示。分配通道的过程就是 RMAN 客户端与目标数据库建立连接的过程，通常通道先将数据读到自己的内存中，然后再将其写到相应的磁盘或磁带等设备上。

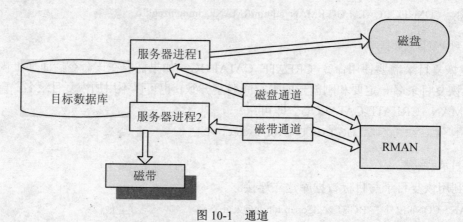

图 10-1　通道

在 RMAN 中分配通道有两种方式：自动分配通道和手工分配通道。ALLOCATE CHANNEL 为手工分配通道的方式，分配通道命令格式如下所示：

ALLOCATE CHANNEL 通道名 DEVICE TYPE=设备描述符

说明：

（1）通道名：表示目标数据库实例与 RMAN 连接的标识字符串，区分大小写；

（2）设备描述符：表示物理存储设备，如磁盘 DISK 和磁带 SBT。

4．改变数据库命令

ALTER DATABASE [OPEN|MOUNT]

该命令用于打开或者装载数据库。

5．配置命令

（1）查看 RMAN 环境的预定义配置

在 RMAN 中运行 show all 命令可以查看 RMAN 环境中当前所有的默认配置，这组配置被自动应用于所有的 RMAN 会话，如下所示：

```
RMAN> SHOW ALL;

使用目标数据库控制文件替代恢复目录
db_unique_name 为 ZCGL 的数据库的 RMAN 配置参数为：
CONFIGURE RETENTION POLICY TO REDUNDANCY 1; # default
CONFIGURE BACKUP OPTIMIZATION OFF; # default
CONFIGURE DEFAULT DEVICE TYPE TO DISK; # default
CONFIGURE CONTROLFILE AUTOBACKUP OFF; # default
CONFIGURE CONTROLFILE AUTOBACKUP FORMAT FOR DEVICE TYPE DISK TO '%F'; # default
CONFIGURE DEVICE TYPE DISK PARALLELISM 1 BACKUP TYPE TO BACKUPSET; # default
CONFIGURE DATAFILE BACKUP COPIES FOR DEVICE TYPE DISK TO 1; # default
CONFIGURE ARCHIVELOG BACKUP COPIES FOR DEVICE TYPE DISK TO 1; # default
CONFIGURE MAXSETSIZE TO UNLIMITED; # default
CONFIGURE ENCRYPTION FOR DATABASE OFF; # default
CONFIGURE ENCRYPTION ALGORITHM 'AES128'; # default
CONFIGURE COMPRESSION ALGORITHM 'BASIC' AS OF RELEASE 'DEFAULT' OPTIMIZE FOR LOAD TRUE ; # default
CONFIGURE ARCHIVELOG DELETION POLICY TO NONE; # default
CONFIGURE SNAPSHOT CONTROLFILE NAME TO 'D:\APP\ADMINISTRATOR\PRODUCT\11.2.0\DBHO
ME_1\DATABASE\SNCFZCGL.ORA'; # default
```

（2）更改默认配置

可以根据需要使用 CONFIGURE 命令更改默认的参数配置。常用的配置命令格式如表 10.1 所示。

表 10.1　RMAN 常用的配置命令格式

功能描述	命令格式
配置自动分配的缺省通道	CONFIGURE DEFAULT DEVICE TYPE TO 设备描述符
配置备份优化	CONFIGURE BACKUP OPTIMIZATION ON
配置数据文件或控制文件备份的份数	CONFIGURE DATAFILEBACKUP COPIES FOR DEVICE TYPE DISK TO 3

【例 10-9】在存档模式下备份整个数据库 ZCGL，请为此次备份手动分配三个通道。备份文件名由系统自动生成。

```
RMAN> RUN{
2> ALLOCATE CHANNEL d1 DEVICE TYPE DISK FORMAT 'D:\backup\%u';
3> ALLOCATE CHANNEL d2 DEVICE TYPE DISK FORMAT 'E:\backup\%u';
4> ALLOCATE CHANNEL d3 DEVICE TYPE DISK FORMAT 'F:\backup\%u';
5> BACKUP DATABASE;
6> }

分配的通道: d1
通道 d1: SID=132 设备类型=DISK
```

分配的通道: d2
通道 d2: SID=70 设备类型=DISK

分配的通道: d3
通道 d3: SID=134 设备类型=DISK

正在执行命令: SET MAX CORRUPT

启动 backup 于 09-8月 -12
通道 d1: 正在启动全部数据文件备份集
通道 d1: 正在指定备份集内的数据文件
输入数据文件: 文件号=00001 名称=
D:\APP\ADMINISTRATOR\ORADATA\ZCGL\SYSTEM01.DBF
输入数据文件: 文件号=00004 名称=
D:\APP\ADMINISTRATOR\ORADATA\ZCGL\USERS01.DBF
通道 d1: 正在启动段 1 于 09-8月 -12
通道 d2: 正在启动全部数据文件备份集
通道 d2: 正在指定备份集内的数据文件
输入数据文件: 文件号=00002 名称=
D:\APP\ADMINISTRATOR\ORADATA\ZCGL\SYSAUX01.DBF
输入数据文件: 文件号=00007 名称=D:\APP1\MYTMP2.DBF
输入数据文件: 文件号=00008 名称=D:\APP1\MYTMP3.DBF
输入数据文件: 文件号=00010 名称=D:\MYRMAN\RESTORE_TBS.DBF
通道 d2: 正在启动段 1 于 09-8月 -12
通道 d3: 正在启动全部数据文件备份集
通道 d3: 正在指定备份集内的数据文件
输入数据文件: 文件号=00009 名称=
D:\APP\ADMINISTRATOR\ORADATA\ZCGL\ZCGL_TBS1_01.DBF
输入数据文件: 文件号=00003 名称=
D:\APP\ADMINISTRATOR\ORADATA\ZCGL\UNDOTBS01.DBF
输入数据文件: 文件号=00005 名称=
D:\APP\ADMINISTRATOR\ORADATA\ZCGL\EXAMPLE01.DBF
输入数据文件: 文件号=00006 名称=D:\APP1\MYTMP1.DBF
通道 d3: 正在启动段 1 于 09-8月 -12
通道 d3: 已完成段 1 于 09-8月 -12
段句柄=F:\BACKUP\11NI880K 标记=TAG20120809T213049 注释=NONE
通道 d3: 备份集已完成, 经过时间:00:00:36
通道 d2: 已完成段 1 于 09-8月 -12
段句柄=E:\BACKUP\10NI880A 标记=TAG20120809T213049 注释=NONE
通道 d2: 备份集已完成, 经过时间:00:01:18
通道 d1: 已完成段 1 于 09-8月 -12
段句柄=D:\BACKUP\0VNI880A 标记=TAG20120809T213049 注释=NONE
通道 d1: 备份集已完成, 经过时间:00:01:48
完成 backup 于 09-8月 -12

启动 Control File and SPFILE Autobackup 于 09-8月 -12
段 handle=
D:\APP\ADMINISTRATOR\FLASH_RECOVERY_AREA\ZCGL\AUTOBACKUP\2012_08_09\O1

_MF_S_790896758_827GZRSD_.BKP comment=NONE
完成 Control File and SPFILE Autobackup 于 09-8 月 -12
释放的通道: d1
释放的通道: d2
释放的通道: d3

【例10-10】将例10-9中通道设备类型修改为 sbt，为 RMAN 分配两个磁带通道，并将控制文件的备份状态设置为自动备份。

RMAN> RUN{
2> CONFIGURE DEFAULT DEVICE TYPE TO SBT;
3> CONFIGURE DEVICE TYPE SBT PARALLELISM 2;
4> CONFIGURE CONTROLFILE AUTOBACKUP ON;
5> }

新的 RMAN 配置参数:
CONFIGURE DEFAULT DEVICE TYPE TO 'SBT_TAPE';
已成功存储新的 RMAN 配置参数

新的 RMAN 配置参数:
CONFIGURE DEVICE TYPE 'SBT_TAPE' PARALLELISM 2 BACKUP TYPE TO BACKUPSET;
已成功存储新的 RMAN 配置参数

新的 RMAN 配置参数:
CONFIGURE CONTROLFILE AUTOBACKUP ON;
已成功存储新的 RMAN 配置参数

6. 启动和关闭数据库命令

（1）启动数据库命令

在 RMAN 环境中启动数据库命令如表 10.2 所示。

表 10.2 RMAN 中启动 Oracle 数据库的命令

命令	含义
STARTUP	启动数据库实例，并打开数据库
STARTUP MOUNT	启动数据库实例，并装载，但不打开
STARTUP NOMOUNT	启动数据库实例，但不装载
STARTUP DBA	启动数据库到受限状态，只有 DBA 可以访问数据库

（2）关闭数据库命令

不退出 RMAN 的情况下关闭 ORACLE 数据库，命令如下所示：
SHUTDOWN NORMAL|ABORT|TRANSACTIONAL|IMMEDIATE

10.3.3 RMAN 备份应用举例

1. BACKUP 命令

使用 RMAN 进行备份的命令格式如下所示：
BACKUP [FULL| INCREMENTAL] (backup_type option);

说明：

（1）FULL：表示完全备份；

（2）INCREMENTAL：表示增量备份；

（3）backup_type：备份对象，其取值如表 10.3 所示。

表 10.3 常用的 backup_type 取值及其含义

backup_type 备份对象	含义
DATABASE	备份包括所有数据文件和控制文件在内的全部数据库
TABLESPACE	备份表空间
DATAFILE	备份数据文件
ARCHIVELOG	备份归档日志文件
CURRENT CONTROLFILE	备份控制文件

（4）option 为可选项，其取值如表 10.4 所示。

表 10.4 常用的 option 取值及其含义

option	含义
TAG	指定一个标记
FORMAT	表示文件的存储格式
INCLUDING CURRENT CONTROLFILE	备份控制文件
CHANNEL	指定备份通道
CURRENT CONTROLFILE	备份控制文件

2. 备份整个数据库

【例 10-11】在存档模式下备份整个数据库 zcgl。

① 首先确定数据库运行在存档模式下。

```
SQL> ARCHIVE LOG LIST
数据库日志模式              存档模式
自动存档                    启用
存档终点                    USE_DB_RECOVERY_FILE_DEST
最早的联机日志序列          157
下一个存档日志序列          159
当前日志序列                159
```

② 启动 RMAN 并连接到目标数据库。

```
SQL> HOST RMAN TARGET zcgl_oper/admin@zcgl

恢复管理器: Release 11.2.0.1.0 - Production on 星期四 8 月 9 17:41:57 2012

Copyright (c) 1982, 2009, Oracle and/or its affiliates.    All rights reserved.

连接到目标数据库: ZCGL (DBID=2440978855)
```

③ 执行 BACKUP DATABASE ARCHIVELOG 命令，过程如下所示。

```
RMAN> RUN{
2> SET MAXCORRUPT FOR DATAFILE 1,2,3,4,5,6,7,9,10 TO 10;
3> BACKUP DATABASE PLUS ARCHIVELOG;
4> }
```

正在执行命令: SET MAX CORRUPT

启动 backup 于 09-8月 -12
当前日志已存档
使用通道 ORA_DISK_1
通道 ORA_DISK_1: 正在启动归档日志备份集
通道 ORA_DISK_1: 正在指定备份集内的归档日志
输入归档日志线程=1 序列=159 RECID=1 STAMP=790882994
输入归档日志线程=1 序列=160 RECID=2 STAMP=790883129
输入归档日志线程=1 序列=161 RECID=3 STAMP=790892298
输入归档日志线程=1 序列=162 RECID=4 STAMP=790896950
输入归档日志线程=1 序列=163 RECID=5 STAMP=790897094
通道 ORA_DISK_1: 正在启动段 1 于 09-8月 -12
通道 ORA_DISK_1: 已完成段 1 于 09-8月 -12
段句柄=
D:\APP\ADMINISTRATOR\FLASH_RECOVERY_AREA\ZCGL\BACKUPSET\2012_08_09\O1_MF_ANN
NN_TAG20120809T213814_827HB7FO_.BKP 标记=TAG20120809T213814 注释=NONE
通道 ORA_DISK_1: 备份集已完成, 经过时间:00:00:03
完成 backup 于 09-8月 -12

启动 backup 于 09-8月 -12
使用通道 ORA_DISK_1
通道 ORA_DISK_1: 正在启动全部数据文件备份集
通道 ORA_DISK_1: 正在指定备份集内的数据文件
输入数据文件: 文件号=00001 名称=
D:\APP\ADMINISTRATOR\ORADATA\ZCGL\SYSTEM01.DBF
输入数据文件: 文件号=00002 名称=
D:\APP\ADMINISTRATOR\ORADATA\ZCGL\SYSAUX01.DBF
输入数据文件: 文件号=00009 名称=
D:\APP\ADMINISTRATOR\ORADATA\ZCGL\ZCGL_TBS1_01.DBF
输入数据文件: 文件号=00003 名称=
D:\APP\ADMINISTRATOR\ORADATA\ZCGL\UNDOTBS01.DBF
输入数据文件: 文件号=00005 名称=
D:\APP\ADMINISTRATOR\ORADATA\ZCGL\EXAMPLE01.DBF
输入数据文件: 文件号=00006 名称=D:\APP1\MYTMP1.DBF
输入数据文件: 文件号=00007 名称=D:\APP1\MYTMP2.DBF
输入数据文件: 文件号=00008 名称=D:\APP1\MYTMP3.DBF
输入数据文件: 文件号=00010 名称=D:\MYRMAN\RESTORE_TBS.DBF
输入数据文件: 文件号=00004 名称=
D:\APP\ADMINISTRATOR\ORADATA\ZCGL\USERS01.DBF
通道 ORA_DISK_1: 正在启动段 1 于 09-8月 -12
通道 ORA_DISK_1: 已完成段 1 于 09-8月 -12
段句柄=

D:\APP\ADMINISTRATOR\FLASH_RECOVERY_AREA\ZCGL\BACKUPSET\2012_08_09\O1_MF_
NNNDF_TAG20120809T213818_827HBD4W_.BKP 标记=TAG20120809T213818 注释=NONE
通道 ORA_DISK_1: 备份集已完成, 经过时间:00:01:25
完成 backup 于 09-8月 -12

启动 backup 于 09-8月 -12
当前日志已存档
使用通道 ORA_DISK_1
通道 ORA_DISK_1: 正在启动归档日志备份集
通道 ORA_DISK_1: 正在指定备份集内的归档日志
输入归档日志线程=1 序列=164 RECID=6 STAMP=790897185
通道 ORA_DISK_1: 正在启动段 1 于 09-8月 -12
通道 ORA_DISK_1: 已完成段 1 于 09-8月 -12
段句柄=
D:\APP\ADMINISTRATOR\FLASH_RECOVERY_AREA\ZCGL\BACKUPSET\2012_08_09\O1_MF_
ANNNN_TAG20120809T213945_827HF24D_.BKP 标记=TAG20120809T213945 注释=NONE
通道 ORA_DISK_1: 备份集已完成, 经过时间:00:00:01
完成 backup 于 09-8月 -12

启动 Control File and SPFILE Autobackup 于 09-8月 -12
段 handle=
D:\APP\ADMINISTRATOR\FLASH_RECOVERY_AREA\ZCGL\AUTOBACKUP\2012_08_09\O1_MF_S_7
90897187_827HF4K2_.BKP comment=NONE
完成 Control File and SPFILE Autobackup 于 09-8月 -12

说明：SET MAXCORRUPT FOR DATAFILE 1,2,3,4,5,6,7,9,10 TO 10：用于设置1，2，3，4，5，6，7，9，10号数据文件中允许损坏块的最大数量为10。

在默认情况下，RMAN 在备份的过程中会检查数据库数据块的逻辑错误，如果发现了任何错误，备份就会失败。SET MAXCORRUPT 命令就是来设置指定的数据文件中最多允许损坏块数目，默认情况下 MAXCORRUPT 参数的取值为 0。如果 RMAN 的 BACKUP 和 COPY 命令检查到文件中损坏的块数目大于设定值，命令就会中断，并报如下异常：

ORA-19566: 超出损坏块限制 0
(文件 D:\APP\ADMINISTRATOR\ORADATA\ZCGL\USERS01.DBF)

【例 10-12】在非存档模式下备份整个数据库 zcgl。
① 首先确定数据库运行在非存档模式下。

SQL> ARCHIVE lOG LIST;
数据库日志模式   非存档模式
自动存档   禁用
存档终点   USE_DB_RECOVERY_FILE_DEST
最早的联机日志序列   163
当前日志序列   165

② 启动 RMAN，采用无恢复目录的方式连接到目标数据库。
SQL> HOST RMAN TARGET zcgl_oper/admin@zcgl NOCATALOG

恢复管理器: Release 11.2.0.1.0 - Production on 星期四 8月 9 22:03:07 2012

Copyright (c) 1982, 2009, Oracle and/or its affiliates.   All rights reserved.

连接到目标数据库: ZCGL (DBID=2440978855)
使用目标数据库控制文件替代恢复目录

③ 执行 SHUTDOWN IMMEDIATE 命令关闭数据库，因为是非存档模式，只能进行一致性备份，所以必须关闭数据库。

RMAN> SHUTDOWN IMMEDIATE;

数据库已关闭
数据库已卸装
Oracle 实例已关闭

④ 执行 STARTUP MOUNT 命令启动数据库实例，并装载，但不打开数据库。

RMAN> STARTUP MOUNT;

已连接到目标数据库 (未启动)
Oracle 实例已启动
数据库已装载

系统全局区域总计   535662592 字节

Fixed Size   1375792 字节
Variable Size   331350480 字节
Database Buffers   197132288 字节
Redo Buffers   5804032 字节

⑤ 执行下列作业命令备份数据库。

RMAN> RUN{
2> SET MAXCORRUPT FOR DATAFILE 1,2,3,4,5,6,7,9,10 TO 10;
3> BACKUP DATABASE;
4> }

正在执行命令: SET MAX CORRUPT

启动 backup 于 09-8 月 -12
分配的通道: ORA_DISK_1
通道 ORA_DISK_1: SID=63 设备类型=DISK
通道 ORA_DISK_1: 正在启动全部数据文件备份集
通道 ORA_DISK_1: 正在指定备份集内的数据文件
输入数据文件: 文件号=00001 名称=D:\APP\ADMINISTRATOR\ORADATA\ZCGL\SYSTEM01.DBF
输入数据文件: 文件号=00002 名称=D:\APP\ADMINISTRATOR\ORADATA\ZCGL\SYSAUX01.DBF
输入数据文件: 文件号=00009 名称=
D:\APP\ADMINISTRATOR\ORADATA\ZCGL\ZCGL_TBS1_01.DBF
输入数据文件: 文件号=00003 名称=D:\APP\ADMINISTRATOR\ORADATA\ZCGL\UNDOTBS01.DBF
输入数据文件: 文件号=00005 名称=D:\APP\ADMINISTRATOR\ORADATA\ZCGL\EXAMPLE01.DBF
输入数据文件: 文件号=00006 名称=D:\APP1\MYTMP1.DBF
输入数据文件: 文件号=00007 名称=D:\APP1\MYTMP2.DBF
输入数据文件: 文件号=00008 名称=D:\APP1\MYTMP3.DBF
输入数据文件: 文件号=00010 名称=D:\MYRMAN\RESTORE_TBS.DBF
输入数据文件: 文件号=00004 名称=D:\APP\ADMINISTRATOR\ORADATA\ZCGL\USERS01.DBF
通道 ORA_DISK_1: 正在启动段 1 于 09-8 月 -12

通道 ORA_DISK_1: 已完成段 1 于 09-8 月 -12
段句柄=
D:\APP\ADMINISTRATOR\FLASH_RECOVERY_AREA\ZCGL\BACKUPSET\2012_08_09\O1_MF_NNNDF_TAG20120809T220752_827K1VTC_.BKP 标记=TAG20120809T220752 注释=NONE
通道 ORA_DISK_1: 备份集已完成, 经过时间:00:01:25
完成 backup 于 09-8 月 -12

启动 Control File and SPFILE Autobackup 于 09-8 月 -12
段 handle=
D:\APP\ADMINISTRATOR\FLASH_RECOVERY_AREA\ZCGL\AUTOBACKUP\2012_08_09\O1_MF_S_790898706_827K4LDP_.BKP comment=NONE
完成 Control File and SPFILE Autobackup 于 09-8 月 -12

3. 备份表空间

在 RMAN 中对一个或者多个表空间进行备份时，首先启动 RMAN 连接到目标数据库，在 RMAN 提示符下输入 BACKUP TABLESPACE 命令即可进行备份，此时目标数据库需要是加载或者打开状态。

【例 10-13】备份数据库 ZCGL 的表空间 SYSTEM。

① 确定 Oracle 运行在存档模式下。

```
SQL> ARCHIVE LOG LIST;
数据库日志模式              存档模式
自动存档                   启用
存档终点                   USE_DB_RECOVERY_FILE_DEST
最早的联机日志序列           163
下一个存档日志序列           165
当前日志序列                165
```

② 运行 RMAN 并连接到目标数据库 ZCGL。

```
SQL> HOST RMAN TARGET zcgl_oper/admin@zcgl NOCATALOG;

恢复管理器: Release 11.2.0.1.0 - Production on 星期四 8 月 9 22:20:13 2012

Copyright (c) 1982, 2009, Oracle and/or its affiliates.    All rights reserved.

连接到目标数据库: ZCGL (DBID=2440978855)
使用目标数据库控制文件替代恢复目录
```

③ 运行下列作业命令备份表空间 SYSTEM。

```
RMAN> RUN{
2> ALLOCATE CHANNEL dev1 DEVICE TYPE DISK FORMAT 'E:\backup\%u';
3> BACKUP AS COPY TABLESPACE SYSTEM;
4> }

分配的通道: dev1
通道 dev1: SID=196 设备类型=DISK

启动 backup 于 09-8 月 -12
通道 dev1: 启动数据文件副本
输入数据文件: 文件号=00001 名称=
```

D:\APP\ADMINISTRATOR\ORADATA\ZCGL\SYSTEM01.DBF
输出文件名=
E:\BACKUP\1FNI8B1P 标记=TAG20120809T222249 RECID=2 STAMP=790899812
通道 dev1: 数据文件复制完毕, 经过时间: 00:00:45
完成 backup 于 09-8 月 -12

启动 Control File and SPFILE Autobackup 于 09-8 月 -12
段 handle=
D:\APP\ADMINISTRATOR\FLASH_RECOVERY_AREA\ZCGL\AUTOBACKUP\2012_08_09\O1_MF_S_7 90899814_827KZ82G_.BKP comment=NONE
完成 Control File and SPFILE Autobackup 于 09-8 月 -12
释放的通道: dev1

4. 备份数据文件

当数据库运行在存档模式下时，使用 RMAN 的 BACKUP DATAFILE 命令对数据文件或数据文件镜像复制进行备份。

【例 10-14】备份数据库 ZCGL 的数据文件。

① 运行 REPORT SCHEMA 命令获取需要备份的数据文件信息。

RMAN> REPORT SCHEMA;

db_unique_name 为 ZCGL 的数据库的数据库方案报表

永久数据文件列表
===========================

文件	大小 (MB)	表空间	回退段	数据文件名称
1	700	SYSTEM	***	D:\APP\ADMINISTRATOR\ORADATA\ZCGL\SYSTEM01.DBF
2	620	SYSAUX	***	D:\APP\ADMINISTRATOR\ORADATA\ZCGL\SYSAUX01.DBF
3	100	UNDOTBS1	***	D:\APP\ADMINISTRATOR\ORADATA\ZCGL\UNDOTBS01.DBF
4	5	USERS	***	D:\APP\ADMINISTRATOR\ORADATA\ZCGL\USERS01.DBF
5	100	EXAMPLE	***	D:\APP\ADMINISTRATOR\ORADATA\ZCGL\EXAMPLE01.DBF
6	20	MYTMP1	***	D:\APP1\MYTMP1.DBF
7	20	MYTMP2	***	D:\APP1\MYTMP2.DBF
8	20	MYTMP3	***	D:\APP1\MYTMP3.DBF
9	200	ZCGL_TBS1	***	D:\APP\ADMINISTRATOR\ORADATA\ZCGL\ZCGL_TBS1_01.DBF
10	10	RESTORE_TBS	***	D:\MYRMAN\RESTORE_TBS.DBF

临时文件列表
===========================

文件	大小 (MB)	表空间	最大大小 (MB)	临时文件名称
1	29	TEMP	32767	D:\APP\ADMINISTRATOR\ORADATA\ZCGL\TEMP01.DBF

	2	10	MYTEMPORARY	20	D:\APP1\MYTEMPORARY.DBF
	3	50	ZCGL_TEMP1	50	D:\APP\ADMINISTRATOR\ORADATA\ZCGL\ZCGL_TEMP1_01.DBF

② 运行 BACKUP DATAFILE 命令选择要进行备份的数据文件并开始备份。

RMAN> BACKUP DATAFILE 1,2,3,5,6,7,8,9 FILESPERSET=2;

启动 backup 于 09-8月 -12
分配的通道: ORA_DISK_1
通道 ORA_DISK_1: SID=196 设备类型=DISK
通道 ORA_DISK_1: 正在启动全部数据文件备份集
通道 ORA_DISK_1: 正在指定备份集内的数据文件
输入数据文件: 文件号=00001 名称=D:\APP\ADMINISTRATOR\ORADATA\ZCGL\SYSTEM01.DBF
输入数据文件: 文件号=00008 名称=D:\APP1\MYTMP3.DBF
通道 ORA_DISK_1: 正在启动段 1 于 09-8月 -12
通道 ORA_DISK_1: 已完成段 1 于 09-8月 -12
段句柄=
D:\APP\ADMINISTRATOR\FLASH_RECOVERY_AREA\ZCGL\BACKUPSET\2012_08_09\O1_MF_NNNDF_TAG20120809T224207_827M1ZRF_.BKP 标记=TAG20120809T224207 注释=NONE
通道 ORA_DISK_1: 备份集已完成, 经过时间:00:00:35
通道 ORA_DISK_1: 正在启动全部数据文件备份集
通道 ORA_DISK_1: 正在指定备份集内的数据文件
输入数据文件: 文件号=00002 名称=D:\APP\ADMINISTRATOR\ORADATA\ZCGL\SYSAUX01.DBF
输入数据文件: 文件号=00007 名称=D:\APP1\MYTMP2.DBF
通道 ORA_DISK_1: 正在启动段 1 于 09-8月 -12
通道 ORA_DISK_1: 已完成段 1 于 09-8月 -12
段句柄=
D:\APP\ADMINISTRATOR\FLASH_RECOVERY_AREA\ZCGL\BACKUPSET\2012_08_09\O1_MF_NNNDF_TAG20120809T224207_827M336C_.BKP 标记=TAG20120809T224207 注释=NONE
通道 ORA_DISK_1: 备份集已完成, 经过时间:00:00:35
通道 ORA_DISK_1: 正在启动全部数据文件备份集
通道 ORA_DISK_1: 正在指定备份集内的数据文件
输入数据文件: 文件号=00009 名称=
D:\APP\ADMINISTRATOR\ORADATA\ZCGL\ZCGL_TBS1_01.DBF
输入数据文件: 文件号=00006 名称=D:\APP1\MYTMP1.DBF
通道 ORA_DISK_1: 正在启动段 1 于 09-8月 -12
通道 ORA_DISK_1: 已完成段 1 于 09-8月 -12
段句柄=
D:\APP\ADMINISTRATOR\FLASH_RECOVERY_AREA\ZCGL\BACKUPSET\2012_08_09\O1_MF_NNNDF_TAG20120809T224207_827M477T_.BKP 标记=TAG20120809T224207 注释=NONE
通道 ORA_DISK_1: 备份集已完成, 经过时间:00:00:01
通道 ORA_DISK_1: 正在启动全部数据文件备份集
通道 ORA_DISK_1: 正在指定备份集内的数据文件
输入数据文件: 文件号=00003 名称=D:\APP\ADMINISTRATOR\ORADATA\ZCGL\UNDOTBS01.DBF
输入数据文件: 文件号=00005 名称=D:\APP\ADMINISTRATOR\ORADATA\ZCGL\EXAMPLE01.DBF
通道 ORA_DISK_1: 正在启动段 1 于 09-8月 -12
通道 ORA_DISK_1: 已完成段 1 于 09-8月 -12
段句柄=
D:\APP\ADMINISTRATOR\FLASH_RECOVERY_AREA\ZCGL\BACKUPSET\2012_08_09\O1_MF_NNNDF_TAG20120809T224207_827M48PY_.BKP 标记=TAG20120809T224207 注释=NONE

通道 ORA_DISK_1: 备份集已完成, 经过时间:00:00:07
完成 backup 于 09-8月 -12

启动 Control File and SPFILE Autobackup 于 09-8月 -12
段 handle=
D:\APP\ADMINISTRATOR\FLASH_RECOVERY_AREA\ZCGL\AUTOBACKUP\2012_08_09\O1_MF_S_7
90901008_827M4KHN_.BKP comment=NONE
完成 Control File and SPFILE Autobackup 于 09-8月 -12

5. 备份控制文件

使用 BACKUP 命令进行数据库备份时，如果在命令中添加了 INCLUDING CURRENT CONTROLFILE 子句，系统在备份数据文件的同时会将控制文件一同备份到备份集中。如果只需要备份数据库的控制文件，可以使用 BACKUP CURRENT CONTROLFILE 命令。

【例 10-15】备份数据库 ZCGL 的控制文件。

RMAN> BACKUP CURRENT CONTROLFILE FORMAT 'e:\backup\bkp_control_file.ctl';

启动 backup 于 15-8月 -12
分配的通道: ORA_DISK_1
通道 ORA_DISK_1: SID=199 设备类型=DISK
通道 ORA_DISK_1: 正在启动全部数据文件备份集
通道 ORA_DISK_1: 正在指定备份集内的数据文件
备份集内包括当前控制文件
通道 ORA_DISK_1: 正在启动段 1 于 15-8月 -12
通道 ORA_DISK_1: 已完成段 1 于 15-8月 -12
段句柄=E:\BACKUP\BKP_CONTROL_FILE.CTL 标记=TAG20120815T203844 注释=NONE
通道 ORA_DISK_1: 备份集已完成, 经过时间:00:00:01
完成 backup 于 15-8月 -12

启动 Control File and SPFILE Autobackup 于 15-8月 -12
段
handle=D:\APP\ADMINISTRATOR\FLASH_RECOVERY_AREA\ZCGL\AUTOBACKUP\2012_08_15\O1
_MF_S_791411927_82Q62RBQ_.BKP comment=NONE
完成 Control File and SPFILE Autobackup 于 15-8月 -12

如果要查看数据库控制文件的备份信息，可以执行下列命令：

RMAN> LIST BACKUP OF CONTROLFILE;

备份集列表
===================

BS 关键字   类型 LV 大小   设备类型   经过时间   完成时间
-------   ---- -- --------- ---------- ------------ ----------
14   Full   9.36M   DISK   00:00:03   09-8月 -12
BP 关键字: 14   状态: AVAILABLE   已压缩: NO   标记: TAG20120809T213238
段名:
D:\APP\ADMINISTRATOR\FLASH_RECOVERY_AREA\ZCGL\AUTOBACKUP\2012_08_09\O1_MF_S_7
90896758_827GZRSD_.BKP 包括的控制文件: Ckp SCN: 4947940   Ckp 时间: 09-8月 -12

……

```
BS 关键字   类型  LV 大小        设备类型   经过时间   完成时间
-------     ----  -- ----------  ---------- ---------- ----------
29          Full     9.33M       DISK       00:00:02   15-8月 -12
  BP 关键字: 29   状态: AVAILABLE   已压缩: NO   标记: TAG20120815T203844
  段名:E:\BACKUP\BKP_CONTROL_FILE.CTL
  包括的控制文件: Ckp SCN: 4985795       Ckp 时间: 15-8月 -12

BS 关键字   类型  LV 大小        设备类型   经过时间   完成时间
-------     ----  -- ----------  ---------- ---------- ----------
30          Full     9.36M       DISK       00:00:02   15-8月 -12
  BP 关键字: 30   状态: AVAILABLE   已压缩: NO   标记: TAG20120815T203847
  段名:
  D:\APP\ADMINISTRATOR\FLASH_RECOVERY_AREA\ZCGL\AUTOBACKUP\2012_08_15\O1_MF_S_7
91411927_82Q62RBQ_.BKP    包括的控制文件: Ckp SCN: 4985801    Ckp 时间: 15-8月 -12
```

6. 进行增量备份

增量备份是一个在基线备份基础上进行的备份。进行增量备份时，RMAN 会读取整个数据文件，然后只备份那些与前一次备份相比发生变化的数据块。RMAN 既可以对整个数据库进行增量备份，也可以只对数据文件或表空间进行增量备份。

【例 10-16】使用增量备份，建立数据库 ZCGL 的表空间 zcgl_tbs1 的 0 级备份和 1 级备份。

① 首先执行 0 级增量备份。

```
RMAN> RUN{
2> ALLOCATE CHANNEL ch1 TYPE disk;
3> BACKUP INCREMENTAL LEVEL 0 TABLESPACE zcgl_tbs1;
4> RELEASE CHANNEL ch1;
5> }

使用目标数据库控制文件替代恢复目录
分配的通道: ch1
通道 ch1: SID=199 设备类型=DISK

启动 backup 于 15-8月 -12
通道 ch1: 正在启动增量级别 0 数据文件备份集
通道 ch1: 正在指定备份集内的数据文件
输入数据文件: 文件号=00009
名称=D:\APP\ADMINISTRATOR\ORADATA\ZCGL\ZCGL_TBS1_01.DBF
通道 ch1: 正在启动段 1 于 15-8月 -12
通道 ch1: 已完成段 1 于 15-8月 -12
段句柄=
D:\APP\ADMINISTRATOR\FLASH_RECOVERY_AREA\ZCGL\BACKUPSET\2012_08_15\O1_MF_NNN
D0_TAG20120815T211347_82Q84D2G_.BKP 标记=TAG20120815T211347 注释=NONE
通道 ch1: 备份集已完成, 经过时间:00:00:02
完成 backup 于 15-8月 -12

启动 Control File and SPFILE Autobackup 于 15-8月 -12
段 handle=
D:\APP\ADMINISTRATOR\FLASH_RECOVERY_AREA\ZCGL\AUTOBACKUP\2012_08_15\O1_MF_S_7
91414029_82Q84GJ3_.BKP comment=NONE
```

完成 Control File and SPFILE Autobackup 于 15-8 月 -12

释放的通道: ch1

② 然后执行增量为 1 级的差异备份。

RMAN> BACKUP INCREMENTAL LEVEL 1 TABLESPACE zcgl_tbs1;

启动 backup 于 15-8 月 -12
分配的通道: ORA_DISK_1
通道 ORA_DISK_1: SID=199 设备类型=DISK
通道 ORA_DISK_1: 正在启动增量级别 1 数据文件备份集
通道 ORA_DISK_1: 正在指定备份集内的数据文件
输入数据文件: 文件号=00009
名称=D:\APP\ADMINISTRATOR\ORADATA\ZCGL\ZCGL_TBS1_01.DBF
通道 ORA_DISK_1: 正在启动段 1 于 15-8 月 -12
通道 ORA_DISK_1: 已完成段 1 于 15-8 月 -12
段句柄=
D:\APP\ADMINISTRATOR\FLASH_RECOVERY_AREA\ZCGL\BACKUPSET\2012_08_15\O1_MF_NNN
D1_TAG20120815T211837_82Q8FFXS_.BKP 标记=TAG20120815T211837 注释=NONE
通道 ORA_DISK_1: 备份集已完成, 经过时间:00:00:07
完成 backup 于 15-8 月 -12

启动 Control File and SPFILE Autobackup 于 15-8 月 -12
段 handle=
D:\APP\ADMINISTRATOR\FLASH_RECOVERY_AREA\ZCGL\AUTOBACKUP\2012_08_15\O1_MF_S_7
91414325_82Q8FP98_.BKP comment=NONE
完成 Control File and SPFILE Autobackup 于 15-8 月 -12

10.3.4　RMAN 恢复

当数据库文件出现介质错误时，可以使用 RMAN 将数据库恢复到某个状态。

1. 恢复数据库

如果当前数据库只剩下控制文件和 SPFILE，其他数据文件因为某些原因全部丢失，但是以前创建过整库的备份，并且执行备份操作之后，所有的归档文件和重做日志文件都还在，这种情况下就可以将数据库恢复到崩溃前那一刻的状态，这种恢复方式叫做完全介质恢复。

【例 10-17】请对数据库 ZCGL 进行一次完全介质修复。

方法一：采用系统自动分配通道的方式，可以按照下列步骤对数据库 ZCGL 进行一次完全介质修复。

① 数据库处于存档模式下，运行 RMAN。

```
SQL> ARCHIVE LOG LIST;
数据库日志模式              存档模式
自动存档                    启用
存档终点                    USE_DB_RECOVERY_FILE_DEST
最早的联机日志序列          166
下一个存档日志序列          168
当前日志序列                168
SQL> HOST RMAN TARGET    zcgl_oper/admin@zcgl NOCATALOG;
```

恢复管理器: Release 11.2.0.1.0 - Production on 星期三 8月 15 21:26:38 2012

Copyright (c) 1982, 2009, Oracle and/or its affiliates.   All rights reserved.

连接到目标数据库: ZCGL (DBID=2440978855)
使用目标数据库控制文件替代恢复目录

② RMAN 中将数据库启动到装载状态。

RMAN> SHUTDOWN IMMEDIATE

数据库已关闭
数据库已卸装
Oracle 实例已关闭

RMAN> STARTUP MOUNT

已连接到目标数据库 (未启动)
Oracle 实例已启动
数据库已装载

系统全局区域总计   535662592 字节

Fixed Size   1375792 字节
Variable Size   331350480 字节
Database Buffers   197132288 字节
Redo Buffers   5804032 字节

③ 恢复整个数据库。

RMAN> RESTORE DATABASE;

启动 restore 于 15-8月 -12
分配的通道: ORA_DISK_1
通道 ORA_DISK_1: SID=63 设备类型=DISK

通道 ORA_DISK_1: 正在还原数据文件 00001
输入数据文件副本 RECID=3 STAMP=791411496 文件名=E:\BACKUP\1MNINUNV
数据文件 00001 的还原目标:
 D:\APP\ADMINISTRATOR\ORADATA\ZCGL\SYSTEM01.DBF
通道 ORA_DISK_1: 已复制数据文件 00001 的数据文件副本
输出文件名=D:\APP\ADMINISTRATOR\ORADATA\ZCGL\SYSTEM01.DBF RECID=0 STAMP=0
通道 ORA_DISK_1: 正在开始还原数据文件备份集
通道 ORA_DISK_1: 正在指定从备份集还原的数据文件
通道 ORA_DISK_1: 将数据文件 00004 还原到
 D:\APP\ADMINISTRATOR\ORADATA\ZCGL\USERS01.DBF
通道 ORA_DISK_1: 将数据文件 00010 还原到 D:\MYRMAN\RESTORE_TBS.DBF
通道 ORA_DISK_1: 正在读取备份片段
 D:\APP\ADMINISTRATOR\FLASH_RECOVERY_AREA\ZCGL\
BACKUPSET\2012_08_09\O1_MF_NNNDF_TAG20120809T220752_827K1VTC_.BKP
通道 ORA_DISK_1: 段句柄 =
 D:\APP\ADMINISTRATOR\FLASH_RECOVERY_AREA\ZCGL\BACKUPSE
T\2012_08_09\O1_MF_NNNDF_TAG20120809T220752_827K1VTC_.BKP 标记 = TAG20120809T220752

通道 ORA_DISK_1: 已还原备份片段 1
通道 ORA_DISK_1: 还原完成, 用时: 00:00:04
通道 ORA_DISK_1: 正在开始还原数据文件备份集
通道 ORA_DISK_1: 正在指定从备份集还原的数据文件
通道 ORA_DISK_1: 将数据文件 00008 还原到 D:\APP1\MYTMP3.DBF
通道 ORA_DISK_1: 正在读取备份片段 D:\APP\ADMINISTRATOR\FLASH_RECOVERY_AREA\ZCGL\BACKUPSET\2012_08_09\O1_MF_NNNDF_TAG20120809T224207_827M1ZRF_.BKP
通道 ORA_DISK_1: 段句柄 = D:\APP\ADMINISTRATOR\FLASH_RECOVERY_AREA\ZCGL\BACKUPSET\2012_08_09\O1_MF_NNNDF_TAG20120809T224207_827M1ZRF_.BKP 标记 = TAG20120809T224207
通道 ORA_DISK_1: 已还原备份片段 1
通道 ORA_DISK_1: 还原完成, 用时: 00:00:01
通道 ORA_DISK_1: 正在开始还原数据文件备份集
通道 ORA_DISK_1: 正在指定从备份集还原的数据文件
通道 ORA_DISK_1: 将数据文件 00002 还原到
 D:\APP\ADMINISTRATOR\ORADATA\ZCGL\SYSAUX01.DBF
通道 ORA_DISK_1: 将数据文件 00007 还原到 D:\APP1\MYTMP2.DBF
通道 ORA_DISK_1: 正在读取备份片段
 D:\APP\ADMINISTRATOR\FLASH_RECOVERY_AREA\ZCGL\BACKUPSET\2012_08_09\O1_MF_NNNDF_TAG20120809T224207_827M336C_.BKP
通道 ORA_DISK_1: 段句柄 =
 D:\APP\ADMINISTRATOR\FLASH_RECOVERY_AREA\ZCGL\BACKUPSET\2012_08_09\O1_MF_NNNDF_TAG20120809T224207_827M336C_.BKP 标记 = TAG20120809T224207
通道 ORA_DISK_1: 已还原备份片段 1
通道 ORA_DISK_1: 还原完成, 用时: 00:00:25
通道 ORA_DISK_1: 正在开始还原数据文件备份集
通道 ORA_DISK_1: 正在指定从备份集还原的数据文件
通道 ORA_DISK_1: 将数据文件 00006 还原到 D:\APP1\MYTMP1.DBF
通道 ORA_DISK_1: 正在读取备份片段
 D:\APP\ADMINISTRATOR\FLASH_RECOVERY_AREA\ZCGL\BACKUPSET\2012_08_09\O1_MF_NNNDF_TAG20120809T224207_827M477T_.BKP
通道 ORA_DISK_1: 段句柄 =
D:\APP\ADMINISTRATOR\FLASH_RECOVERY_AREA\ZCGL\BACKUPSET\2012_08_09\O1_MF_NNNDF_TAG20120809T224207_827M477T_.BKP 标记 =
 TAG20120809T224207
通道 ORA_DISK_1: 已还原备份片段 1
通道 ORA_DISK_1: 还原完成, 用时: 00:00:01
通道 ORA_DISK_1: 正在开始还原数据文件备份集
通道 ORA_DISK_1: 正在指定从备份集还原的数据文件
通道 ORA_DISK_1:
将数据文件 00003 还原到 D:\APP\ADMINISTRATOR\ORADATA\ZCGL\UNDOTBS01.DBF
通道 ORA_DISK_1:
将数据文件 00005 还原到 D:\APP\ADMINISTRATOR\ORADATA\ZCGL\EXAMPLE01.DBF
通道 ORA_DISK_1:
正在读取备份片段 D:\APP\ADMINISTRATOR\FLASH_RECOVERY_AREA\ZCGL\BACKUPSET\2012_08_09\O1_MF_NNNDF_TAG20120809T224207_827M48PY_.BKP
通道 ORA_DISK_1: 段句柄 =
 D:\APP\ADMINISTRATOR\FLASH_RECOVERY_AREA\ZCGL\BACKUPSET\

2012_08_09\O1_MF_NNNDF_TAG20120809T224207_827M48PY_.BKP
标记 = TAG20120809T224207
通道 ORA_DISK_1: 已还原备份片段 1
通道 ORA_DISK_1: 还原完成, 用时: 00:00:07
通道 ORA_DISK_1: 正在开始还原数据文件备份集
通道 ORA_DISK_1: 正在指定从备份集还原的数据文件
通道 ORA_DISK_1: 将数据文件 00009 还原到
D:\APP\ADMINISTRATOR\ORADATA\ZCGL\ZCGL_TBS1_01.DBF
通道 ORA_DISK_1:
正在读取备份片段 D:\APP\ADMINISTRATOR\FLASH_RECOVERY_AREA\ZCGL\
BACKUPSET\2012_08_15\O1_MF_NNND0_TAG20120815T211347_82Q84D2G_.BKP
通道 ORA_DISK_1:
段句柄 = D:\APP\ADMINISTRATOR\FLASH_RECOVERY_AREA\ZCGL
\BACKUPSET\2012_08_15\O1_MF_NNND0_TAG20120815T211347_82Q84D2G_.BKP
标记 = TAG20120815T211347
通道 ORA_DISK_1: 已还原备份片段 1
通道 ORA_DISK_1: 还原完成, 用时: 00:00:07
完成 restore 于 15-8月 -12

④ 修复整个数据库。

RMAN> RECOVER DATABASE;

启动 recover 于 15-8月 -12
使用通道 ORA_DISK_1
通道 ORA_DISK_1: 正在开始还原增量数据文件备份集
通道 ORA_DISK_1: 正在指定从备份集还原的数据文件
数据文件 00009 的还原目标:
D:\APP\ADMINISTRATOR\ORADATA\ZCGL\ZCGL_TBS1_01.DBF
通道 ORA_DISK_1:
正在读取备份片段 D:\APP\ADMINISTRATOR\FLASH_RECOVERY_AREA\ZCGL\
BACKUPSET\2012_08_15\O1_MF_NNND1_TAG20120815T211837_82Q8FFXS_.BKP
通道 ORA_DISK_1:
段句柄 = D:\APP\ADMINISTRATOR\FLASH_RECOVERY_AREA\ZCGL\BACKUPSET
\2012_08_15\O1_MF_NNND1_TAG20120815T211837_82Q8FFXS_.BKP 标记 = TAG20120815T211837
通道 ORA_DISK_1: 已还原备份片段 1
通道 ORA_DISK_1: 还原完成, 用时: 00:00:01

正在开始介质的恢复

线程 1 序列 165 的归档日志已作为文件
 D:\APP\ADMINISTRATOR\FLASH_RECOVERY_AREA\ZC
GL\ARCHIVELOG\2012_08_09\O1_MF_1_165_827M6FDP_.ARC 存在于磁盘上
线程 1 序列 166 的归档日志已作为文件
 D:\APP\ADMINISTRATOR\FLASH_RECOVERY_AREA\ZCGL\
ARCHIVELOG\2012_08_15\O1_MF_1_166_82Q4XYRW_.ARC 存在于磁盘上
线程 1 序列 167 的归档日志已作为文件
 D:\APP\ADMINISTRATOR\FLASH_RECOVERY_AREA\ZCGL\
ARCHIVELOG\2012_08_15\O1_MF_1_167_82Q66C6C_.ARC 存在于磁盘上
归档日志文件名=
D:\APP\ADMINISTRATOR\FLASH_RECOVERY_AREA\ZCGL\ARCHIVELOG\2012_08_09\O1_MF_1_1

65_827M6FDP_.ARC 线程=1 序列=165
    介质恢复完成, 用时: 00:00:20
    完成 recover 于 15-8 月 -12

方法二：采用手动分配通道的方式，使用作业命令，按照下列步骤对数据库 ZCGL 进行一次完全介质修复。

```
RMAN> RUN{
2> ALLOCATE channel disk1 TYPE DISK;
3> ALLOCATE channel disk2 TYPE DISK;
4> RESTORE DATABASE;
5> RECOVER DATABASE;
6> }
```

释放的通道: ORA_DISK_1
分配的通道: disk1
通道 disk1: SID=63 设备类型=DISK

分配的通道: disk2
通道 disk2: SID=129 设备类型=DISK

启动 restore 于 15-8 月 -12
通道 disk1: 正在还原数据文件 00001
输入数据文件副本 RECID=3 STAMP=791411496 文件名=E:\BACKUP\1MNINUNV
数据文件 00001 的还原目标:
  D:\APP\ADMINISTRATOR\ORADATA\ZCGL\SYSTEM01.DBF
通道 disk2: 正在开始还原数据文件备份集
通道 disk2: 正在指定从备份集还原的数据文件
通道 disk2: 将数据文件 00004 还原到
D:\APP\ADMINISTRATOR\ORADATA\ZCGL\USERS01.DBF
通道 disk2: 将数据文件 00010 还原到 D:\MYRMAN\RESTORE_TBS.DBF
通道 disk2: 正在读取备份片段
  D:\APP\ADMINISTRATOR\FLASH_RECOVERY_AREA\ZCGL\BACKPSET\
2012_08_09\O1_MF_NNNDF_TAG20120809T220752_827K1VTC_.BKP
……
……
正在开始介质的恢复

线程 1 序列 165 的归档日志已作为文件 D:\APP\ADMINISTRATOR\FLASH_RECOVERY_AREA\ZCGL\ARCHIVELOG\2012_08_09\O1_MF_1_165_827M6FDP_.ARC 存在于磁盘上
线程 1 序列 166 的归档日志已作为文件 D:\APP\ADMINISTRATOR\FLASH_RECOVERY_AREA\ZCGL\ARCHIVELOG\2012_08_15\O1_MF_1_166_82Q4XYRW_.ARC 存在于磁盘上
线程 1 序列 167 的归档日志已作为文件 D:\APP\ADMINISTRATOR\FLASH_RECOVERY_AREA\ZCGL\ARCHIVELOG\2012_08_15\O1_MF_1_167_82Q66C6C_.ARC 存在于磁盘上
归档日志文件名=D:\APP\ADMINISTRATOR\FLASH_RECOVERY_AREA\ZCGL\ARCHIVELOG\2012_08_09\O1_MF_1_165_827M6FDP_.ARC 线程=1 序列=165
介质恢复完成, 用时: 00:00:18
完成 recover 于 15-8 月 -12
释放的通道: disk1
释放的通道: disk2

2. 恢复数据文件

【例 10-18】对数据库 ZCGL 的表空间 zcgl_tbs1 进行恢复操作。

（1）加载数据库到打开状态。

RMAN> ALTER DATABASE OPEN;

数据库已打开

（2）执行 RESTORE 和 RECOVER 将数据文件恢复到原位置后对其进行修复。

① 将要恢复的表空间设置为脱机状态。

RMAN> SQL "ALTER TABLESPACE zcgl_tbs1 OFFLINE IMMEDIATE";

sql 语句: ALTER TABLESPACE zcgl_tbs1 OFFLINE IMMEDIATE

② 对表空间 zcgl_tbs1 分别执行 RESTORE 和 RECOVER 命令。

RMAN> RESTORE TABLESPACE zcgl_tbs1;

启动 restore 于 15-8月 -12
分配的通道: ORA_DISK_1
通道 ORA_DISK_1: SID=63 设备类型=DISK

通道 ORA_DISK_1: 正在开始还原数据文件备份集
通道 ORA_DISK_1: 正在指定从备份集还原的数据文件
通道 ORA_DISK_1: 将数据文件 00009 还原到
 D:\APP\ADMINISTRATOR\ORADATA\ZCGL\ZCGL_TBS1_01.DBF
通道 ORA_DISK_1: 正在读取备份片段
 D:\APP\ADMINISTRATOR\FLASH_RECOVERY_AREA\ZCGL\
BACKUPSET\2012_08_15\O1_MF_NNND0_TAG20120815T211347_82Q84D2G_.BKP
通道 ORA_DISK_1: 段句柄 =
D:\APP\ADMINISTRATOR\FLASH_RECOVERY_AREA\ZCGL\BACKUPSET\2012_08_15\O1_MF_NNN
D0_TAG20120815T211347_82Q84D2G_.BKP 标记 = TAG20120815T211347
通道 ORA_DISK_1: 已还原备份片段 1
通道 ORA_DISK_1: 还原完成, 用时: 00:00:07
完成 restore 于 15-8月 -12

RMAN> RECOVER TABLESPACE zcgl_tbs1;

启动 recover 于 15-8月 -12
使用通道 ORA_DISK_1
通道 ORA_DISK_1: 正在开始还原增量数据文件备份集
通道 ORA_DISK_1: 正在指定从备份集还原的数据文件
数据文件 00009 的还原目标:
D:\APP\ADMINISTRATOR\ORADATA\ZCGL\ZCGL_TBS1_01.DBF
通道 ORA_DISK_1: 正在读取备份片段
 D:\APP\ADMINISTRATOR\FLASH_RECOVERY_AREA\ZCGL\
BACKUPSET\2012_08_15\O1_MF_NNND1_TAG20120815T211837_82Q8FFXS_.BKP
通道 ORA_DISK_1: 段句柄 =
D:\APP\ADMINISTRATOR\FLASH_RECOVERY_AREA\ZCGL\BACKUPSET\2012_08_15\O1_MF_NNN
D1_TAG20120815T211837_82Q8FFXS_.BKP 标记 = TAG20120815T211837
通道 ORA_DISK_1: 已还原备份片段 1

通道 ORA_DISK_1: 还原完成, 用时: 00:00:04

正在开始介质的恢复
介质恢复完成, 用时: 00:00:00

完成 recover 于 15-8月 -12

③ 修复成功后,将表空间设置为联机状态。

RMAN> SQL "ALTER TABLESPACE zcgl_tbs1 ONLINE";

sql 语句: ALTER TABLESPACE zcgl_tbs1 ONLINE

3. 恢复重做日志文件

通常不需要手工恢复归档重做日志文件,手工恢复重做日志文件可以加速数据库的修复过程。

【例10-19】对数据库 ZCGL 进行重做日志恢复操作。

① 在 RMAN 中关闭数据库然后用 STARTUP MOUNT 命令加载数据库。

RMAN> SHUTDOWN IMMEDIATE;

数据库已关闭
数据库已卸装
Oracle 实例已关闭

RMAN> STARTUP MOUNT;

已连接到目标数据库 (未启动)
Oracle 实例已启动
数据库已装载

系统全局区域总计   535662592 字节

Fixed Size   1375792 字节
Variable Size   331350480 字节
Database Buffers   197132288 字节
Redo Buffers   5804032 字节

② 恢复归档重做日志文件。

RMAN> RESTORE ARCHIVELOG ALL;

启动 restore 于 15-8月 -12
使用通道 ORA_DISK_1

线程 1 序列 164 的归档日志已作为文件 D:\APP\ADMINISTRATOR\FLASH_RECOVERY_AREA\ZCGL\ARCHIVELOG\2012_08_09\O1_MF_1_164_827HF1BQ_.ARC 存在于磁盘上
线程 1 序列 165 的归档日志已作为文件 D:\APP\ADMINISTRATOR\FLASH_RECOVERY_AREA\ZCGL\ARCHIVELOG\2012_08_09\O1_MF_1_165_827M6FDP_.ARC 存在于磁盘上
线程 1 序列 166 的归档日志已作为文件 D:\APP\ADMINISTRATOR\FLASH_RECOVERY_AREA\ZCGL\ARCHIVELOG\2012_08_15\O1_MF_1_166_82Q4XYRW_.ARC 存在于磁盘上
线程 1 序列 167 的归档日志已作为文件 D:\APP\ADMINISTRATOR\FLASH_RECOVERY_AREA\ZCGL\ARCHIVELOG\2012_08_15\O1_MF_1_167_82Q66C6C_.ARC 存在于磁盘上

线程 1 序列 168 的归档日志已作为文件 D:\APP\ADMINISTRATOR\FLASH_RECOVERY_AREA\ZCGL\ARCHIVELOG\2012_08_15\O1_MF_1_168_82QBWX8S_.ARC 存在于磁盘上
……

习题十

1. 什么是数据库恢复和数据库修复？
2. 在存档模式下可以进行哪种备份和恢复？在非存档模式下呢？
3. 练习用 RMAN 命令对 MYXKXT 数据库进行备份。
4. 将用户 scott 的所有表导出到 user.dat 文件中，写出方法步骤。
5. 如何将数据库从非存档模式修改为存档模式？

第十一章　SQL 语句优化

在数据库应用系统中，影响系统性能的因素是多方面的，通常需要从操作系统、所开发的软件系统以及数据库等三方面来测试影响系统性能的原因。在数据库方面，SQL 语句优化将直接影响到数据库的性能。SQL 语句以及 PL/SQL 程序块的正确编写、优化和高效执行是设计阶段的主要工作之一，是程序开发人员和数据库管理人员必须掌握的技术。

本章要点

- SQL 语句优化目的
- SQL 语句执行顺序
- SQL 语句优化原则
- 确定表的连接方法
- 有效使用索引

11.1　SQL 语句优化概述

SQL 优化是 Oracle 性能优化过程中最花费时间而且最具有挑战性的操作，与只需执行一次的 SGA 优化不同的是，SQL 语句优化是一个持续进行的过程，不仅仅是数据库管理员的职责，更是软件开发人员所需要关注的重要工作。

11.1.1　进行 SQL 语句优化的原因

在软件系统的开发过程中，开发人员往往更关注 SQL 语句和 PL/SQL 程序块能否得到正确的执行结果，而忽略了 SQL 语句执行效率对数据库性能的影响，比如不考虑 SQL 语句的执行效率，或者只是关注 SQL 语句本身的效率，对 SQL 语句执行原理、影响 SQL 执行效率的主要因素却不清楚。实际上，编写规范且高效的 SQL 语句显然是数据库性能优化中非常重要的一项工作，因为不同的 SQL 实现方式之间的效率差异可能会非常大，尤其是在大数据量的数据库环境下，在一个千万级别数据量数据库的几个关联的大表之间执行一条 SELECT 语句可能会耗费相当长的时间，直接降低了数据库系统的性能，并导致整个软件系统运行速度下降，效率低下。SQL 语句优化就是将性能较低的 SQL 语句转换成能够得到同样正确执行结果的性能优异的 SQL 语句。因此，为了提高数据库的整体性能，需要知道如何分辨那些导致性能低下的 SQL 语句，并按照相应的原则调整优化。

11.1.2 SQL 语句执行的一般顺序

SQL 语句执行可以分为以下三个阶段：

1. 解析

（1）在共享池中查找相同的 SQL 语句

当服务器进程接到客户端传来的 SQL 语句时，首先在缓存中查找是否有完全相同的 SQL 语句，如果在数据高速缓存中找到了这条 SQL 语句，那么服务器进程就会直接使用这个 SQL 语句的执行计划，这将会提高 SQL 语句的查询效率。如果在高速缓存中没有找到相同的 SQL 语句，则继续执行下面步骤。

（2）语法分析

服务器进程分析 SQL 语句是否符合语法规则，如果不符合，数据库则把错误信息返回给客户端。

（3）语义分析

如果 SQL 语句符合语法定义，服务器进程开始验证语句中的表名、列名等信息是否正确，如果不正确，数据库将错误信息返回给客户端。

（4）对象加锁

当语法、语义检查通过后，系统对要访问的对象加锁，防止在解析过程中其他用户改变对象的结构。

（5）权限检查

服务器进程检查用户是否有对这个对象的访问权限，如果没有，则返回错误信息给客户端。

（6）确定执行计划

服务器进程根据一定的规则，对 SQL 语句进行优化，由优化器确定 SQL 语句的最佳执行计划。

（7）保存执行计划

服务器进程将 SQL 语句及其最佳执行计划保存到数据高速缓存中。

2. 执行

当完成 SQL 语句的语法解析，并制定了最佳执行计划后，服务器进程将按照这个执行计划真正地执行 SQL 语句。

3. 提取

服务器进程将 SQL 语句执行的结果数据从缓存中提取出来，返回给客户端进程。

以上是 SQL 语句的执行过程，了解 SQL 语句的执行过程将有助于我们正确认识 SQL 语句的执行效率，加深对 SQL 语句优化的理解，努力编写规范且高效的 SQL 语句。

11.2 SQL 优化的一般原则

11.2.1 SELECT 语句中避免使用 "*"

当使用 SELECT 子句查询表的所有列时，很多人习惯写 "SELECT * FROM table_name" 这样的 SQL 查询语句，使用动态 SQL 列引用 "*" 来表示表的所有列。但这是一个非常低效的方法，因为 Oracle 在解析类似 SQL 语句的过程中，需要将"*"依次转换成所有的列名，这个工作是通过查询数据字典完成的，这将耗费更多的时间。

因此，在写 SQL 语句时，虽然使用"*"表示表的所有列可以降低编写 SQL 语句的难度，但是建议把表的实际列名都写在 SQL 语句中来提高其执行效率。

【例 11-1】在 SELECT 语句中分别使用"*"和具体的列名来查询并显示 ZICHANMINGXI 表所有记录。

```
SQL> SET TIMING ON
SQL> COLUMN zcid FORMAT A10
SQL> COLUMN bmid FORMAT A10
SQL> COLUMN ztid FORMAT A10
SQL> COLUMN yhid FORMAT A10
SQL> COLUMN flid FORMAT A10
SQL> COLUMN zcmc FORMAT A10
SQL> COLUMN bz FORMAT A10
SQL> SELECT * FROM zichanmingxi;
```

ZCID	BMID	ZTID	YHID	FLID	ZCMC	SYNX	ZCYZ	GRSJ	BZ
……									
109	jwc	zc01	zcc003	wlsb	路由器	8	500	02-9月-09	
110	sjc	zc01	zcc003	wlsb	路由器	8	500	02-9月-09	
111	fzghc	zc01	zcc001	wlsb	集线器	6	300	15-9月-08	
……									
178	zzb	zc01	zzb001	ktsb	柜式空调	15	3500	06-6月-07	
179	jwc	zc01	jwc001	ktsb	柜式空调	15	3500	06-6月-07	
……									

已选择 96 行。

已用时间： 00: 00: 00.76

```
SQL> SELECT zcid,bmid,ztid,yhid,flid,zcmc,synx,zcyz,grsj,bz FROM zichanmingxi;
```

ZCID	BMID	ZTID	YHID	FLID	ZCMC	SYNX	ZCYZ	GRSJ	BZ
	……								
109	jwc	zc01	zcc003	wlsb	路由器	8	500	02-9月-09	
110	sjc	zc01	zcc003	wlsb	路由器	8	500	02-9月-09	
111	fzghc	zc01	zcc001	wlsb	集线器	6	300	15-9月-08	
……									
178	zzb	zc01	zzb001	ktsb	柜式空调	15	3500	06-6月-07	
179	jwc	zc01	jwc001	ktsb	柜式空调	15	3500	06-6月-07	
……									

已选择 96 行。
已用时间： 00: 00: 00.48

说明：

（1）SET TIMING ON：显示 SQL 语句的执行时间。

（2）从执行结果中可以看出，第二条 SQL 语句的执行时间比第一条语句要短，这是因为第二条 SQL 语句不需花费时间从数据字典中将"*"转换为资产明细表的具体列名。

（3）如果再次执行本题中的这两条语句，执行时间还将会减少，这是由于所执行的语句被暂时保存在共享池中，Oracle 会重用已解析过语句的执行计划，因此时间会减少。

11.2.2　编写 SQL 时使用相同的编码风格

根据 SQL 语句的执行顺序，当服务器进程接到客户端传来的 SQL 语句时，首先判断在共享池中是否有完全相同的 SQL 语句，如果共享池中存在与之完全相同的 SQL 语句，就可以直接使用现有的执行计划，这样节省了解析步骤所花费的时间，提高了 SQL 语句的执行效率。SQL 语句完全相同，是指 SQL 语句中列出字段的字段位置、大小写和空格数是完全相同的。因此，在编写 SQL 语句时，建议使用相同编码风格的 SQL 语句，使多条完全相同的 SQL 语句在系统中只被解析一次。

【例 11-2】使用不同的编码风格对 zichanzhuangtai 表执行查询操作。

① 使用 SQL 语句 "SELECT ztid,ztmc FROM zichanzhuangtai" 对 zichanzhuangtai 表执行两次完全相同的查询操作。

```
SQL> COLUMN ZTMC FORMAT A15
SQL> SELECT ztid,ztmc FROM zichanzhuangtai;

ZTID       ZTMC
---------- ---------------
zc01       正常
zy01       转移
jc01       借出
wx01       维修
bf01       报废

已用时间：  00: 00: 00.01
SQL> SELECT ztid,ztmc FROM zichanzhuangtai;

……

已用时间：  00: 00: 00.00
```

说明：从执行结果来看，第二次执行 SQL 语句 "SELECT ztid,ztmc FROM zichanzhuangtai" 时，由于 Oracle 共享池中已经存在此 SQL 语句的执行计划，所以执行时间为 00: 00: 00.00。

② 使用 SQL 语句 "SELECT ZTMC,ZTID FROM zichanzhuangtai" 对 zichanzhuangtai 表执行查询操作。

```
SQL> SELECT ZTMC,ZTID FROM zichanzhuangtai;

ZTMC            ZTID
--------------- ----------
正常            zc01
……
已用时间：  00: 00: 00.01
```

说明：第二个 SQL 查询语句的执行时间也是 00: 00: 00.01，不再是 00: 00: 00.00，这是因为两个 SQL 语句的编码风格不一样，字段位置和字段大小写不一样，因此 SQL 语句被解析了两次，这将影响到 SQL 语句的执行效率。

11.2.3 使用 WHERE 子句代替 HAVING 子句

在 SQL 语句中,当需要使用分组函数来完成检索操作时,如果使用 HAVING 条件子句对表中记录进行过滤,那么 HAVING 子句只会在检索出所有记录之后才对结果集进行过滤,这个处理需要排序、总计等操作,耗时较多。因此在有分组函数的 SQL 语句中,应该通过 WHERE 子句限制记录的数目而避免使用 HAVING 子句,即通过先用 WHERE 子句过滤记录,再使用 HAVING 子句过滤分组的方式来减少这方面的开销,提高 SQL 性能。

【例 11-3】对 ZICHANMINGXI 表进行操作,求出每个部门资产原值的平均值,并将 BMID 列的值为'zcc'的记录信息过滤掉。

① 使用 HAVING 子句。

```
SQL> SELECT BMID,AVG(ZCYZ)
  2    FROM zichanmingxi
  3    GROUP BY BMID HAVING BMID<>'zcc';

BMID         AVG(ZCYZ)
----------   ----------
fzghc        2564.16667
jjc          1295.71429
sjc          856.25
jwc          2677
zzb          1535.83333
cwc          2261.66667
xcb          2106.66667

已选择 7 行。

已用时间:  00: 00: 00.03
```

② 使用 WHERE 子句。

```
SQL> SELECT BMID,AVG(ZCYZ)
  2    FROM zichanmingxi
  3    WHERE BMID<>'zcc' GROUP BY BMID;

BMID         AVG(ZCYZ)
----------   ----------
fzghc        2564.16667
jjc          1295.71429
sjc          856.25
jwc          2677
zzb          1535.83333
cwc          2261.66667
xcb          2106.66667

已选择 7 行。

已用时间:  00: 00: 00.01
```

说明：使用 WHERE 子句来替代 HAVING 子句的使用，可以得到相同的结果，但是执行时间将会减少。

11.2.4 使用 TRUNCATE 代替 DELETE

使用 TRUNCATE 和 DELETE 子句都可以删除表中的数据。如果要删除一张表中的所有记录信息，使用 TRUNCATE 子句将比 DELETE 子句的执行速度更快。因为 DELETE 属于 DML 语句，用 DELETE 子句删除表中所有记录的操作是逐条删除，而且每删除表中一行，会同时在事务日志中记录删除动作，并在 UNDO SEGMENT 中记录删除操作。使用 TRUNCATE 子句完成同样的任务时，它不会在 UNDO SEGMENT 中记录任何信息，而且表中所有的记录是在同一时间被删除的。执行 DELETE 语句后，表所占用的空间是不释放的，而 TRUNCATE 语句释放表所占用的全部空间。所以在执行删除操作时，如果确定要删除表中的全部记录，尽量使用 TRUNCATE 子句。

【例 11-4】 使用 SELECT 语句创建两个完全相同的表 ZICHANMINGXI1 和 ZICHANMINGXI2，然后分别使用 DELETE 语句和 TRUNCATE 语句执行删除操作。

```
SQL> CREATE TABLE ZICHANMINGXI1
  2  AS
  3  SELECT * FROM ZICHANMINGXI;
```

表已创建。

已用时间： 00: 00: 00.12
```
SQL> CREATE TABLE ZICHANMINGXI2
  2  AS
  3  SELECT * FROM ZICHANMINGXI;
```

表已创建。

已用时间： 00: 00: 00.04
```
SQL> DELETE FROM ZICHANMINGXI1;
```

已删除 96 行。

已用时间： 00: 00: 00.03
```
SQL> TRUNCATE TABLE ZICHANMINGXI2;
```

表被截断。

已用时间： 00: 00: 00.01

说明：从执行结果可以看出，TRUNCATE 语句执行删除操作所用时间小于 DELETE 语句的执行时间。

11.2.5 在确保完整的情况下多 COMMIT

因为业务逻辑的要求，用户可能需要频繁执行 INSERT、UPDATE 或 DELETE 等 DML 操作，如果用户在执行 DML 操作时不使用 COMMIT 命令进行提交，为了实现数据回滚功能，

Oracle 会在 UNDO SEGMENT 中记录这些 DML 操作，这一过程将增加额外的系统开销。

因此，建议在保证系统正常业务逻辑的情况下，在执行 DML 操作时，应及时使用 COMMIT 提交事务，这样可以及时结束事务，释放事务所占用的资源。COMMIT 所释放的资源有：

（1）回滚段上用于恢复数据的信息；
（2）DML 语句造成的锁；
（3）重做日志缓存区的空间；
（4）Oracle 为维护事务的内部开销。

【例 11-5】当向 ZICHANLEIXING 表中插入一行记录后，在确保数据完整性的情况下，及时使用 COMMIT 提交事务。

```
SQL> INSERT INTO ZICHANLEIXING (LXID,LXMC) VALUES ('yssb','运输设备');

已创建 1 行。

已用时间：  00: 00: 00.01
SQL> COMMIT;

提交完成。

已用时间：  00: 00: 00.00
```

11.2.6 使用 EXISTS 替代 IN

IN 操作符用于检查一个值是否包含在列表中，而 EXISTS 只是检查行的存在性。在子查询中，EXISTS 提供的性能通常比 IN 提供的性能要好，因此建议用 EXISTS 来替代 IN。

【例 11-6】分别用 IN 和 EXISTS 实现下列查询操作：查询资产状态为 "bf01" 的资产所在的部门信息。

① 使用 IN 操作符实现的查询操作。

```
SQL> SELECT * FROM BUMEN
  2   WHERE BMID IN(
  3   SELECT BMID FROM ZICHANMINGXI WHERE ZTID='bf01');

BMID          BMMC
------------  --------------
fzghc         发展规划处
jwc           教务处
xcb           宣传部

已用时间：  00: 00: 00.09
```

说明：在 Oracle 中，当主查询中含有 IN 操作符时，Oracle 通常先运行 IN 后面的子查询 "SELECT BMID FROM ZICHANMINGXI WHERE ZTID='bf01'"，得到一个查询结果列表，然后再根据子查询的结果去执行主查询。

② 使用 EXISTS 操作符实现的查询操作。

```
SQL> SELECT * FROM BUMEN
  2   WHERE EXISTS(
```

```
    3  SELECT 1 FROM ZICHANMINGXI
    4  WHERE BUMEN.BMID=ZICHANMINGXI.BMID
    5  AND ZICHANMINGXI.ZTID='bf01');
```

```
BMID            BMMC
--------------  --------------------------
fzghc           发展规划处
sjc             审计处
xcb             宣传部
zcc             资产处
zzb             组织部
```

已用时间： 00: 00: 00.01

说明：在 Oracle 中，当主查询中含有 EXISTS 操作符时，Oracle 通常先运行主查询，得到查询结果列表后，再运行子查询对这个结果列表进行过滤。从执行时间可以看出，使用 EXISTS 来代替 IN 可以提高 SQL 语句的执行效率。

一般情况下，EXISTS 操作符适用于主查询中的表小而子查询的表大的情况，IN 操作符的适用情况与 EXISTS 相反。

11.2.7 用 EXISTS 替代 DISTINCT

在连接查询的 SELECT 语句中，当需要使用 DISTINCT 关键字来过滤重复的查询结果行时，DISTINCT 通常需要先对查询结果进行排序，然后才限定在查询结果中显示那些不重复的数据列，这一过程也会增加额外的系统开销。因此，在 SQL 语句中应该尽量用 EXISTS 替代 DISTINCT。

【例 11-7】 分别使用 EXISTS 和 DISTINCT 对 YONGHU 表和 BUMEN 表进行操作。

```
SQL> SELECT DISTINCT y.BMID,b.BMMC
   2  FROM YONGHU y,BUMEN b
   3  WHERE y.BMID=b.BMID;
```

```
BMID            BMMC
--------------  --------------
jjc             基建处
zzb             组织部
sjc             审计处
zcc             资产处
jwc             教务处
fzghc           发展规划处
kjc             科技处
cwc             财务处
```

已选择 8 行。

已用时间： 00: 00: 00.03

```
SQL> SELECT BMID,BMMC
   2  FROM BUMEN b
   3  WHERE EXISTS(
```

```
  4  SELECT 1 FROM YONGHU y
  5  WHERE y.BMID=b.BMID);

BMID            BMMC
--------------  --------------
cwc             财务处
fzghc           发展规划处
jjc             基建处
jwc             教务处
kjc             科技处
sjc             审计处
zcc             资产处
zzb             组织部

已选择 8 行。

已用时间:   00: 00: 00.01
```

说明：从执行时间可以看出，使用 EXISTS 来代替 DISTINCT 可以提高 SQL 语句的执行效率。

11.2.8 使用表连接而不是多个查询

根据 SQL 语句执行顺序，Oracle 执行每条查询语句都需要经过语法分析、语义分析、加锁对象、权限检查、确定和保存执行计划等步骤，还需要完成绑定变量、读取数据块等工作，当查询语句中包含了子查询或子查询的嵌套时，会因为执行了多个查询操作而导致系统执行效率低下。

因此，当需要从多个表中查询数据时，建议使用多表连接的 SQL 语句执行一次查询操作得到所需的数据，尽量减少对子查询或子查询嵌套的使用。

【例 11-8】分别在 SELECT 语句中使用嵌套子查询和表连接来查询部门名称是组织部的用户名称和部门 id 等信息。

```
SQL> COLUMN YHMC FORMAT A15
SQL> COLUMN BMID FORMAT A15
SQL> SELECT YHMC,BMID
  2  FROM YONGHU
  3  WHERE BMID=(
  4  SELECT BMID FROM BUMEN WHERE BMMC='组织部');

YHMC            BMID
--------------  --------------
宋伟伟          zzb
王文超          zzb


已用时间:   00: 00: 00.07
SQL> SELECT y.YHMC,y.BMID
  2  FROM YONGHU y,BUMEN b
  3  WHERE y.BMID=b.BMID AND b.BMMC='组织部';
```

YHMC	BMID
宋伟伟	zzb
王文超	zzb

已用时间: 00: 00: 00.01

说明: 第二条语句通过多表连接只使用了一次查询,第一条语句中使用了子查询,从查询操作所用的时间可以看出,第二条语句的执行时间比第一条语句的少很多。

11.2.9 使用 "<=" 替代 "<"

在写带有检索条件的 SQL 语句时,经常会使用 "<=" 和 "<",">=" 和 ">" 操作符,在很多情况下,"<=" 和 "<",">=" 和 ">" 是可以替换的。如在资产明细表中查询资产 id 大于等于 100 的所有资产,SQL 语句的条件可以写成 "WHERE zcid>=100" 或 "WHERE zcid>99" 的形式,尽管它们的执行结果是相同的,但是检索效率是不一样的,建议使用 ">=" 替代 ">"。因为,如果 SQL 语句的条件是 "WHERE zcid>=100" 这种形式的,则 Oracle 会定位到资产 id 为 100 的这条记录,然后再去寻找大于 100 的其他记录。如果使用 "WHERE zcid>99",则 Oracle 会先定位到 99,然后再去寻找大于 99 的其他记录。当需要在 PL/SQL 程序块的循环结构中使用操作符 "<=" 和 "<",">=" 和 ">" 时,或要查询的数据量很大时,这两类操作符的执行效率差别是比较明显的。

【例 11-9】 分别使用操作符 ">=" 和 ">" 来查询 ZICHANMINGXI 表中资产 id 大于等于 100 的记录。

```
SQL> COLUMN zcid FORMAT A15
SQL> COLUMN zcmc FORMAT A15
SQL> COLUMN bmid FORMAT A15
SQL> COLUMN ztid FORMAT A15
SQL> COLUMN flid FORMAT A15
SQL> SELECT zcid,zcmc,bmid,ztid,flid FROM zichanmingxi
  2  WHERE zcid>99;
```

ZCID	ZCMC	BMID	ZTID	FLID
100	交换机	jjc	zc01	wlsb
101	交换机	zzb	zc01	wlsb
102	路由器	zcc	zc01	wlsb
……				
179	柜式空调	jwc	zc01	ktsb
184	笔记本电脑	zcc	zc01	dnsb

已选择 68 行。

已用时间: 00: 00: 00.10

```
SQL> SELECT zcid,zcmc,bmid,ztid,flid FROM zichanmingxi
  2  WHERE zcid>=100;
```

ZCID	ZCMC	BMID	ZTID	FLID

```
---------------    ---------------    ---------------    ---------------
100                交换机             jjc                zc01               wlsb
101                交换机             zzb                zc01               wlsb
102                路由器             zcc                zc01               wlsb
……
179                柜式空调           jwc                zc01               ktsb
184                笔记本电脑         zcc                zc01               dnsb
```

已选择 68 行。

已用时间： 00: 00: 00.06

说明： 从执行时间可以看出，使用 ">=" 来代替 ">" 可以提高 SQL 语句的执行效率。同样 "<=" 和 "<" 的情况也是如此。

11.2.10 尽量使用表的别名（ALIAS）并在列前标注来源于哪个表

在 SQL 语句中连接多个表时，Oracle 建议最好使用表的别名，并把别名作为每个列的前缀，这样可以减少 Oracle 解析表中 SQL 语句的列名所用的时间。

【例 11-10】 分别使用表的别名和不使用表的别名来查询并显示资产管理数据库中所有资产的资产 id，资产名称，部门名称，用户名称，状态名称和分类名称等信息。

```
SQL> COLUMN bmmc FORMAT A10
SQL> COLUMN zcmc FORMAT A10
SQL> COLUMN zcid FORMAT A10
SQL> COLUMN yhmc FORMAT A10
SQL> COLUMN ztmc FORMAT A15
SQL> COLUMN lxmc FORMAT A15
SQL> SELECT zcid,zcmc,bmmc,yhmc,ztmc,lxmc
  2  FROM zichanmingxi,bumen,yonghu,zichanzhuangtai,zichanleixing
  3  WHERE zichanmingxi.bmid=bumen.bmid AND zichanmingxi.yhid=yonghu.yhid
  4  AND zichanmingxi.ztid=zichanzhuangtai.ztid
  5  AND zichanmingxi.flid=zichanleixing.lxid;

ZCID       ZCMC        BMMC       YHMC       ZTMC            LXMC
--------   ---------   --------   --------   -------------   -------------
170        移动电话    资产处     孟丽华     正常            电话设备
165        固定电话机  资产处     孟丽华     正常            电话设备
67         台式机电脑  资产处     孟丽华     转移            电脑设备
……
152        防盗门      审计处     张华峰     正常            家具设备
```

已选择 96 行。
已用时间： 00: 00: 00.56

```
SQL> SELECT zcmx.zcid,zcmx.zcmc,bm.bmmc,yh.yhmc,zt.ztmc,lx.lxmc
  2  FROM zichanmingxi zcmx,bumen bm,yonghu yh,
  3  zichanzhuangtai zt,zichanleixing lx
  4  WHERE zcmx.bmid=bm.bmid AND zcmx.yhid=yh.yhid
  5  AND zcmx.ztid=zt.ztid AND zcmx.flid=lx.lxid;
```

ZCID	ZCMC	BMMC	YHMC	ZTMC	LXMC
170	移动电话	资产处	孟丽华	正常	电话设备
165	固定电话机	资产处	孟丽华	正常	电话设备
67	台式机电脑	资产处	孟丽华	转移	电脑设备
……					
152	防盗门	审计处	张华峰	正常	家具设备

已选择 96 行。

已用时间: 00: 00: 00.12

说明：从执行时间可以看出，使用表的别名，并把别名作为每个列的前缀可以显著提高 SQL 语句的执行效率。

11.3 表的连接方法

在 Oracle 中进行多表连接查询时，多个表之间的连接方式会影响到查询效率，因此在进行多表连接查询时，应该对 SQL 语句进行优化。

11.3.1 FROM 子句中将数据量最小的表作为驱动表

驱动表是指在 SQL 语句中最先被访问的表。当 FROM 子句中有多个表时，Oracle 按照从右到左的顺序来处理这些表。一般情况下，将 FROM 子句中最后指定的表，即出现在 FROM 子句最右边的表作为驱动表，并对该表进行排序，然后从右到左，依次处理 FROM 子句中其余的表，并按 SQL 语句定义的操作对查询结果记录进行合并。因此，在进行多表查询操作时，建议选择记录行数最少的表作为驱动表，来提高 SQL 的执行效率。

【例 11-11】改变 FROM 子句中表的顺序对 ZICHANMINGXI 表和 BUMEN 表进行自然连接操作，其中 ZICHANMINGXI 表中的记录数远远大于 BUMEN 表中的记录数。

```
SQL> SELECT zcmx.zcid,zcmx.zcmc,bm.bmmc
  2  FROM bumen bm,zichanmingxi zcmx;
```

ZCID	ZCMC	BMMC
……		
171	立式空调	资产处
……		
184	笔记本电脑	资产处

已选择 864 行。

已用时间: 00: 00: 00.60

```
SQL> SELECT zcmx.zcid,zcmx.zcmc,bm.bmmc
  2  FROM zichanmingxi zcmx,bumen bm;
```

ZCID	ZCMC	BMMC
......		
171	立式空调	资产处
......		
184	笔记本电脑	资产处

已选择 864 行。

已用时间： 00: 00: 00.32

说明：从执行时间可以看出，将数据量最少的表作为驱动表可以提高 SQL 语句的执行效率。

11.3.2 WHERE 子句的连接顺序

当 SQL 语句中的 WHERE 子句中有多个查询条件时，Oracle 是按照从右到左（从下到上）来解析的，因此最好将能过滤掉表中记录数量最多的条件写在 WHERE 子句的最后，这样可以提高 SQL 性能。

【例 11-12】改变 WHERE 子句连接顺序，对 ZICHANMINGXI 表进行操作，显示资产状态为 "zc01"，资产 id 大于等于 100 的所有资产的资产 id，资产名称，部门名称和状态名称等信息。

分析：本题 SQL 语句的 WHERE 子句中包含四个条件：zcmx.zcid>=100，zcmx.bmid=bm.bmid，zcmx.ztid=zt.ztid 和 zt.ztid='zc01'。

① 当 WHERE 条件子句是 "WHERE zcmx.zcid>=100 AND zcmx.bmid=bm.bmid AND zcmx.ztid=zt.ztid AND zt.ztid='zc01'" 时，SQL 语句的执行时间如下所示：

```
SQL> SELECT zcmx.zcid,zcmx.zcmc,bm.bmmc,zt.ztmc
  2  FROM zichanmingxi zcmx,bumen bm,zichanzhuangtai zt
  3  WHERE zcmx.zcid>=100 AND zcmx.bmid=bm.bmid
  4  AND zcmx.ztid=zt.ztid AND zt.ztid='zc01';
```

ZCID	ZCMC	BMMC	ZTMC
100	交换机	基建处	正常
101	交换机	组织部	正常
......			
179	柜式空调	教务处	正常
184	笔记本电脑	资产处	正常

已选择 57 行。

已用时间： 00: 00: 00.75

② 当 WHERE 条件子句是 "WHERE zcmx.zcid>=100 AND zt.ztid='zc01' AND zcmx.bmid=bm.bmid AND zcmx.ztid=zt.ztid" 时，SQL 语句的执行时间如下所示：

```
SQL> SELECT zcmx.zcid,zcmx.zcmc,bm.bmmc,zt.ztmc
  2  FROM zichanmingxi zcmx,bumen bm,zichanzhuangtai zt
  3  WHERE zcmx.zcid>=100 AND zt.ztid='zc01'
```

         4 AND zcmx.bmid=bm.bmid AND zcmx.ztid=zt.ztid;

ZCID	ZCMC	BMMC	ZTMC
173	立式空调	宣传部	正常
169	移动电话	宣传部	正常
……			
102	路由器	资产处	正常

已选择 68 行。

已用时间： 00: 00: 00.60

③ 当 WHERE 条件子句是 "WHERE zt.ztid='zc01' AND zcmx.bmid=bm.bmid AND zcmx.ztid= zt.ztid AND zcmx.zcid>=100" 时，SQL 语句的执行时间如下所示：

```
SQL> SELECT zcmx.zcid,zcmx.zcmc,bm.bmmc,zt.ztmc
  2  FROM zichanmingxi zcmx,bumen bm,zichanzhuangtai zt
  3  WHERE zt.ztid='zc01' AND zcmx.bmid=bm.bmid
  4  AND zcmx.ztid=zt.ztid AND zcmx.zcid>=100;
```

ZCID	ZCMC	BMMC	ZTMC
173	立式空调	宣传部	正常
169	移动电话	宣传部	正常
……			
102	路由器	资产处	正常

已选择 68 行。

已用时间： 00: 00: 00.31

说明：从执行时间可以看出，将过滤掉最多记录的条件（zcmx.zcid>=100）放到最后可以提高 SQL 语句的执行效率。

11.4 有效使用索引

使用索引可以提高检索数据的效率，但是也必须注意到使用索引所付出的代价。索引需要空间来存储，需要定期维护，当有记录增加或索引列被修改时，索引本身也会被修改，这意味着会产生更多的磁盘 I/O 操作。因此，必须有效地使用索引。

1. 创建索引的基本原则

在创建索引时，需要选择合适的表和列，如果选择的不合适，不仅不会提高查询速度，反而会降低 DML 操作速度，创建索引的基本规则如下：

（1）对经常以查询关键字为基础的表建立索引。

（2）表中的大部分查询都包含相对简单的 WHERE 子句。

（3）索引应建立在 WHERE 子句中经常引用的列上。

（4）为了提高多表连接的性能，应该在连接列上建立索引。

（5）如果经常需要基于某列或某几个列进行排序操作，可以考虑在这些列上建立索引。
（6）不宜将经常修改的列作为索引列。
（7）不宜在小表上建立索引。

2. 避免对唯一索引使用 NULL 值

当用户在数据表上建立 PRIMARY KEY 或 UNIQUE 约束条件时，Oracle 会自动为该表建立主键索引或唯一索引。向表中添加记录时，虽然创建了 UNIQUE 约束条件的列或列的组合中不允许出现重复的值，但却允许出现无数条 NULL 值。比如，Oracle 在某表的 A 列和 B 列建立了唯一性索引，并且该表中已经存在一条 (A,B)值为(abc,null) 的记录，Oracle 不允许用户再插入一条(A,B)值为(abc,null)的记录，但该表中却可以存在无数条(A,B)值为(null,null) 的记录。实际上，唯一索引表中并没有为索引列全为空的记录保留索引项。因此，在 WHERE 子句中使用 IS NULL 或 IS NOT NULL 条件，对唯一索引列进行空值比较时，Oracle 将停止使用该列上的唯一索引，导致 Oracle 进行全表扫描。

3. 使用数据字典视图监视索引是否正被使用

由于不必要的索引会降低表的查询效率，因此应该经常检查索引是否被使用，可以通过数据字典视图来查看索引的使用状态，如果确定索引不再需要，可以删除索引。

【例 11-13】使用 ALTER INDEX 语句，指定 MONITORING USAGE 子句，监视已创建的 ZICHANZHUANGTAI_PK 索引。并通过 V$OBJECT_USAGE 视图，查看 ZICHANZHUANGTAI_PK 索引的使用状态。

```
SQL> ALTER INDEX BUMEN_NAME_INDEX MONITORING USAGE;

索引已更改。

SQL> SELECT TABLE_NAME,INDEX_NAME,MONITORING
  2  FROM V$OBJECT_USAGE;

TABLE_NAME                    INDEX_NAME                    MONITORING
-----------------------------  -----------------------------  --------------------
BUMEN                         BUMEN_NAME_INDEX              YES
```

说明：TABLE_NAME 字段为索引所在的表，INDEX_NAME 字段为索引名称。MONITORING 字段表示索引是否处于激活状态。处于激活状态的索引会影响表的检索，如果确定索引不再需要使用，可以使用 DROP INDEX 命令删除该索引。

习题十一

1. SQL 语句优化的目的？
2. SQL 语句执行的一般顺序？
3. 简述 SQL 语句优化的一般原则有哪些？
4. 如何确定表的连接方法？
5. 创建索引的基本原则有哪些？

第十二章　Oracle 企业管理器 OEM

Oracle 企业管理器（Oracle Enterprise Manager，简称 OEM）是一个基于 Java 框架开发的集成化管理工具，采用 WEB 应用方式实现对 Oracle 运行环境的完全管理。DBA 可以从任何可以访问 WEB 应用的位置通过 OEM 对数据库和其他服务进行各种管理和监控操作。

- OEM 启动
- OEM 数据库存储管理
- OEM 数据库方案对象管理
- OEM 维护数据库

12.1　OEM 简介

Oracle 企业管理器是一个功能完善的 Oracle 数据库集成管理平台，采用 WEB 应用方式实现对 Oracle 运行环境的完全管理。OEM 能够管理整个 Oracle 环境，既能管理组织中的主机、数据库、侦听器、应用服务器、WEB 应用等设备，还能分析 SQL 语句、分析数据库的当前健康状况、监视应用服务器的实时性能、分析主机性能、分析 CPU 和内存的使用情况等。除此之外，OEM 还能够管理企业网格计算环境。网格计算最主要的管理工作是统一管理不同的实体，企业管理器通过定义和使用分组、数据库集群、主机及应用服务器集群来完成网格计算的管理工作。

Oracle 11g 的 OEM 提供了两种管理方式：网格控制和数据库控制。网格控制可以访问本地数据库实例、网格环境数据库实例和 RAC 环境数据库实例等多个目标数据库。数据库控制是一个基于 WEB 的企业管理器，只能监控和管理一个数据库。

12.1.1　OEM 数据库控制启动

OEM 数据库控制是一个随 Oracle 11g 数据库一起安装的、基于 WEB 的管理程序。要启动 OEM 数据库控制，首先需要确定【控制面板】|【管理工具】|【服务】中名为"OracleDBConsole<数据库 SID>"的服务已经启动，其中本书案例资产管理系统对应的服务名是 OracleDBConsoleZCGL。当该服务的状态显示为"已启动"后，在浏览器地址栏中输入"http://主机名"或"主机地址:1158/em"即可启动 OEM。例如本书中的主机名为 localhost，所以进

入 OEM 数据库控制台只需在浏览器地址栏中输入以下地址：

https://localhost:1158/em

浏览器显示的登录页面如图 12-1 所示。

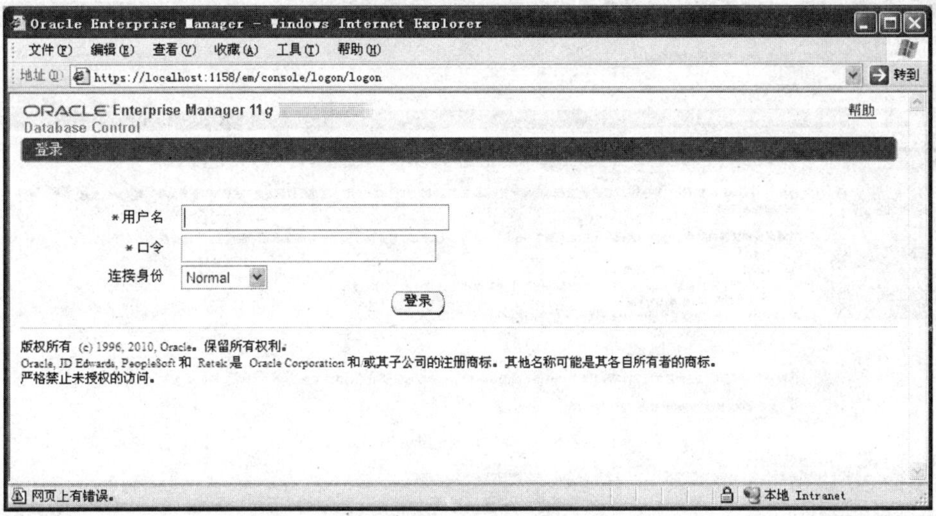

图 12-1 OEM 登录界面

在图 12-1 中输入正确的用户名和口令后将出现 OEM 数据库控制台的主页面，如图 12-2 所示。

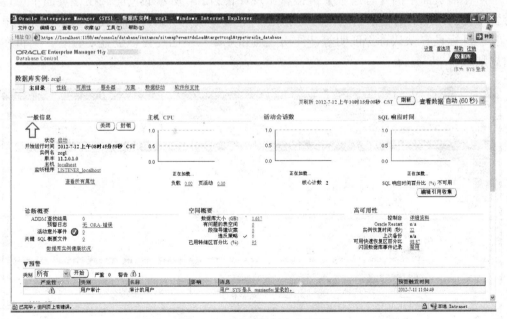

图 12-2 OEM 控制台主页面

12.1.2 OEM 数据库控制设置

为了更好地使用 OEM 数据库控制台，可以对 OEM 网格控制的相关内容进行设置。

1. 主页设置

在任何页面中单击【设置】链接将出现如图 12-3 所示的页面。在该页面下可以对管理员进行管理，还可以进行补丁程序设置、管理监视模板以及建立封锁等功能。

图 12-3　OEM 页面设置

2. 首选项设置

单击任何页面中的【首选项】链接将出现如图 12-4 所示的页面。在该页面下可以改变当前管理员的口令、为当前管理员账户指定一个或多个电子邮件地址及关联的消息格式、为每个管理目标设置默认身份证明等。使用"通知规则"页面还可以创建、查看、编辑和删除通知规则。

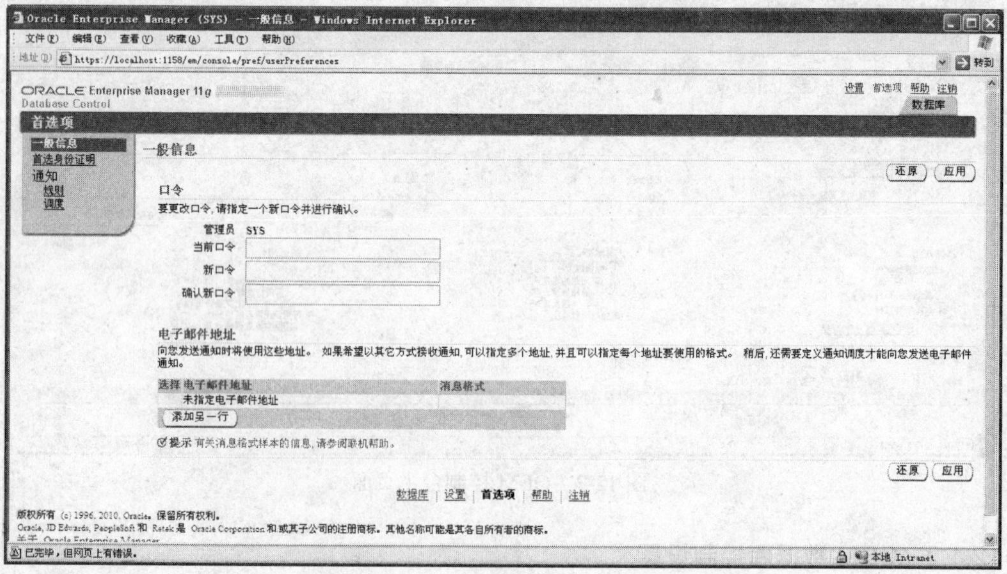

图 12-4　OEM 首选项设置

12.2 OEM 数据库存储管理

OEM 可以方便地对数据库存储进行管理，比如管理控制文件、重做日志文件、表空间以及数据文件等。

12.2.1 管理控制文件

在 OEM 中，可以方便地查看和备份控制文件。要想查看控制文件的信息，可以单击【服务器】标签，在服务器信息页面的存储栏下单击【控制文件】，进入到"控制文件"页面，如图 12-5 所示。

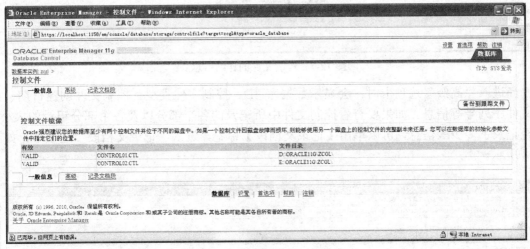

图 12-5 控制文件的一般信息

在控制文件的一般信息页面中，列出了所有控制文件的状态、文件名和文件所在目录。当单击【备份到跟踪文件】链接时，可以将控制文件备份到跟踪文件，如果备份成功将出现"已成功备份"的更新消息，如图 12-6 所示。当单击【高级】标签时，可以查看控制文件的详细信息，如图 12-7 所示。

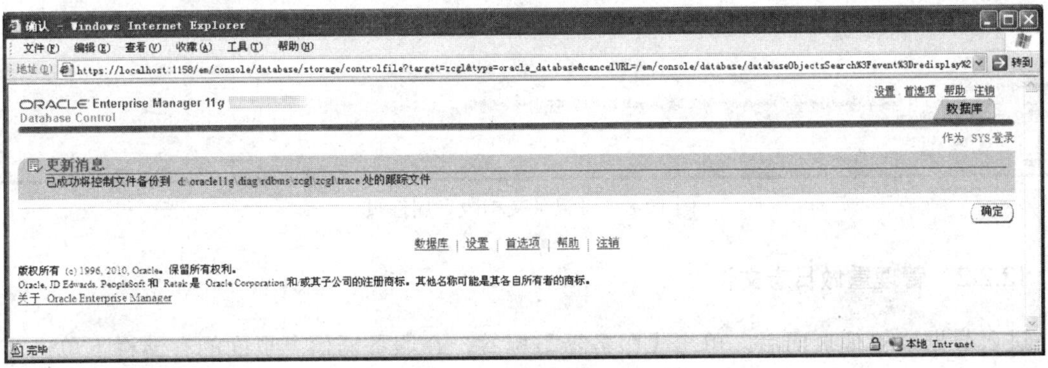

图 12-6 成功备份的更新消息

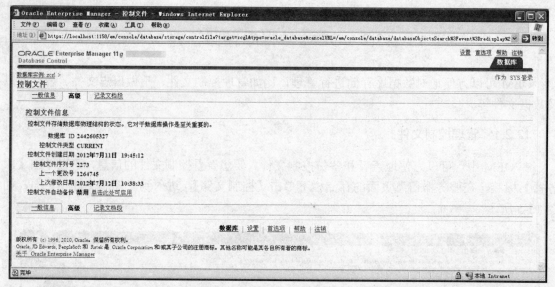

图 12-7　控制文件的详细信息

当进入"高级"选项卡时，会显示数据库 ID、控制文件类型、控制文件创建日期、控制文件序列号等信息。如果要查看控制文件中所记录的各个部分以及各个部分记录的大小、已经记录了多少等信息，可以单击【记录文档段】标签，进入"记录文档段"选项卡，如图 12-8 所示。

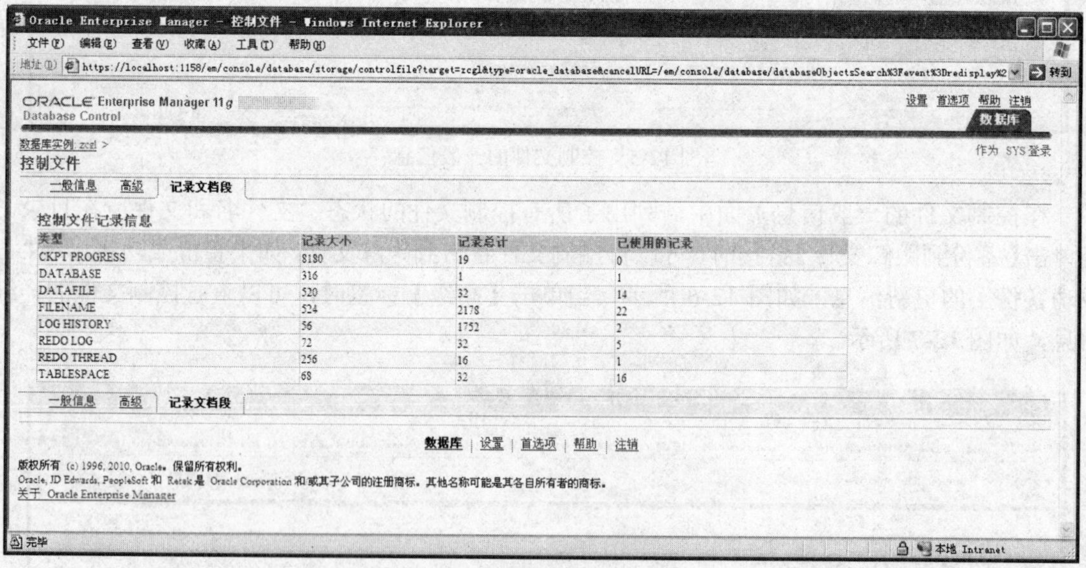

图 12-8　"记录文档段"属性页

12.2.2　管理重做日志文件

进入数据库管理页面后，单击【服务器】标签，在服务器信息页面的存储栏下单击【重做日志组】，进入到"重做日志组"页面，如图 12-9 所示。

第十二章 Oracle 企业管理器 OEM

图 12-9 "重做日志组"管理页面

1. 添加重做日志文件组

进入到"重做日志组"管理页面后，如果想要增加日志组，可以单击【创建】按钮，出现"创建重做日志组"页面。在该页面中可以指定组号、文件大小、文件名以及文件所在目录等信息，如图 12-10 所示。设置了相关信息后，单击【确定】按钮创建重做日志组。

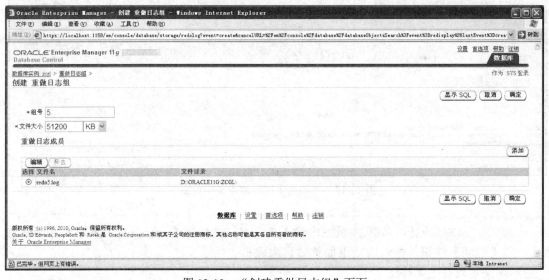

图 12-10 "创建重做日志组"页面

2. 添加重做日志成员

（1）进入到"重做日志组"管理页面后，如果要为日志组添加新的重做日志文件，首先选中要添加日志成员的重做日志文件组。然后单击【编辑】按钮，进入到"编辑重做日志组"页面，如图 12-11 所示。

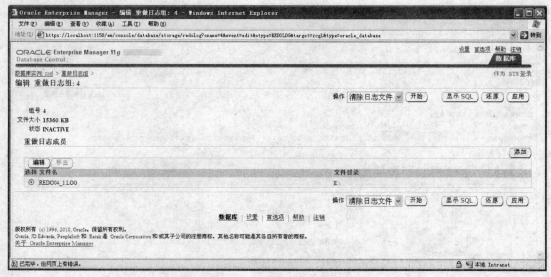

图 12-11 "编辑重做日志组"页面

（2）在图 12-11 所示的页面中，单击【添加】按钮进入到"添加重做日志成员"页面，如图 12-12 所示。

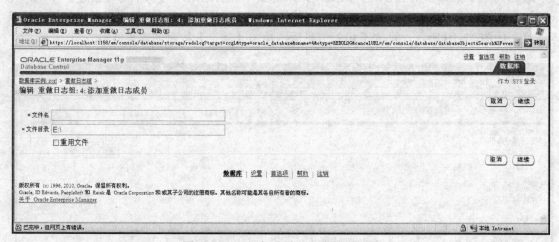

图 12-12 "添加重做日志成员"页面

（3）在"添加重做日志成员"页面中输入文件名、文件目录，选择是否重用文件等信息，然后单击【继续】按钮，便可成功添加重做日志成员。

3. 删除重做日志文件组

进入到"重做日志组"管理页面后，如果要删除重做日志文件组，首先选中要删除的重做日志文件组，确认该日志文件组处于 INACTIVE 状态后，单击【删除】按钮，进入确认删除页面，如图 12-13 所示。单击【是】按钮，便可成功删除重做日志文件组。

4. 删除重做日志成员

进入到"编辑重做日志组"页面后，选中要删除的成员，如图 12-14 所示。

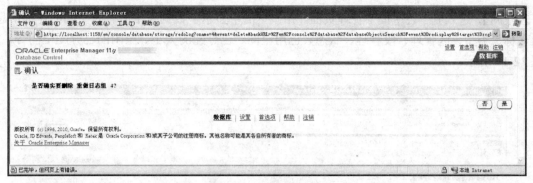

图 12-13　删除确认页面

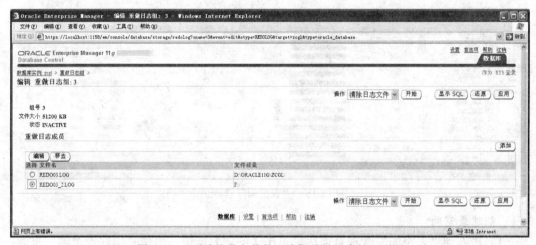

图 12-14　删除成员之前的"编辑重做日志组"页面

然后单击【移去】按钮，便会将该成员从"重做日志成员"列表中移去，如图 12-15 所示。

图 12-15　删除成员之后的"编辑重做日志组"页面

12.2.3　管理表空间

进入数据库管理页面后，单击【服务器】标签，进入服务器信息页面，在存储栏中单击

【表空间】,进入到"表空间"管理页面。在该页面中显示了数据库中所有表空间的详细信息,如名称、类型、区管理、段管理、状态、已用空间、已分配的大小、空闲的已分配空间等,如图 12-16 所示。

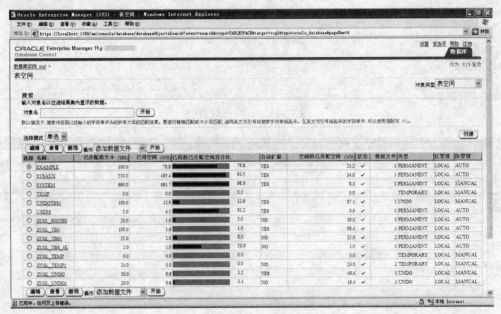

图 12-16 "表空间"管理页面

1. 创建表空间

(1)进入到"表空间"管理页面后,单击【创建】按钮,出现"创建表空间"页面,如图 12-17 所示。

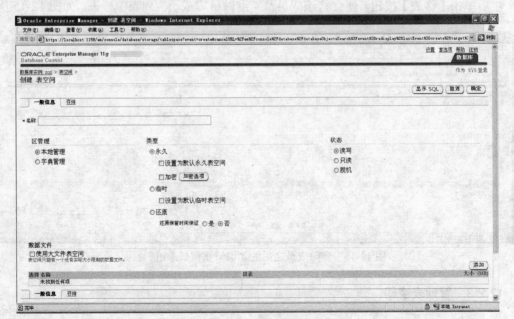

图 12-17 "创建表空间"页面

(2) 在【名称】文本框中填入表空间名称，选择相应的区管理方式，表空间的类型以及表空间的状态。然后单击【添加】按钮为该表空间添加数据文件，"添加数据文件"页面如图12-18所示。

图 12-18 "添加数据文件"页面

(3) 在"添加数据文件"页面中指定数据文件的详细信息，然后单击【继续】按钮，返回到"创建表空间"页面，单击【确定】按钮后完成表空间的创建。

2. 重命名表空间

在"表空间"管理页面中，选中要进行重命名的表空间，然后单击【编辑】按钮，进入"编辑表空间"页面，如图12-19所示，修改表空间的名称后，单击【应用】按钮，完成表空间的重命名。

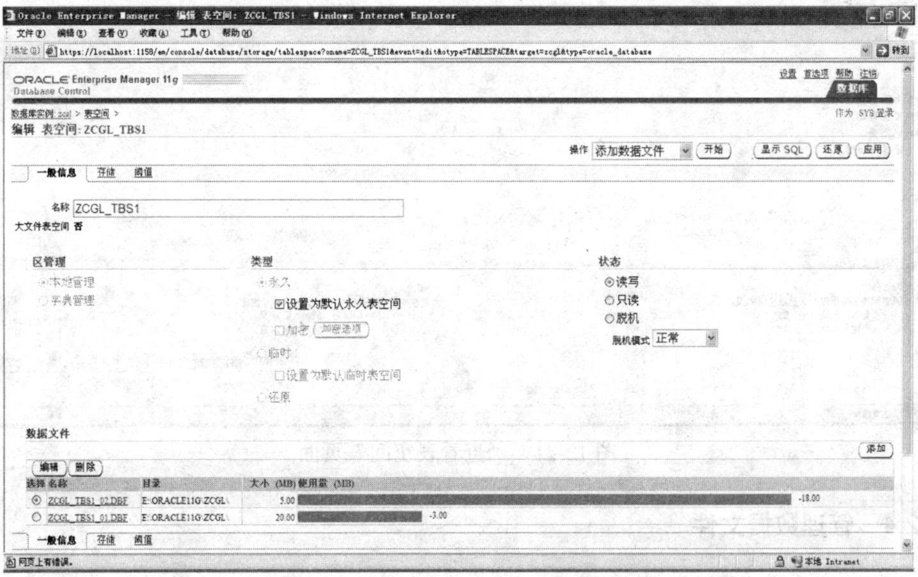

图 12-19 "编辑表空间"页面

3. 删除表空间

进入到"表空间"管理页面后,选中要删除的表空间,然后单击【删除】按钮,进入到"删除表空间"的警告页面,如图 12-20 所示。如果确定要删除该表空间,单击【是】按钮完成该表空间的删除。

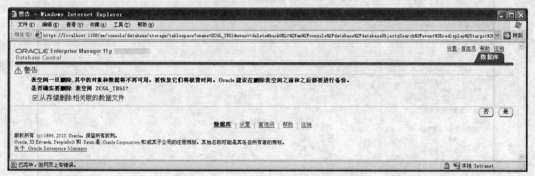

图 12-20 删除表空间时的警告信息

4. 查看表空间信息

进入到"表空间"管理页面后,如果想查看表空间的详细信息,首先要选中该表空间,然后单击【查看】按钮,进入到"查看表空间"页面,该页面显示了表空间的详细信息,包括名称、状态、类型、区管理、加密以及表空间所包含的数据文件等信息,如图 12-21 所示。

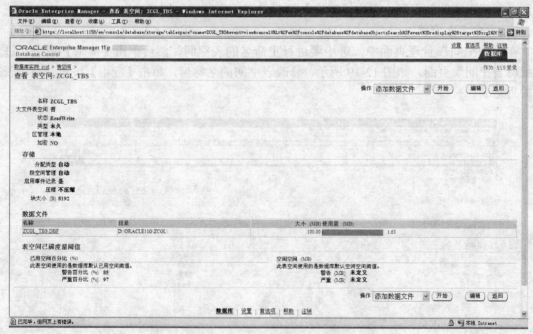

图 12-21 "查看表空间"页面

12.2.4 管理数据文件

进入数据库管理页面后,单击【服务器】标签,进入服务器信息页面,在存储栏中单击

【数据文件】，进入到"数据文件"管理页面。在该页面中，列出了数据库所有数据文件的详细信息，包括名称、所在表空间、状态、大小、使用量、占用率等信息，如图 12-22 所示。

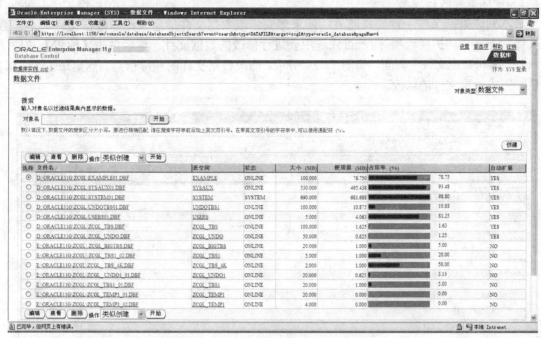

图 12-22 "数据文件"管理页面

1. 创建数据文件

进入到"数据文件"管理页面后，要想创建新的数据文件，可以单击【创建】按钮，进入到"创建数据文件"页面，如图 12-23 所示。

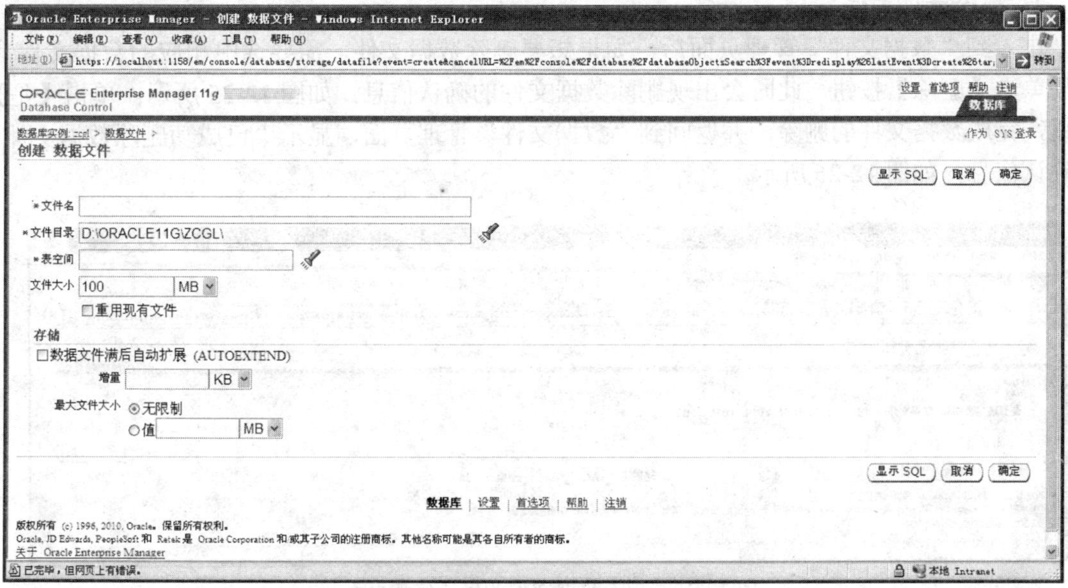

图 12-23 "创建数据文件"页面

在"创建数据文件"页面中输入创建数据文件的相关信息后,然后单击【确定】按钮完成数据文件的创建。

2. 修改数据文件信息

进入到"数据文件"管理页面后,如果想要修改数据文件信息(比如数据文件大小、数据文件状态、自动扩展选项等),首先选中要进行修改的数据文件,然后单击【编辑】按钮,进入到"编辑数据文件"页面,如图12-24所示。修改数据文件的相应信息,然后单击【应用】按钮,完成数据文件的修改。

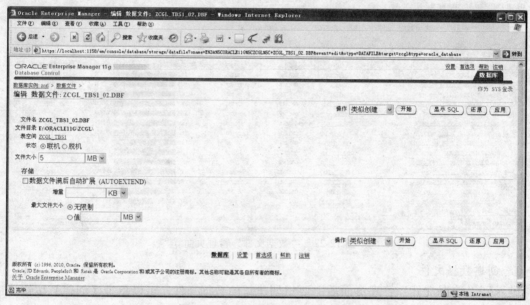

图 12-24　"编辑数据文件"页面

3. 删除数据文件

进入到"数据文件"管理页面后,如果想要删除数据文件,需要选中相应的数据文件,然后单击【删除】按钮,此时会出现删除数据文件的确认信息,如图12-25所示。单击【是】按钮,完成数据文件的删除,并返回到"数据文件"管理页面,显示"已成功删除数据文件"的确认信息,如图12-26所示。

图 12-25　删除数据文件的确认信息页面

第十二章 Oracle 企业管理器 OEM

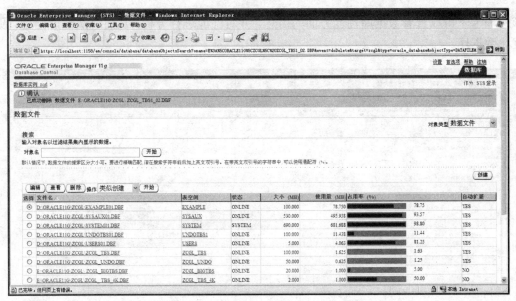

图 12-26 成功删除数据文件后的页面

4. 查看数据文件详细信息

进入到"数据文件"管理页面后，如果想要查看数据文件的详细信息，首先需要选择数据文件，然后单击【查看】按钮，进入"查看数据文件"页面，如图 12-27 所示。

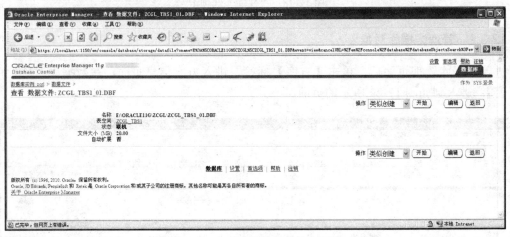

图 12-27 "查看数据文件"页面

12.3 OEM 其他管理

OEM 除了可以方便地管理数据库存储，还可以对数据库其他方面进行管理，比如查看数据库性能、管理数据库对象、管理用户和权限、管理初始化参数以及对数据库进行维护等。

12.3.1 查看数据库性能

进入数据库管理页面后，单击【性能】标签，将显示如图 12-28 所示的"性能"选项卡。

在该选项卡下可以查看数据库性能方面的信息，并对性能进行分析，从而解决性能问题，更好地优化数据库。

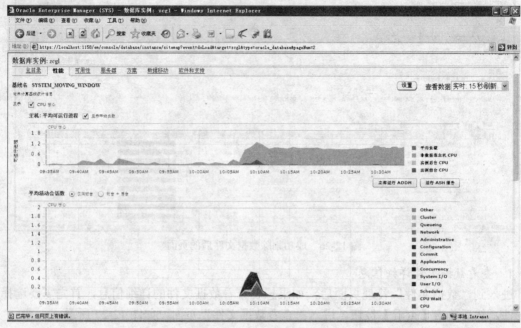

图 12-28 "性能"选项卡

12.3.2 管理数据库对象

进入数据库管理页面后，单击【方案】标签，进入方案信息页面，在数据库对象栏中单击【表】，进入到如图 12-29 所示的页面。

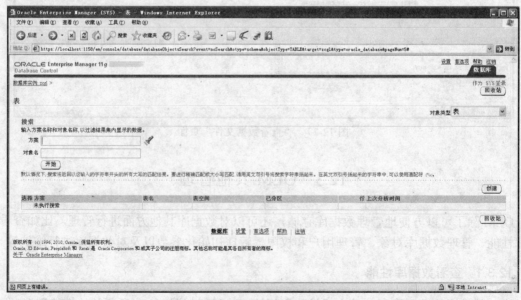

图 12-29 "表"页面

在该页面下输入方案名称和对象名称，可以过滤结果集内显示的数据，这里我们输入 ADMIN 方案，单击【开始】按钮，则会列出 ADMIN 方案下的所有表，如图 12-30 所示。

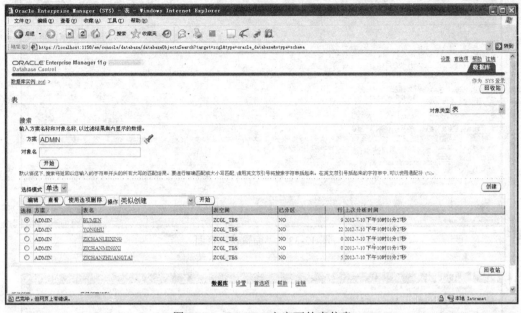

图 12-30　ADMIN 方案下的表信息

选中表对应的单选按钮（这里我们选中 BUMEN 表），单击【查看】按钮可查看表的基本信息，如图 12-31 所示。单击【编辑】按钮，可以对表的详细信息进行编辑，如图 12-32 所示。单击【使用选项删除】按钮可删除表，如图 12-33 所示。单击【创建】按钮，可以创建一个新表，如图 12-34 所示。

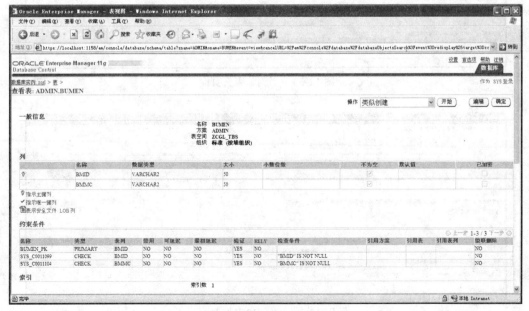

图 12-31　表的基本信息

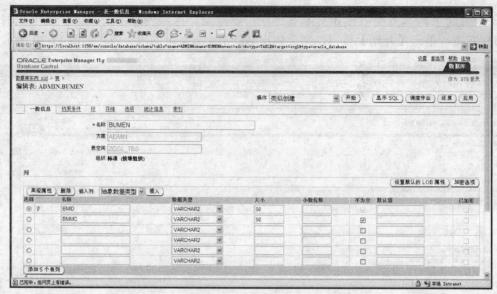

图 12-32 "编辑表"页面

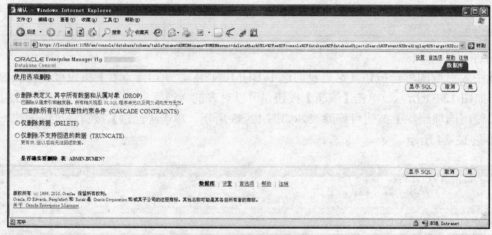

图 12-33 "删除表"页面

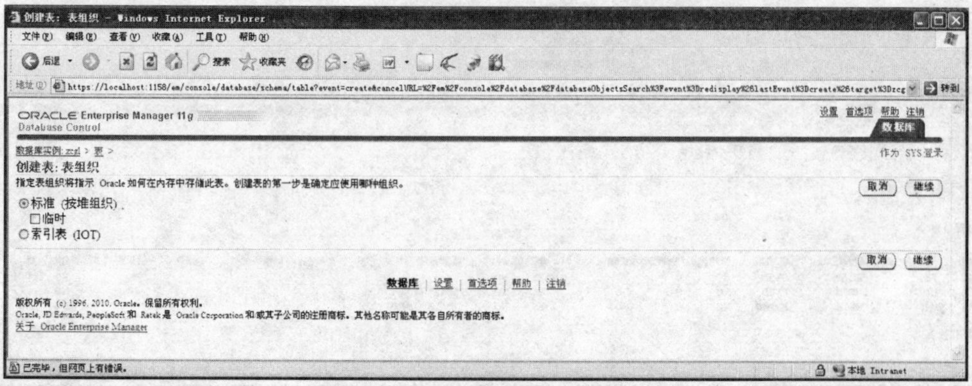

图 12-34 "创建表"页面

同样，在方案信息页面中，单击数据库对象栏中的其他链接，可以对视图、索引、序列等其他数据库对象进行管理。

12.3.3 用户和权限管理

进入数据库管理页面后，单击【服务器】标签，进入服务器信息页面，在安全性栏中单击【用户】，进入到"用户"管理页面，如图 12-35 所示。

图 12-35 "用户"管理页面

在"用户"管理页面中，选中用户对应的单选按钮，单击【编辑】按钮可以对用户详细信息进行修改，如图 12-36 所示。单击【查看】按钮可查看用户的基本信息，如图 12-37 所示。单击【删除】按钮可弹出删除用户确认页面，如图 12-38 所示，单击【是】按钮可删除用户。单击【创建】按钮可创建一个新的用户，如图 12-39 所示。

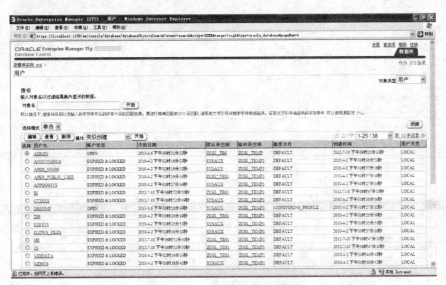

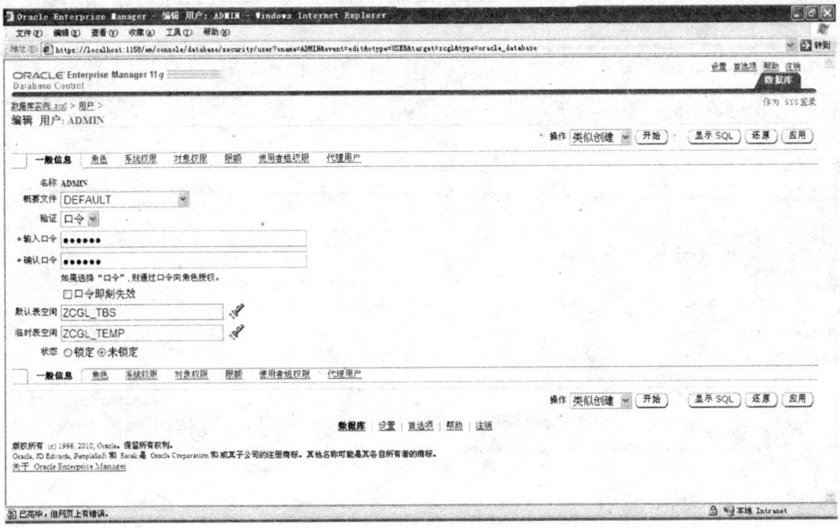

图 12-36 修改用户信息页面

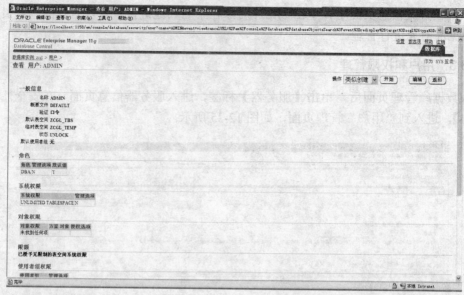

图 12-37 用户基本信息页面

图 12-38 删除用户确认页面

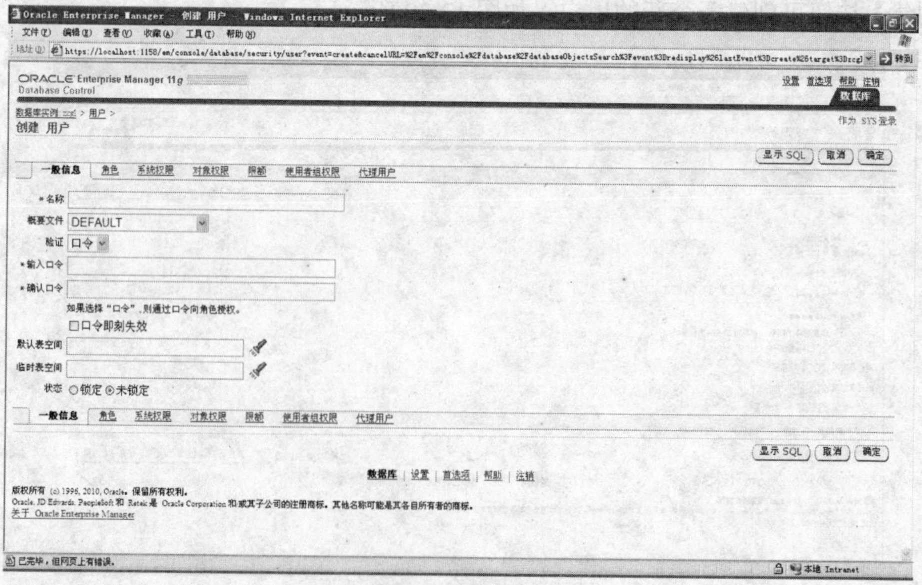

图 12-39 创建用户页面

在修改用户页面中，单击【系统权限】和【对象权限】选项卡可以完成用户权限的修改。

12.3.4 初始化参数管理

进入数据库管理页面后，单击【服务器】标签，进入服务器信息页面，在数据库配置栏中单击【初始化参数】，进入到"初始化参数"管理页面，如图12-40所示。

图12-40 "初始化参数"管理页面

在"初始化参数"管理页面中【当前】选项卡下列出的参数值是当前正在运行的实例所使用的参数值。如果要永久修改内存参数的值，单击【SPFile】选项卡，如图12-41所示。

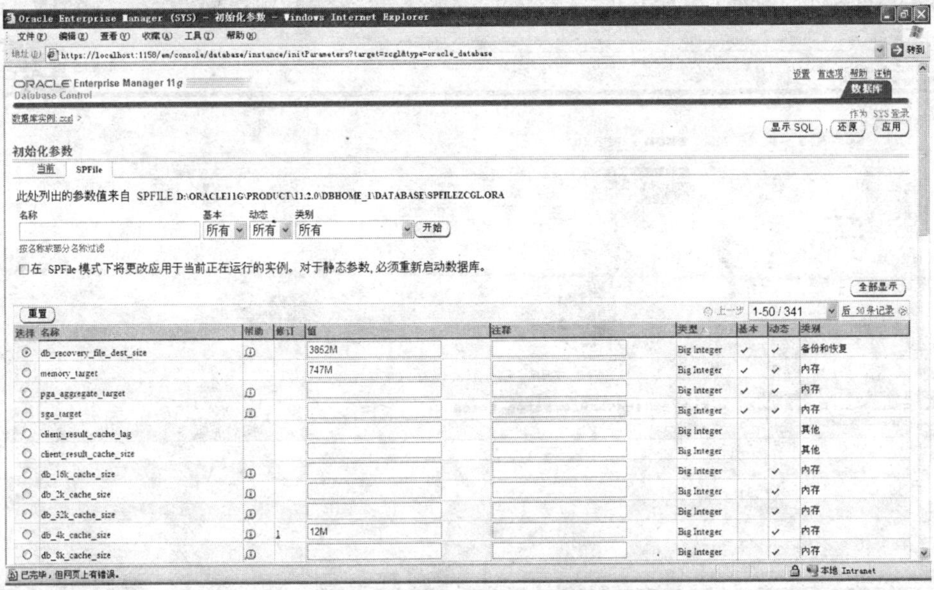

图12-41 初始化参数【SPFile】选项卡

12.3.5 数据库维护

进入数据库管理页面后，单击【可用性】标签，进入数据库备份恢复页面，如图12-42所示。在该页面下可以对数据库的备份和恢复进行管理。

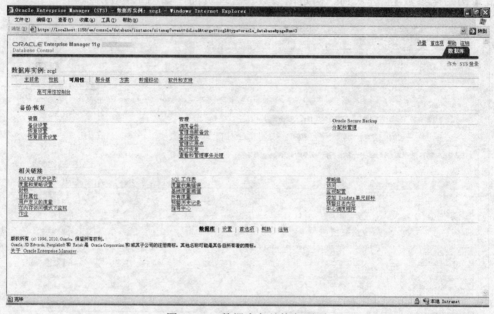

图12-42 数据库备份恢复页面

进入数据库管理页面后，单击【数据移动】标签，进入数据移动管理页面，如图12-43所示。在该页面下可以执行克隆数据库、传输表空间、行数据的导入或导出等操作。

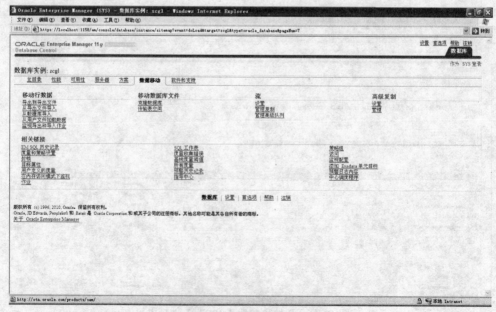

图12-43 数据移动管理页面

习题十二

1. OEM 网格控制和 OEM 数据库控制的区别？
2. 如何启动 OEM 数据库控制？
3. 上机操作使用 OEM 管理数据库存储。
4. 上机操作用 OEM 创建表。

第十三章　软件开发综合实训：选课系统的设计与实现

本书实验部分的内容给出了 Oracle 中选课系统数据库的设计，在此基础上，本章将对选课系统进行需求分析和功能分析，对系统总体结构进行分析，并对 JSP 中选课系统的系统实现进行了详细介绍。

- 选课系统的系统分析
- 选课系统的系统实现

13.1　系统分析

在软件项目的实际开发过程中，系统分析和系统设计是非常重要的环节，对项目的开发过程、质量和效率有着直接的影响。

13.1.1　需求分析

选课系统是一个基于 B/S 结构的 WEB 系统，可以极大地提高学生选课管理的效率，节约教育经费，显著减轻教务人员的工作负担，大大提高工作效率，解决传统人工管理方式效率低、保密性差以及不利于查找、更新和维护等问题。通过实践调查，学生选课系统需要实现以下功能：

（1）实现学生的注册和登录功能。
（2）实现课程信息的具体管理。
（3）实现学生查看历史选课情况。
（4）实现学生选课功能。
（5）实现学生选课信息的统计功能。

13.1.2　系统设计

选课系统主要实现了排课管理、教师选课管理、学生选课管理以及成绩管理等功能。
（1）首先，对用户设置不同的权限，不同的权限可以实现不同的功能。本系统中有管理员、教师和学生三种角色。
（2）其次，在用户登录系统时，根据用户输入的用户名和密码来判断用户名是否合法、用户密码是否正确,获取相应的角色权限以及相应的业务菜单等。

管理员:管理员可以维护学生、教师和课程的基本信息,进行排课,对教师、学生的选课情况进行审核,开课和停课管理并可以查看所有学生的成绩。

教师:可以选择想要开设的课程,查看学生的选课情况,在课程讲完之后进行停课处理,并可以录入和查看学生成绩。

学生:可以选择想要选修的课程,查看自己的成绩。

本系统要实现的功能如图13-1所示。

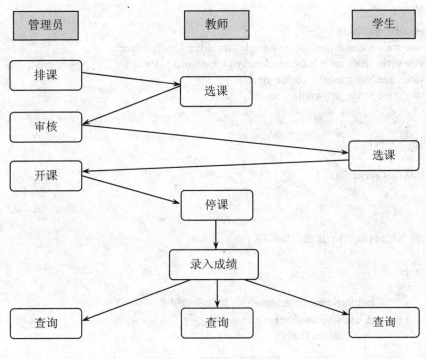

图 13-1　系统设计流程图

13.2　环境搭建

13.2.1　创建数据库

数据库的创建过程详见本书的实验部分。

13.2.2　环境搭建

《Java Web 应用开发技术实用教程》(王红主编,中国水利水电出版社)一书,通过丰富的实例,深入浅出地讲解了 Java Web 应用开发的完整过程,以及 Java Web 的各个组件在项目开发中的实际应用,所以选课系统运行环境的搭建请参照《Java Web 应用开发技术实用教程》一书中有关 JSP 运行实验环境搭建的相应章节进行。

13.3 系统实现

13.3.1 数据库连接类

1. DBConnection 类

DBConnection 类：用于加载 Oracle 驱动，并提供了建立和关闭数据库连接的方法。其关键代码如下所示：

```java
public class DBConnection {
    private static String driverName = "oracle.jdbc.driver.OracleDriver";
    private static String url = "jdbc:oracle:thin:@localhost:1521:orcl";
    private static String user = "course_oper";
    private static String password = "admin";

    /**
     * 私有的构造方法
     */
    private DBConnection() {
    }

    /**
     * 静态代码快，用于加载驱动程序
     */
    static {
        try {
            Class.forName(driverName); // 加载驱动程序
        } catch (ClassNotFoundException cnfe) {
            cnfe.printStackTrace();
        }
    }

    /**
     * 取得连接对象的方法
     * @return
     * @throws SQLException
     */
    public static Connection getConnection() throws SQLException {
        return DriverManager.getConnection(url, user, password);
    }

    /**
     * 关闭连接
     * @param rs
     * @param st
     * @param conn
     */
    public static void close(ResultSet rs, Statement st, Connection conn) {
        try {
```

```
                    if (rs != null) {
                        rs.close();
                    }
                } catch (SQLException se) {
                    se.printStackTrace();
                } finally {
                    try {
                        if (st != null) {
                            st.close();
                        }
                    } catch (SQLException se) {
                        se.printStackTrace();
                    } finally {
                        try {
                            if (conn != null) {
                                conn.close();
                            }
                        } catch (SQLException se) {
                            se.printStackTrace();
                        }
                    }
                }
            }
        }
    }
}
```

2. DBUtil 类

DBUtil 类：对建立和关闭数据库的链接进行了封装，并提供给执行 sql 的接口。接收想要执行的 sql，对执行后的结果进行再次组合之后返回。

```
/**
 * 类介绍：  数据库操作封装类 原理就是用 Map 存放单条数据然后放到 List 里
 *
 * @author kxsh
 * @version 1.0
 * @CreateDate: 2012-04-25
 *
 * 修订历史：  日期 修订者 修订描述
 */
public class DBUtil {
    String sql = null;

    /**
     * 默认构造方法
     */
    public DBUtil() {
    }

    /**
     * 构造方法：直接给 sql 赋值
     *
     * @param sql
```

```java
        */
        public DBUtil(String sql) {
            this.sql = sql;
        }

        public List<Map> execQuery(String sql) {
            this.sql = sql;
            return execQuery();
        }

        public List<Map> execQuery() {
            Connection conn = null;
            PreparedStatement ps = null;
            ResultSet rs = null;

            List<Map> rsList = new ArrayList<Map>(); // 存放 rs，用于返回
            Map rsMap; // 存放 rs 中的一行数据，用于组装到 rsList 中

            try {
                conn = DBConnection.getConnection();
                ps = conn.prepareStatement(sql);
                rs = ps.executeQuery();

                ResultSetMetaData rsmd = rs.getMetaData(); // 取得数据库的列名
                int numOfColumns = rsmd.getColumnCount();

                while (rs.next()) {
                    rsMap = new HashMap(numOfColumns);
                    for (int i = 1; i <= numOfColumns; i++) {
                        rsMap.put(rsmd.getColumnName(i).toLowerCase(), rs.getObject(i));
                    }
                    rsList.add(rsMap);
                }
            } catch (SQLException se) {
                System.out.println("执行查询失败");
                se.printStackTrace();
            } finally {
                DBConnection.close(rs, ps, conn);
            }

            return rsList;
        }

        public void execUpdate(String sql) {
            this.sql = sql;
            execUpdate();
        }

        public void execUpdate() {
            Connection conn = null;
```

```java
        PreparedStatement ps = null;
        ResultSet rs = null;

        try {
            conn = DBConnection.getConnection();
            ps = conn.prepareStatement(sql);
            ps.executeUpdate();
        } catch (SQLException se) {
            System.out.println("执行查询失败");
            se.printStackTrace();
        } finally {
            DBConnection.close(rs, ps, conn);
        }
    }

    public String getSql() {
        return sql;
    }

    public void setSql(String sql) {
        this.sql = sql;
    }

    public String getSequence(String sequenceName) {
        Connection conn = null;
        PreparedStatement ps = null;
        ResultSet rs = null;
        String sequenceID = null;
        StringBuffer sbf = new StringBuffer();

        sbf.append("Select " + sequenceName + ".nextval from dual");
        try {
            conn = DBConnection.getConnection();
            ps = conn.prepareStatement(sbf.toString());
            rs = ps.executeQuery();
            if (rs.next())
                sequenceID = rs.getString(1);
            if (rs != null)
                rs.close();
        } catch (SQLException se) {
            System.out.println("查询序列失败");
            se.printStackTrace();
        } finally {
            DBConnection.close(rs, ps, conn);
        }
        return sequenceID;
    }
}
```

13.3.2 登录模块

1. 实体类

（1）LogonServlet：查询登录用户的基本信息，判断密码的正确性，保存本次登录的时间，实现更新 session 和页面跳转。

```java
public class LogonServlet extends HttpServlet {
    public LogonServlet() {
        super();
    }

    public void destroy() {
        super.destroy();
    }

    public void doGet(HttpServletRequest request, HttpServletResponse response) throws ServletException, IOException {
        doPost(request, response);
    }

    public void doPost(HttpServletRequest request, HttpServletResponse response) throws ServletException, IOException {
        CurrentUser user;
        Date now = new Date();
        DateFormat df = DateFormat.getDateTimeInstance();
        String userid, password, ip, logonTime, roleid;
        PrintWriter out = null;

        HttpSession session = request.getSession(true);

        request.setCharacterEncoding("UTF-8");
        response.setContentType("text/html");
        response.setCharacterEncoding("UTF-8");
        out = response.getWriter();

        // 1. 接收用户参数
        userid = request.getParameter("userid").trim();
        password = request.getParameter("password").trim();
        ip = request.getRemoteAddr();
        logonTime = df.format(now);

        try {
            // 2. 数据库取得 user
            user = LogonImpl.getUser(userid);

            String pass = user.getPassword();
```

```java
            roleid = user.getRoleid();

            // 3. 判断密码正确性
            if (!password.equals(user.getPassword())) {
                out.print(" <script>alert('您输入的密码不正确！') </script>");
                out.print(" <script>window.history.back(-1)</script>");
                return;
            }
            // 4. 保存登录用户的 ip 地址和登录时间
            user.setIp(ip);
            user.setLogonTime(logonTime);

            // 5. 更新 session
            session.setAttribute(GlobalNames.CURRENT_USER, user);
            session.setMaxInactiveInterval(900); // session 有效时间 15 分钟

            // 6. 跳转到 index 页面
            response.sendRedirect("index.jsp");
        } catch (Exception e) {
            out.print(" <script>alert('" + e.getMessage() + "') </script>");
            out.print(" <script>window.history.back(-1)</script>");
        }

    }

    public void init() throws ServletException {
    }

}
```

（2）LogonImpl：查询用户基本信息，查询用户角色信息。

```java
public class LogonImpl {
    public static CurrentUser getUser(String userid) throws Exception {
        CurrentUser currentUser = new CurrentUser();
        DBUtil dbutil = new DBUtil();
        List<Map> list = null;
        StringBuffer sbf = new StringBuffer();
        String username, password;
        String roleid, rolename;

        // 1. 查询用户表，取得用户信息
        sbf.setLength(0);
        sbf.append(" select userid, password, username, isvalid, note");
        sbf.append("    from sysuser ");
        sbf.append("   where nvl(isvalid,0) = '0' ");
        sbf.append("     and userid = '" + userid + "'");
```

```java
            list = dbutil.execQuery(sbf.toString());
            if (list == null || 0 == list.size()) {
                throw new Exception("查询用户信息时出错：用户不存在！");
            }
            if (list.size() > 1) {
                throw new Exception("查询用户信息时出错：存在重复的用户！");
            }
            userid = DataFormat.objToString(list.get(0).get("userid")).trim();
            username = DataFormat.objToString(list.get(0).get("username")).trim();
            password = DataFormat.objToString(list.get(0).get("password")).trim();

            // 2. 查询 sysact、sysrole，取得用户的角色（系统管理员 admin 做特殊处理）
            if (userid.equals("admin")) {
                roleid = "admin";
                rolename = "系统管理员";
            } else {
                sbf.setLength(0);
                sbf.append(" select r.roleid, r.rolename, r.isvalid, r.note, a.userid, a.actid ");
                sbf.append("    from sysrole r, sysact a ");
                sbf.append("   where a.roleid = r.roleid ");
                sbf.append("     and a.userid = '" + userid + "' ");
                sbf.append("     and nvl(r.isvalid, 0) = '0' ");
                list = dbutil.execQuery(sbf.toString());
                if (list == null || 0 == list.size()) {
                    throw new Exception("查询用户角色时出错：用户尚未分配角色！");
                }
                if (list.size() > 1) {
                    throw new Exception("查询用户角色时出错：该用户分配了多个角色！");
                }
                roleid = DataFormat.objToString(list.get(0).get("roleid")).trim();
                rolename = DataFormat.objToString(list.get(0).get("rolename")).trim();
            }

            currentUser.setRoleid(roleid);
            currentUser.setRolename(rolename);
            currentUser.setUserid(userid);
            currentUser.setUsername(username);
            currentUser.setPassword(password);

            return currentUser;
        }
    }
```

2. JSP 文件

登录模块中主要的 JSP 文件有 logon.jsp 和 main.jsp。

3. 程序运行效果截图（见图 13-2）

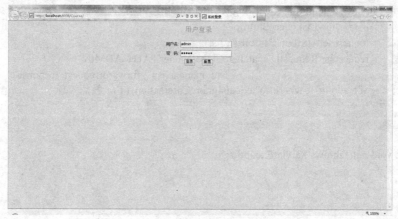

图 13-2　用户登录界面

13.3.3　跳转模块

系统通过一系列的 Servlet 来控制页面的跳转。

（1）ShowAllListServlet：展示所有信息。

```java
public class ShowAllListServlet extends HttpServlet {
    public ShowAllListServlet() {
        super();
    }

    public void destroy() {
        super.destroy();

    }

    public void doGet(HttpServletRequest request, HttpServletResponse response) throws ServletException, IOException {
        doPost(request, response);
    }

    public void doPost(HttpServletRequest request, HttpServletResponse response) throws ServletException, IOException {
        HttpSession session = request.getSession();
        CurrentUser user = (CurrentUser) session.getAttribute(GlobalNames.CURRENT_USER);
        ShowListImpl showList = new ShowListImpl();
        List list = null;
        String userId;

        if (user == null) {
            request.getRequestDispatcher(GlobalNames.ERROR_SESSION).forward(request, response);
            return;
        }
        userId = user.getUserid();
```

```java
            String action = request.getParameter("action");

            if ("admin_studentinfo".equalsIgnoreCase(action)) { // 学生管理
                list = showList.queryStuInfo();
                request.setAttribute("infolist", list);
                request.getRequestDispatcher(GlobalNames.PATH_ADMIN +
                                    "stu_manage.jsp").forward(request, response);
            } else if ("admin_teacherinfo".equalsIgnoreCase(action)) { // 教师管理
                ……
            }
        }

        public void init() throws ServletException {
        }

}
```

（2）ShowPartListServlet：展示要查找的信息。

（3）AddServlet：跳转到新增页面。

（4）SaveAddServlet：保存新增的信息并返回。

（5）ModifyServlet：跳转到信息修改页面。

（6）SaveModifyServlet：保存修改之后的信息并返回。

（7）DeleteServlet：删除选中的信息。

13.3.4 管理员模块

1. 实体类

AdminImpl.java：实现了管理员的各种功能，包括学生、教师和课程管理，排课管理，开课管理以及成绩查询等功能。

```java
public class AdminImpl {
    /**
     * @title:根据学号查询学生详细信息
     * @param stuId
     * @return
     * @throws Exception
     */
    public Student loadStuById(String stuId) throws Exception {
        DBUtil dbutil = new DBUtil();
        StringBuffer sbf = new StringBuffer();
        List<Map> list = null;
        Student stu = new Student();
        Object birth, address, cardId, note;

        if ("".equals(stuId) || null == stuId) {
            throw new Exception("获取学号失败！");
        }
        sbf.setLength(0);
        sbf.append(" select stuid, stuname, sex, birth, address, ");
        sbf.append("        cardid, isvalid, note ");
        sbf.append("   from student ");
```

```java
            sbf.append("    where stuid = '" + stuId + "' ");

        list = dbutil.execQuery(sbf.toString());
        // 数据库中的非空字段直接放入对象
        stu.setStuId(DataFormat.objToString(list.get(0).get("stuid")).trim());
        stu.setStuName(DataFormat.objToString(list.get(0).get("stuname")).trim());
        stu.setSex(DataFormat.objToString(list.get(0).get("sex")).trim());
        stu.setIsValid(DataFormat.objToString(list.get(0).get("isvalid")).trim());

        // 数据库中的可空字段经过处理之后放入对象，因为前台需要判空处理
        birth = list.get(0).get("birth");
        address = list.get(0).get("address");
        cardId = list.get(0).get("cardid");
        note = list.get(0).get("note");
        if (birth != null) {
            stu.setBirth(DataFormat.objToString(birth).trim());
        }
        if (address != null) {
            stu.setAddress(DataFormat.objToString(address).trim());
        }
        if (cardId != null) {
            stu.setCardId(DataFormat.objToString(cardId).trim());
        }
        if (note != null) {
            stu.setNote(DataFormat.objToString(note).trim());
        }
        return stu;
    }

    /**
     * @title:根据教师编号查询教师信息
     * @param teaId
     * @return
     * @throws Exception
     */
    public Teacher loadTeaById(String teaId) throws Exception {
        ……
    }

……
}
```

2. JSP 文件

（1）教师管理：tea_manage.jsp; tea_query.jsp; tea_add.jsp; tea_modify.jsp。

（2）学生管理：stu_manage.jsp; stu_query.jsp; stu_add.jsp; stu_modify.jsp。

（3）课程管理：course_manage.jsp; course_query.jsp; course_add.jsp; course_modify.jsp。

（4）排课管理：plan_manage.jsp。

（5）开课管理：lecture_manage.jsp; open_lecture_manage.jsp。

（6）成绩查询：stu_score_manage.jsp。

3. 程序运行效果截图(见图 13-3 至图 13-10)

图 13-3 系统管理员操作页面

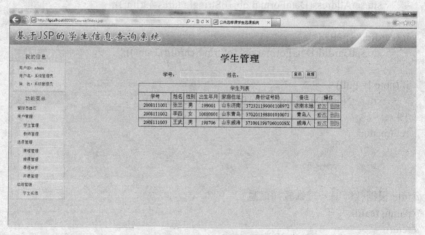

图 13-4 学生管理页面

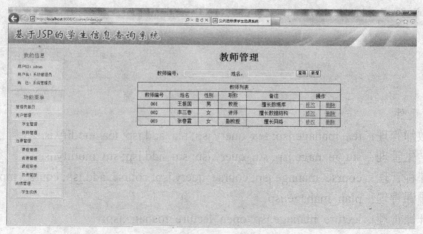

图 13-5 教师管理页面

第十三章 软件开发综合实训：选课系统的设计与实现

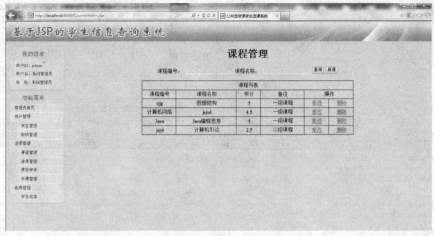

图 13-6 课程管理页面

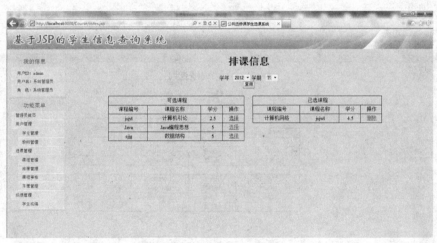

图 13-7 排课管理页面

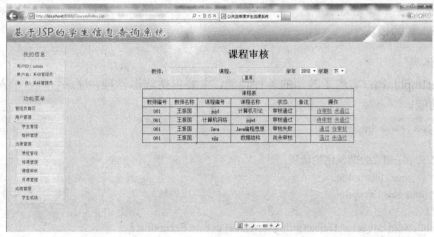

图 13-8 课程审核页面

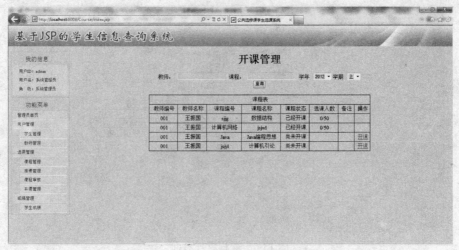

图 13-9 开课管理页面

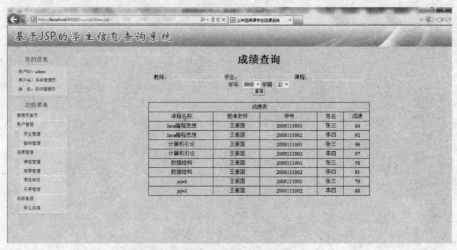

图 13-10 成绩查询页面

13.3.5 教师模块

1. 实体类

TeacherImpl.java：实现了教师的各种功能，主要包括选课管理，停课管理，录入成绩和成绩查询等功能。

```
public class TeacherImpl {
    /**
     * @title:删除教师选定的课程
     * @param lectureId
     * @throws Exception
     */
    public void doLectureDelete(String lectureId) throws Exception {
        DBUtil dbutil = new DBUtil();
        List<Map> list = new ArrayList();
```

```
                StringBuffer sbf = new StringBuffer();
                String checkState, state;

                // 1. 查看审核状态
                sbf.setLength(0);
                sbf.append(" select nvl(checked,'0') checked, nvl(state,'0') state from lecture where lectureid = '"
                        + lectureId + "'");
                list = dbutil.execQuery(sbf.toString());
                if (list.size() > 0) {
                    checkState = DataFormat.objToString(list.get(0).get("checked")).toString();
                    state = DataFormat.objToString(list.get(0).get("state")).toString();
                    if (GlobalNames.CHECK_PASS.equals(checkState)) {
                        throw new Exception("已经审核通过，不能删除！");
                    }
                    if (GlobalNames.STATE_START.equals(state)) {
                        throw new Exception("已经开课，不能删除！");
                    }
                    sbf.setLength(0);
                    sbf.append(" delete from lecture where lectureid = '" + lectureId + "'");
                    dbutil.execUpdate(sbf.toString());

                }
            }
        }
```

2. JSP 文件
（1）选课管理：choice_manage.jsp; choice_query.jsp。
（2）停课管理：lecture_manage.jsp; end_lecture_manager.jsp。
（3）成绩管理：score_manage.jsp; score_query.jsp。
3. 程序运行效果截图（见图 13-11 至图 13-15）

图 13-11　教师操作首页

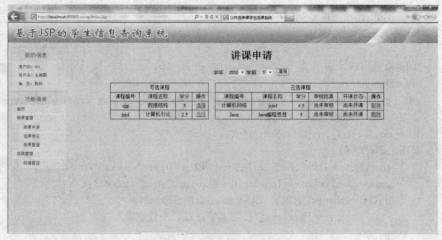

图 13-12 教师讲课申请页面

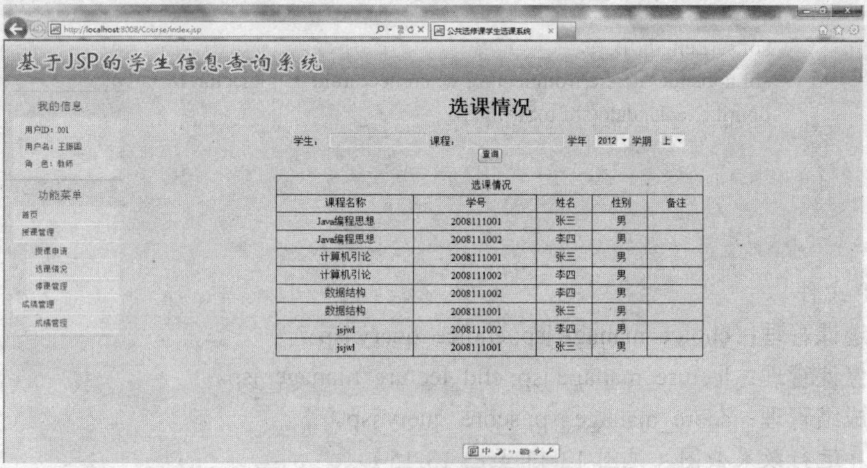

图 13-13 教师选课情况页面

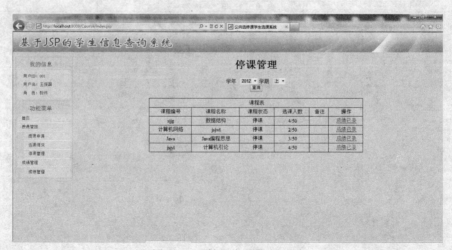

图 13-14 教师停课管理页面

第十三章 软件开发综合实训：选课系统的设计与实现 | 343

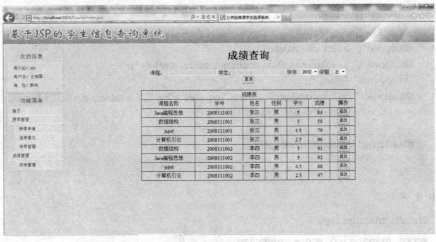

图 13-15 成绩管理页面

13.3.6 学生模块

1. 实体类

StudentImpl.java：实现了学生的各种功能，主要包括选课和成绩查询等。

```java
public class StudentImpl {
    /**
     * @title:保存学生所选课程信息
     * @param studentId
     * @param lectureId
     * @throws Exception
     */
    public void doChoiceChoose(String studentId, String lectureId) throws Exception {
        DBUtil dbutil = new DBUtil();
        StringBuffer sbf = new StringBuffer();
        List<Map> list = new ArrayList();
        int currentStu;

        // 1. 判断选课人数是否超额
        sbf.setLength(0);
        sbf.append(" select currentstu from lecture where lectureid = '" + lectureId + "' ");
        list = dbutil.execQuery(sbf.toString());

        currentStu = DataFormat.objToInt(list.get(0).get("currentstu"));
        if (currentStu >= GlobalNames.MAX_STU) {
            throw new Exception("选课人数已满，请选择其他课程。");
        }

        // 2. 更新选课人数
        currentStu++;
        sbf.setLength(0);
        sbf.append(" update lecture set currentstu = '" + currentStu + "' where lectureid = '" + lectureId + "' ");
        dbutil.execUpdate(sbf.toString());
```

```
        // 3. 添加选课数据
        sbf.setLength(0);
        sbf.append(" insert into choice ");
        sbf.append("      (choiceid, stuid, lectureid, score, isvalid) ");
        sbf.append(" values ");
        sbf.append("      ('" + dbutil.getSequence("seq_choice") + "', '" + studentId + "', '" + lectureId + "', '0', '"
            + GlobalNames.VALID + "') ");

        dbutil.execUpdate(sbf.toString());
    }
}
```

2. JSP 文件

选课：choice_manage.jsp。

成绩：score_manage.jsp; score_query.jsp。

3. 程序运行效果截图（见图 13-16 至图 13-18）

图 13-16　学生操作首页

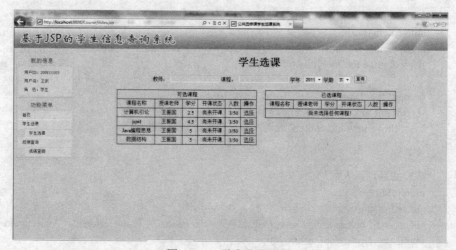

图 13-17　学生选课页面

第十三章 软件开发综合实训：选课系统的设计与实现 345

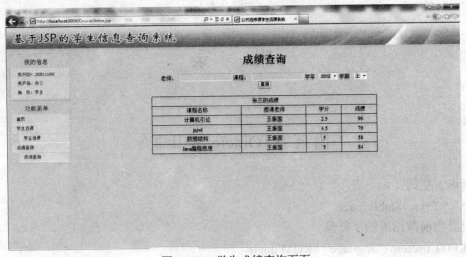

图 13-18 学生成绩查询页面

附 录

附录1　Oracle 常用命令

--查询表空间
select * from v$tablespace;
--查看当前数据库的字符集
SELECT userenv('language') FROM dual;
--查看索引及对应的表名
SELECT index_name,index_type,table_name FROM user_indexes ORDER BY table_name;
--查看数据库基本属性
SELECT dbid 数据库编号,name 数据库名称,db_unique_name 全局名称,created 创建时间,
log_mode 归档方式,open_mode 访问方式,platform_name 版本类型
FROM v$database;
--查看数据库全局名称还可以用下列命令：
SELECT * FROM GLOBAL_NAME;
--创建表
create table test
(
　　id number not null primary key,--主键
　　emp_id number,
　　name varchar2(20) not null,
　　constraint fk_1 foreign key(emp_id) references emp(id)--外键约束
)
--修改表名
rename hcytest to test;
--添加主键
alter table emp add primary key(id);
--添加外键
alter table test add constraint fk_1 foreign key(emp_id) references emp(id);
--添加非空约束
alter table test add constraint fk_2 check(emp_id is not null);
alter table test modify(emp_id number not null);
--禁用约束
alter table test disable constraint fk_1;

--重新启用约束
alter table test enable constraint fk_1;
--删除约束
alter table test drop constraint fk_1;
--添加字段
alter table test add(remark varchar2(50));
--修改字段
alter table test modify(remark number);
--删除字段
alter table test drop(remark);
--删除表
drop table test;
trunc table test;
--创建索引
create index index_1 on test(emp_id);
--创建同义词（同义词即是给表或视图取一个别名）
create synonym t for test;
--创建序列
create sequence seq_1
increment by 1--表示序列每次增长的幅度。默认值为1
start with 100--表示序列开始时的序列号。默认值为1
maxvalue 999999--表示序列可以生成的最大值（升序）
cycle--表示序列到达最大值后，再重新开始生成序列。默认值为 NOCYCLE
--修改序列
alter sequence seq_1
increment by 1
maxvalue 999999
cycle
--删除序列
drop sequence seq_1;
--使用序列
select seq_1.nextval from dual;--返回序列下一个值
select seq_1.currval from dual;--查看序列的当前值
--Oracle 的权限列表
connect 连接
resource 资源
unlimited tablespace 无限表空间
dba 管理员
session 会话

--授权
grant connect to test;
--收回权限
revoke connect to test;
--创建角色
create role hcy identified by "hcy123";
--删除角色
drop role hcy;
--创建用户
create user leeo identified by "leeo123" default tablespace "TABS";
--删除用户
drop user leeo cascade;

附录2 SQL 语句常用函数

分类	函数名	含义
数学函数	ABS(n)	用于返回数字 n 的绝对值
	CEIL(n)	用于返回大于等于数字 n 的最小整数
	EXP(n)	用于返回 e 的 n 次幂（e=2.71828183…）
	FLOOR(n)	用于返回小于等于数字 n 的最大整数
	LN(n)	用于返回数字 n 的自然对数，其中数字 n 必须大于 0
	LOG(m,n)	用于返回以数字 m 为底的数字 n 的对数，数字 m 可以是除 0 和 1 以外的任何正整数，数字 n 可以是任何正整数
	SIN(n)	用于返回数字 n 的正弦值
	COS(n)	用于返回数字 n 的余弦值
	SQRT(n)	用于返回数字 n 的平方根，并且数字 n 必须大于等于 0
	TAN(n)	用于返回数字 n 的正切值
字符函数	ASCII(char)	用于返回字符串首字符的 ASCII 码值
	CHR(n)	用于将 ASCII 码值转变为字符
	CONCAT	用于连接字符串，其作用与连接操作符（||）完全相同
	INSTR(char1,char2[,n[,m]])	用于取得子串在字符串中的位置，其中数字 n 为起始搜索位置，数字 m 为子串出现次数
	LENGTH(char)	用于返回字符串的长度。如果字符串的类型为 CHAR，则其长度包括所有的后缀空格；如果 char 是 null，则返回 null
	LOWER(char)	用于将字符串转换为小写格式
	LPAD(char1,n,char2)	用于在字符串 char1 的左端填充字符串 char2，直至字符串总长度为 n，char2 的默认值为空格

续表

分类	函数名	含义
字符函数	LTRIM(char1,[,set])	用于去掉字符串 char1 左端所包含的 set 中的任何字符
	NLS_INITCAP(char,'nls_param')	用于将字符串 char 的首字符大写，其他字符小写
	NLS_LOWER(char,'nls_param')	用于将字符串转变为小写，其中 nls_param 的格式为"nls_sort=sort"，用于指定特定语言特征
	NLS_SORT(char,'nls_param')	用于按照特定语言的要求进行排序，其中 nls_param 的格式和含义同上
	NLS_UPPER(char,'nls_param')	用于将字符串转变为大写，其中 nls_param 的格式和含义同上
	REGEXP_REPLACE(source_string, pattern[,replace_string[,position[, occurrence[,match_parameter]]]])	用于按照特定表达式的规则替换字符串。source_string 指定源字符表达式，pattern 指定规则表达式，replace_string 指定替换字符串，position 指定起始搜索位置，occurrence 指定替换出现的第 n 个字符串，match_parameter 指定默认匹配操作的文本串
	REGEXP_SUBSTR(source_string, pattern[,position[,occurrence[,match_parameter]]])	用于按照特定表达式的规则返回字符串的子串。各参数含义同上
	REPLACE(char,search_string[,replace_string])	用于将字符串的子串替换为其他子串
	RPAD(char1,n,char2)	用于在字符串 char1 的右端填充字符串 char2，直至字符串的总长度为 n，char2 的默认值为空格。如果 char1 长度大于 n，则该函数返回 char1 左端的 n 个字符
	RTRIM(char[,set])	用于去掉字符串 char 右端所包含的 set 中的任何字符
	SOUNDEX(char)	用于返回字符串的语音表示，使用该函数可以比较发音相同的字符串
	SUBSTR(char,m[,n])	用于取得字符串的子串，其中数字 m 是字符开始位置，数字 n 是子串的长度
	TRANSLATE(char,from_string, to_string)	用于将字符串 char 的字符按照 from_string 和 to_string 的对应关系进行转换
	TRIM(charFROM string)	用于从字符串的头部、尾部或两端截断特定字符
	UPPER(char)	用于将字符串转换为大写格式
日期时间函数	ADD_MONTHS(d,n)	用于返回特定日期 d 之后（或之前）的 n 个月所对应的日期时间
	CURRENT_DATE	用于返回当前会话时区所对应的日期时间
	DBTIMESONE	用于返回数据库所在时区
	EXTRACT	用于从日期时间值中取得所需要的特定数据（如年份、月份等）
	LAST_DAY(d)	用于返回特定日期所在月份的最后一天
	MONTHS_BETWEEN(d1,d2)	用于返回日期 d1 和 d2 之间相差的月数
	NEXT_DAY(d,char)	用于返回指定日期后的第一个工作日（由 char 指定）所对应的日期

续表

分类	函数名	含义
日期时间函数	ROUND(d[,fmt])	用于返回日期时间的四舍五入结果
	SYSDATE	用于返回当前系统的日期时间
	SYSTIMESTAMP	用于返回当前系统的日期时间及时区
	TRUNC(d,[fmt])	用于截断日期时间数据。如果说 fmt 指定年度，则结果为本年度的 1 月 1 日；如果 fmt 指定月，则结果为本月 1 日
转换函数	ASCIISTR(string)	用于将任意字符集的字符串转变为数据库字符集的 ASCII 字符串
	BIN_TO_NUM(expr[,expr][,expr]…)	用于将位向量值转变为实际的数字值
	CAST(expr AS type_name)	用于将一个内置数据类型或集合类型转变为另一个内置数据类型或集合类型
	CHARTOROWID(char)	用于将字符串值转变为 ROWID 数据类型，但字符串值必须符合 ROWID 格式
	COMPOSE(string)	将输入字符串转变为 UNICODE 字符串值
	CONVERT(char,dest_char_set, source_char_set)	将字符串从一个字符集转变为另一个字符集
	DECOMPOSE(string)	分解字符串并返回相应的 UNICODE 字符串
	HEXTORAW(char)	用于将十六进制字符串转变为 RAW 数据类型
	RAWTOHEX(raw)	用于将 RAW 数值转变为十六进制字符串
	RAWTONHEX(raw)	用于将 RAW 数值转变为 NVARCHAR2 的十六进制字符串
	ROWIDTOCHAR(rowid)	将 ROWID 值转变为 VARCHAR2 数据类型
	ROWIDTONCHAR(rowid)	将 ROWID 值转变为 NVARCHAR2 数据类型
	SCN_TO_TIMESTAMP(number)	用于根据输入的 SCN 值返回所对应的大概日期时间，其中 number 用于指定 SCN 值
	TIMESTAMP_TO_SCN(timestamp)	用于根据输入的 TIMESTAMP 返回所对应的 SCN 值，其中 timestamp 用于指定日期时间
	TO_CHAR(character)	用于将 NCHAR，NVARCHAR2，CLOB 和 NCLOB 数据转变为数据库字符集数据
	TO_CHAR(date[,fmt[,nls_param]])	用于将日期值转变为字符串，其中 fmt 用于指定日期格式，nls_param 用于指定 NLS 参数
	TO_CHAR(n[,fmt[,nls_param]])	用于将数字值转变为 VARCHAR2 数据类型
	TO_CLOB(char)	用于将字符串转变为 CLOB 类型
	TO_DATE(char[,fmt[,nls_param]])	用于将符合特定日期格式的字符串转变为 DATE 类型的值
	TO_LOB(long_column)	用于将 LONG 或 LONG RAW 列的数据转变为相应的 LOB 类型
	TO_MULTI_BYTE(char)	用于将单字节字符串转变为多字节字符串

续表

分类	函数名	含义
转换函数	TO_NCHAR(character)	将字符串由数据库字符集转变为民族字符集
	TO_NCHAR(datetime,[fmt[,nls_param]])	用于将日期时间值转变为民族字符集的字符串
	TO_NCHAR(number)	用于将数字值转变为民族字符集的字符串
	TO_NCLOB(clob_column|char)	用于将 CLOB 列或字符串转变为 NCLOB 类型
	TO_NUMBER(char,[fmt[,nls_param]])	用于将符合特定数字格式的字符串值转变为数字值
	TO_SINGLE_BYTE(char)	将多字节字符集数据转变为单字节字符集
	UNISTR(string)	输入字符串并返回相应的 UNICODE 字符

附录 3 资源参数和口令参数

1. 资源参数及其说明

资源参数	说明
SESSIONS_PER_USER	限制一个用户并发会话的个数
CPU_PER_SESSION	限制一次会话的 CPU 时间
CPU_PER_CALL	限制一次调用的 CPU 时间
CPU_PER_CALL	一次会话持续的时间
IDLE_TIME	限制一次会话期间的连续不活动时间
LOGICAL_READS_PER_SESSION	规定一次会话中读取数据块的数目
LOGICAL_READS_PER_CALL	规定处理一个 SQL 语句一次调用所读的数据块的数目
PRIVATE_SGA	规定一次会话在系统全局区（SGA）共享池可分配的私有空间的数目
COMPOSITE_LIMIT	限定混合资源
CONNECT_TIME	规定会话的最大连接时间

2. 口令资源参数及其说明

参数名称	说明
FAILED_LOGIN_ATTEMPTS	限制用户登录数据库的次数
PASSWORD_LIFE_TIME	设置用户口令的有效时间（天数）
PASSWORD_LOCK_TIME	设置该用户账户被锁定的天数
PASSWORD_GRACE_TIME	设置口令失效的宽限天数
PASSWORD_REUSE_MAX	设置一个口令必须被更改多少次之后才能被重用
PASSWORD_REUSE_TIME	设置一个新口令的天数
PASSWORD_VERIFY_FUNCTION	设置口令复杂性校验函数

附录4 权限和角色

1. 权限

类别	类型/系统权限名称	系统权限作用
群集权限	CREATE CLUSTER	在自己的方案中创建、更改或删除群集
	CREATE ANY CLUSTER	在任何方案中创建群集
	ALTER ANY CLUSTER	在任何方案中更改群集
	DROP ANY CLUSTER	在任何方案中删除群集
数据库权限	ALTER DATABASE	更改数据库配置
	ALTER SYSTEM	更改系统的初始化参数
	AUDIT SYSTEM	审计 SQL
	AUDIT ANY	对任何方案的对象进行审计
索引权限	CREATE ANY INDEX	在任何方案中创建索引 注意：没有 CREATE INDEX 权限，CREATE TABLE 权限包含了 CREATE INDEX 权限
	ALTER ANY INDEX	在任何方案中更改索引
	DROP ANY INDEX	在任何方案中删除索引
过程权限	CREATE PROCEDURE	在自己方案中创建、更改或删除函数、过程或程序包
	CREATE ANY PROCEDURE	在任何方案中创建函数、过程或程序包
	ALTER ANY PROCEDURE	在任何方案中更改创建函数、过程或程序包
	DROP ANY PROCEDURE	在任何方案中删除函数、过程或程序包
	EXECUTE ANY PROCEDURE	在任何方案中执行或引用过程
概要文件权限	CREATE PROFILE	创建概要文件
	ALTER PROFILE	更改概要文件
	DROP PROFILE	删除概要文件
角色权限	CREATE ROLE	创建角色
	ALTER ANY ROLE	更改任何角色
	DROP ANY ROLE	删除任何角色
	GRANT ANY ROLE	向其他角色或用户授予任何角色 注意：没有对应的 REVOKE ANY ROLE 权限
回退段权限	CREATE ROLLBACK SEGMENT	创建回退段 注意：没有对撤销段的权限
	ALTER ROLLBACK SEGMENT	更改回退段
	DROP ROLLBACK SEGMENT	删除回退段

续表

类别	类型/系统权限名称	系统权限作用
序列权限	CREATE SEQUENCE	在自己的方案中创建、更改、删除和选择序列
	CREATE ANY SEQUENCE	在任何方案中创建序列
	ALTER ANY SEQUENCE	在任何方案中更改序列
	DROP ANY SEQUENCE	在任何方案中删除序列
	SELECT ANY SEQUENCE	在任何方案中从任何序列中进行选择
会话权限	CREATE SESSION	创建会话，登录进入（连接到）数据库
	ALTER SESSION	更改会话的属性
	ALTER RESOURCE COST	更改概要文件中的计算资源消耗的方式
	RESTRICTED SESSION	在数据库处于受限会话模式下连接到数据
同义词权限	CREATE SYNONYM	在自己的方案中创建、删除同义词
	CREATE ANY SYNONYM	在任何方案中创建专用同义词
	CREATE PUBLIC SYNONYM	创建公共同义词
	DROP ANY SYNONYM	在任何方案中删除同义词
	DROP PUBLIC SYNONYM	删除公共同义词
表权限	CREATE TABLE	在自己的方案中创建、更改或删除表
	CREATE ANY TABLE	在任何方案中创建表
	ALTER ANY TABLE	在任何方案中更改表
	DROP ANY TABLE	在任何方案中删除表
	COMMENT ANY TABLE	在任何方案中为任何表、视图或列添加注释
	SELECT ANY TABLE	在任何方案中选择任何表中的记录
	INSERT ANY TABLE	在任何方案中向任何表插入新记录
	UPDATE ANY TABLE	在任何方案中更改任何表中的记录
	DELETE ANY TABLE	在任何方案中删除任何表中的记录
	LOCK ANY TABLE	在任何方案中锁定任何表
	FLASHBACK ANY TABLE	允许使用 AS OF 子句对任何方案中的表、视图执行一个 SQL 语句的闪回查询
表空间权限	CREATE TABLESPACE	创建表空间
	ALTER TABLESPACE	更改表空间
	DROP TABLESPACE	删除表空间，包括表、索引和表空间的群集
	MANAGE TABLESPACE	管理表空间，使表空间处于联机、脱机、开始备份、结束备份状态
	UNLIMITED TABLESPACE	不受配额限制地使用表空间 注意：只能将 UNLIMITED TABLESPACE 授予账户而不能授予角色

续表

类别	类型/系统权限名称	系统权限作用
用户权限	CREATE USER	创建用户
	ALTER USER	更改用户
	BECOME USER	当执行完全装入时，成为另一个用户
	DROP USER	删除用户
视图权限	CREATE VIEW	在自己的方案中创建、更改或删除视图
	CREATE ANY VIEW	在任何方案中创建视图
	DROP ANY VIEW	在任何方案中删除视图
	COMMENT ANY TABLE	在任何方案中为任何表、视图或列添加注释
	FLASHBACK ANY TABLE	允许使用 AS OF 子句对任何方案中的表、视图执行一个 SQL 语句的闪回查询
触发器权限	CREATE TRIGGER	在自己的方案中创建、更改或删除触发器
	CREATE ANY TRIGGER	在任何方案中创建触发器
	ALTER ANY TRIGGER	在任何方案中更改触发器
	DROP ANY TRIGGER	在任何方案中删除触发器
	ADMINISTER DATABASE TRIGGER	允许创建 ON DATABASE 触发器
专用权限	SYSOPER（系统操作员权限）	STARTUP SHUTDOWN ALTER DATABASE MOUNT/OPEN ALTER DATABASE BACKUP CONTROLFILE ALTER DATABASE BEGIN/END BACKUP ALTER DATABASE ARCHIVELOG RECOVER DATABASE RESTRICTED SESSION CREATE SPFILE/PFILE
	SYSDBA（系统管理员权限）	SYSOPER 的所有权限，并带有 WITH ADMIN OPTION 子句 CREATE DATABASE RECOVER DATABASE UNTIL
其他权限	ANALYZE ANY	对任何方案中的任何表、群集或索引执行 ANALYZE 语句
	GRANT ANY OBJECT PRIVILEGE	授予任何方案上的任何对象上的对象权限 注意：没有对应的 REVOKE ANY OBJECT PRIVILEGE
	GRANT ANY PRIVILEGE	授予任何系统权限 注意：没有对应的 REVOKE ANY PRIVILEGE
	SELECT ANY DICTIONARY	允许从 sys 用户所拥有的数据字典表中进行选择

2. 预定义角色

(1) CONNECT 角色具有的所有系统权限

系统权限	作用
ALTER SESSION	修改会话参数设置
CREATE CLUSTER	建立簇
CREATE DATABASE LINK	建立数据库链接
CREATE SEQUENCE	建立序列
CREATE SESSION	建立会话
CREATE PUBLIC SYNONYM	建立同义词
CREATE TABLE	建立表
CREATE VIEW	建立视图

（2）RESOURCE 角色具有的系统权限

系统权限	作用
CREATE INDEXTYPE	建立索引类型
CREATE CLUSTER	建立簇
CREATE TABLE	建立表
CREATE SEQUENCE	建立序列
CREATE TYPE	建立类型
CREATE PROCEDURE	建立 PL/SQL 程序单元
CREATE TRIGGER	建立触发器

（3）EXP_FULL_DATABASE 角色具有的权限和角色

权限及角色	作用
EXECUTE ANY PROCEDURE	执行任何过程、函数和包
EXECUTE ANY TYPE	执行任何对象类型
ADMINISTER RESOURCE MANAGER	管理资源管理器
SELECT_CATALOG_ROLE	查询任何数据字典
EXECUTE_CATALOG_ROLE	执行任何 PL/SQL 系统包
SELECT ANY TABLE	查询任意表
BACKUP ANY TABLE	备份任意表

（4）RECOVERY_CATALOG_OWNER 角色具有的权限和角色

权限及角色	作用
ALTER SESSION	修改会话参数设置
CREATE CLUSTER	建立簇
CREATE DATABASE LINK	建立数据库链接

续表

权限及角色	作用
CREATE SEQUENCE	建立序列
CREATE SESSION	建立会话
CREATE PUBLIC SYNONYM	建立同义词
CREATE TABLE	建立表
CREATE VIEW	建立视图
CREATE PROCEDURE	建立过程、函数和包
CREATE TRIGGER	建立触发器

参考文献

[1] 赵振平著. 成功之路: Oracle 11g 学习笔记. 北京: 电子工业出版社, 2010.
[2] 宁丽娟, 刘文菊著. Oracle 11g 数据库编程入门与实践, 北京: 人民邮电出版社, 2010.
[3] 冯向科, 邓莹著. Oracle 11g 数据库系统设计、开发、管理与应用. 北京: 电子工业出版社, 2009.
[4] 路川, 胡欣杰著. Oracle 11g 宝典. 北京: 电子工业出版社, 2009.
[5] 杨少敏, 王红敏著. Oracle 数据库应用简明教程. 北京: 清华大学出版社, 2010.
[6] 石彦芳, 李丹著. Oracle 数据库应用与开发. 北京: 机械工业出版社, 2012.
[7] 姚世军等著. Oracle 数据库原理与应用. 北京: 中国铁道出版社, 2010.
[8] 钱慎一著. Oracle 11g 数据库基础与应用教程. 北京: 清华大学出版社, 2011.
[9] [美] 弗里曼, [美] 哈特著, 王念滨, 陈子阳译. Oracle Database 11g RMAN 备份与恢复. 北京: 清华大学出版社, 2011.
[10] [美] 麦克劳克林等著. Oracle Database 11g PL/SQL 编程实战. 北京: 清华大学出版社, 2011.
[11] [美] 阿布拉门逊等著, 窦朝晖译. Oracle Database 11g 初学者指南. 北京: 清华大学出版社, 2010.
[12] 谷长勇等编著. Oracle 11g 权威指南(第2版), 北京: 电子工业出版社, 2011.
[13] 李强主编. Oracle 11g 数据库项目应用开发. 北京: 电子工业出版社, 2011.
[14] [美] 罗尼著, 刘伟琴, 张格仙译. Oracle Database 11g 完全参考手册. 北京: 清华大学出版社, 2010.
[15] [美] 奥赫恩著, 颜炯, 齐宁译. OCA 认证考试指南(1ZO-047): Oracle Database SQL Expert. 北京: 清华大学出版社, 2012.
[16] 张朝明等编著. 21 天学通 Oracle(第2版). 北京: 电子工业出版社, 2011.
[17] 盖国强著. 循序渐进 Oracle: 数据库管理、优化与备份恢复. 北京: 人民邮电出版社, 2011.
[18] 蔡立军等编著. Oracle9i 关系数据库实用教程(第二版). 北京: 中国水利水电出版社, 2008.
[19] 钱慎一, 张素智主编. Oracle11g 从入门到精通. 北京: 中国水利水电出版社, 2009.
[20] 唐远新, 曲卫平等编著. Oracle 数据库实用教程(第二版). 北京: 中国水利水电出版社, 2010.